电工电子实验及课程设计

主　编 ◎ 傅钦翠　张冬波

副主编 ◎ 何珍梅

U0206134

西南交通大学出版社
·成都·

内容简介

本书根据国家教育部工科电工课程指导委员会关于电工电子课程及实验教学的基本要求,设置了验证型实验、设计型实验、综合性实验和电路仿真及课程设计。全书共分九章,主要内容包括:电工电子测试技术基础知识、常用电测量指示仪表、常用测试方法、数字仪表和常用电子仪器、常用电子电路元器件、Multisim10 的使用与仿真实验、常规实验、开放性实验、电子电路课程设计。本书设置的实验项目覆盖面广,取材新颖、合理。综合性实验贴近工程实际应用,设计型实验着重培养学生的创新思维。

本书可供高等理工科院校电气类、机械类、材料类、化工类、建筑类、经济管理类、机电一体化类、计算机类等有关专业教学使用,也可供有关工程技术人员参考。

图书在版编目(CIP)数据

电工电子实验及课程设计 / 傅钦翠,张冬波主编.
—成都:西南交通大学出版社,2017.9(2020.1 重印)
ISBN 978-7-5643-5727-6

Ⅰ. ①电… Ⅱ. ①傅… ②张… Ⅲ. ①电工试验 – 高等学校 – 教学参考资料②电子技术 – 实验 – 高等学校 – 教学参考资料③电工技术 – 课程设计 – 高等学校 – 教学参考资料④电子技术 – 课程设计 – 高等学校 – 教学参考资料
Ⅳ. ①TM②TN

中国版本图书馆 CIP 数据核字(2017)第 220131 号

电工电子实验及课程设计

主　编 / 傅钦翠　张冬波	责任编辑 / 穆　丰
	封面设计 / 何东琳设计工作室

西南交通大学出版社出版发行
(四川省成都市金牛区二环路北一段 111 号西南交通大学创新大厦 21 楼　610031)
发行部电话:028-87600564　　028-87600533
网址:http://www.xnjdcbs.com
印刷:四川森林印务有限责任公司

成品尺寸　185 mm×260 mm
印张　17.5　字数　440 千
版次　2017 年 9 月第 1 版　　印次　2020 年 1 月第 2 次

书号　ISBN 978-7-5643-5727-6
定价　42.00 元

课件咨询电话:028-81435775
图书如有印装质量问题　本社负责退换
版权所有　盗版必究　举报电话:028-87600562

Preface / 前言

  《电工电子学》一直以来都是高校工科非电类专业基础课，而电工电子的实践教学与课程教学紧密结合，对于加深理解课堂知识、增强实践能力、培养动手能力和初步设计能力具有重要意义。本书根据国家教育部工科电工课程指导委员会关于电工电子课程及实验教学的基本要求，结合实践教学的实际编写了本教材，以满足电工电子实践教学的需要。

  全书共分九章，主要内容包括：电工电子测试技术基础知识、常用电测量指示仪表、常用测试方法、数字仪表和常用电子仪器、常用电子电路元器件、Multisim10 的使用与仿真实验、常规实验、开放性实验、电子电路课程设计。

  本书具有以下特点：

  （1）实用性强。本书注重理论结合实际，根据教学要求设置了常规实验、开放性实验及课程设计等章节。

  （2）便于自学。本书既注重讲解常见的仪器仪表的工作原理、常用测试方法等基础内容，又在具体实验项目上增加了相关实验原理介绍，便于学生自学。

  （3）强化能力的培养。本书的实验项目既有验证性的，又有设计性的，还有综合性的开放实验及课程设计，实验难度逐步加深。另外随着计算机的普及，我们也设置了相关仿真实验。

  全书由傅钦翠、张冬波主编。其中傅钦翠对全书进行统稿并编写了绪论，第一章，第四章的第一节、第二节，第六章的第四节至第六节，赵莉、聂晖编写了第二章，第三章，第八章，徐征、王皓编写了第四章的第三节、第四节，张冬波、徐祥征编写了第五章、第七章，何珍梅、孙惠娟编写了第六章的第一节至第三节，第九章以及附录。

  本书的编写工作得到了华东交通大学电气与自动化工程学院电工电子教学部及实验室老师的密切配合，再次表示衷心感谢。

  由于时间仓促和水平有限，书中错误和不妥之处在所难免，敬请读者批评指正。

编　者

2017 年 6 月

Contents / **目录**

绪 论

实验就是将事物置于特定的条件下加以观测，它是对事物发展规律进行科学认识的必要环节，也是科学理论的源泉、自然科学的根本和工程技术的基础，任何科学技术的发展都离不开实验。

实践教学是学生通过自身体验、自己动手、自主完成的教学过程，相对于课堂理论教学而言更具有直观性、综合性、创新性，有着理论教学不可替代的作用，是体现教育与生产劳动相结合的重要途径。实践教学对于提高学生的综合素质、培养学生的创新精神与实践能力具有特殊作用，因此，实践教学环节在电类高等工程教育整体方案中占有极其重要的位置。它是整体教育方案中一个极其重要的有机组成部分，也是当前电类高等工程教育和教学改革所关注的核心问题之一。

一、实验在电工电子学课程中的地位和作用

电工电子学是一门实践性很强的学科，实验的目的不仅在于帮助学生巩固和加深对所学理论知识的理解，更重要的是训练和培养学生的工程实践能力、基本技能及素质，树立工程实践观点和严谨的科学作风，同时激发学生的创新思维能力、观察能力、表达能力、动手能力等。加强实验训练特别是技能的训练，具有十分重要的意义。

电工电子实验，按性质可分为基础性实验、综合性实验和设计性实验。

基础性实验是针对电工电子学基础理论而设置的，通过实验可使学生获得对基础理论知识的感性认识，验证和巩固重要的基础理论，同时使学生掌握测量仪器的工作原理和使用规范，熟悉常用元器件的工作原理和性能，掌握其参数的测量方法以及元器件的使用方法。通过基础性实验，学生应能掌握基本实验知识、基本实验方法和基本实验技能。

综合性实验侧重于对一些理论知识的综合应用和实验的综合分析，其目的是培养学生综合应用理论知识的能力和解决较为复杂的实际问题的能力，包括实验理论的系统性、实验方案的完整性、可行性等综合应用。

设计性实验对学生来说，既有综合性又有探索性。它主要侧重于对某些理论知识的灵活运用。要求学生在教师的指导下独立完成资料查阅、方案设计与实验组合等工作，并完成实验报告。

二、电工电子学实验的过程与方法

（1）课前预习、进行实验和课后完成实验报告（总结）三个阶段。

大部分实验技术理论的学习和对实验内容的理解，是通过实验前的预习过程自学的，这十分有利于培养学生的自学能力。只要认真预习，就能明确实验任务与要求，理解实验内容，在实验中适当得到教师的指导就能按要求完成实验任务，然后撰写实验报告，总结分析实验结果，从理论上提高对所做实验的认识。整个实验过程也即是培养独立工作能力的过程，每个实验都要经历预习、实验、总结三个阶段。

预习：实验效果的好坏与实验的预习效果密切相关。其任务是阅读实验指导书，弄清实验原理，明确实验目的和任务，了解实验的方法、步骤及实验中应注意的问题，查找必要的资料，并对实验过程中要观察的现象、要记录的数据及应注意的事项做到心中有数，必要时可拟出实验步骤，画出记录表格，一般还要对实验结果进行预先的定量或定性分析，得出理论计算结果或做出估计，以便实验时及时检验结果的正确性。有些仪器、设备仅凭阅读资料难以掌握其使用方法，必要时需要到实验室进行预习。

实验：按预习方案进行测试。实验过程既是完成测试任务的过程，又是锻炼实验能力和培养实验作风的过程。在实验中，既要动手，更要动脑，应认真观察实验现象和正确读取数据，做好原始数据的记录，培养实事求是的科学态度，沉着、冷静地分析和处理实验中所遇到的各种实际问题。

总结：在完成实验测试后，应整理实验数据，若发现原始数据不合理，不得任意涂改，应当认真分析可能存在的问题；并正确绘制实验曲线，对实验结果做出初步的分析、解释，总结实验收获与体会，写出符合要求的实验报告。

（2）要养成自觉地、主动地应用已学理论知识去指导实验及实验后总结的习惯。

要从理论上分析测试电路的工作原理与特性、可能出现的实验现象及实验中存在的产生误差的原因等；实验中应根据观察到的实验现象进行理论分析，并依此确定调试措施；实验结果是否合乎理论逻辑及其与理论值的差异，如何确定实验结果及评价其正确度、或精密度、或准确度等，都要从理论的角度来进行分析。

（3）注意知识与经验的积累。

知识和经验的丰富要靠实践过程中的长期积累。实验中所用仪器和元器件的型号、规格及参数、使用方法等要记录下来，还应记录实验中出现的各种现象与故障的特征，及排除的方法，应认真总结实验中的经验教训。

（4）要充分发挥自己的主观能动性，自觉地、有意识地锻炼自己的独立工作能力。

应力求通过自学解决实验预习、实验操作过程及实验总结中所遇到的各种问题，不依赖于老师的指导，要有克服困难的精神，经得起失败与挫折。当经过自己的努力将失败转变为成功时，必定会大有收获，并积累更多的经验。

三、学生实验技能的具体要求

在"电工技术"部分，对学生实验技能训练的具体要求是：
（1）能使用常用的电工仪表、仪器和电工设备。
（2）能按电路图接线、查线和排除简单的线路故障。
（3）能进行实验操作，测取数据和观察实验现象。
（4）能整理、分析实验数据，绘制曲线并写出整洁的、条理清楚的、内容完整的实验报告。
在"电子技术"部分，对学生实验技能训练的具体要求是：
（1）能使用常用电子仪器。
（2）学习查阅手册，掌握常用的电子元器件的基本知识及使用方法。
（3）初步学会使用二极管、晶体管、集成运算放大器、集成稳压器、门电路、触发器、寄存器、计数器及七段译码器等中、小规模集成电路。

（4）能根据电路图连接简单的电子线路，并进行实验。

（5）能准确读取数据，观察实验现象，测绘波形、曲线。

（6）能整理、分析实验数据，写出整洁的、条理清楚的、内容完整的实验报告。

四、实验报告的编写

实验报告分预习报告和总结报告两部分。

预习报告中应写明：

（1）实验目的。

（2）实验仪表设备。

（3）实验内容（分步骤扼要摘抄，画出实验电路及记录表格，预选电表量程，给出必要的理论计算式、计算值，必须回答的预习问题，特殊注意事项等）。

总结报告的内容应包括下面几个部分：

（1）经整理后的实验数据，计算数据。

（2）实验波形、曲线。

（3）对数据、曲线的分析、说明、结论等。

（4）误差的分析及实验现象的解释。

（5）回答相关问题。

总结报告是实验工作的全面总结，应简明地将实验结果完整、真实地表达出来。编写实验总结报告要秉承实事求是的科学态度、一丝不苟的作风和勤于思考的精神。每次做完实验后，都应根据实验结果独立编写实验总结报告。

五、实验时的安全用电知识

实验过程中应随时注意安全，包括人身与设备的安全。

实验时，要杜绝电击现象。电击是人体中通过电流时产生的一种剧烈的生理反应，轻则触电部位麻木、痉挛，重则造成严重烧伤、甚至死亡。实验中引起电击的主要原因，是由于用电设备破损或故障，以及实验操作者操作不当而误触 220 V、380 V 电压。此外，对于已充电的电容器（尤其是高电压、大容量），即使已断开电源，触及时仍可能发生电击。

因此，实验中应注意以下几点：

（1）弄清实验电源系统，以便在发生电击时及时切断电源。

（2）当电源接通进行正常实验时，不能用手触及带电部分；改接或拆除电路时必须先切断电源。

（3）使用仪器仪表设备时，必须充分了解其性能和使用方法。切勿违反操作规程乱拨乱调旋钮，更要注意使用时不得超过仪表的量程和设备的额定值。

（4）如果实验中用到调压器、电位器以及可变电阻器等设备时，在电源接通前，应将其调节端放在使电路中的电流最小的地方，然后接通电源，再逐步调节电压、电流，使其缓慢上升，一旦发现异常，应立即切断电源。

（5）实验时，电路连好后必须经指导教师检查后方可通电，并在通电前通知同组同学。

（6）实验完毕，必须先断开电源开关，经教师检查数据并签字后，再拆线整理。

第一章　电工电子测试技术基础知识

第一节　概　述

一、测试技术的分类

测试技术主要研究被测量的测量原理、测量方法、测量仪器和测量数据处理等。测量就是将被测量与同类单位量进行比较。人们所要研究的内容和测量的量是非常丰富的，通常任何一个信息（或任何一种物质运动）都包含着多种信号（或者说多个量），而一个信号（或量）又包含着不同信息。从不同观点出发，测试技术有不同的分类方法。

测试技术所要测量的被测量，一般分为下列几类：

（1）有关电磁能的量，如电流、电压、功率、电能、电（磁）场强度等。

（2）有关电信号特征的量，如频率、相位、波形参数、脉冲参数、频谱、相位关系等。

（3）电路参量，如电阻、电容、电感、品质因数、功率因数等，此外还有网络特性参数，如传递函数、增益、灵敏度、分辨率、频带宽度等。

（4）非电参量，如温度、压力、重量、速度、位移、长度、振动等。

二、电量测量法的特点

测试技术所涉及的知识面广泛，被测对象相当繁杂。但实践证明，不管是电量还是非电量均采用电量测量法，这是因为电量测量法具有以下突出优点：

（1）量程范围大。量程是指仪器测量范围上限值与下限值的差值。一台多量程电磁仪表的量程可达几个数量级，一台数字频率计的量程可达十几个数量级。

（2）频率范围广。电子仪器除了可以测量直流电量外，还可以测量 $10^{-4}\,Hz \sim 1\,THz$（$1\,THz = 10^{12}\,Hz$）的信号。

（3）测量准确度高。现代电磁仪表的测量误差可小到 10^{-3} 数量级，而数字频率计准确度可达 $10 \sim 13$ 数量级。由于目前频率参量的测量准确度最高，人们常常把其他参量变换成频率信号再进行测量。

（4）测量速度快。一般电磁测量速度能达到 $10^2 \sim 10^3$ 次/秒，而在自动控制系统中的数据采集速度可达 10^6 次/秒以上。

（5）易于实现多功能、多量程的测量。以微处理器为核心的智能仪器可实现自动转换量程、多路数据采集和数据处理的功能，还能根据直接测量得到的结果换算得到其他参数的值，从而实现多功能测量。

（6）易丁实现遥测及测量过程的自动化。由于电信号可以长距离传输，有利于远距离操作与自动控制。而智能仪器，它还具有自动调节、自动校准、自动记忆等功能。

三、测量过程

测量过程一般包括三个阶段：

（1）准备阶段。明确被测量的性质及测量所要达到的目的，然后选定适当的测量方式和方法，进而选择相应的测量仪器。

（2）测量阶段。给定测量仪器所必需的测量条件，仔细的按规定进行操作，认真记录测量的数据。

（3）数据处理阶段。根据记录的数据，结合测量的条件，进行数据处理，以求得测量结果和测量误差。

四、测量手段

测量是通过量具、仪器、测量装置或测量系统来实现的。

1. 量　具

量具是用固定形式复现量值的计量器具，如标准电池、标准电阻。多数量具要连同辅助设备一起用以进行测量。例如，利用标准电阻测量电阻值，需要通过电桥才能实现。由于使用量具进行测量操作较麻烦，所以，在实际工程的测量过程中，较少使用量具，而是广泛使用各种直读式仪器。

2. 仪　器

仪器是指一切参与测量工作的设备。它包括各种直读仪器、仪表、非直读仪器、量具、测试信号源、电源设备以及各种辅助设备，如电压表、电流表、频率计、示波器等。

3. 测量装置

由多台测量仪器及有关设备组成，用以完成某种测量任务的整体，称为测量装置。

4. 测量系统

测量系统是由若干不同用途的测量仪器及有关辅助设备组成，用以完成多种参量的综合测试的系统。

五、测量方法

测量方法是完成测量任务所采用的方法。从不同角度出发，测量方法的分类也不同。从如何得到最终测量结果的角度分类，测量方法可分为直接测量法、间接测量法和组合测量法；从如何获取测量值的角度分类，测量方法分为直读式测量法和比较式测量法。下面分别介绍上述五种测量方法。

1. 直接测量法

借助于测量仪器将被测量与同性质的标准量进行比较，直接测出被测量的数值，称为直接测量法。这种方法的特点是所测得的数值就是被测量本身的值。其优点是测量过程简单，缺点是测量精度难以提高。例如，磁电系电流表精度最高仅达 0.1 级。

2. 间接测量法

首先测量与被测量有确定函数关系的其他物理量，然后根据函数关系式计算出被测量的值，称为间接测量法。例如，导线的电阻率ρ不便于用直接测量法测量，这时可通过测量导线的电阻R、长度l和直径d，由式$\rho = \pi d^2 R / 4l$求得电阻率的值，这种测量方法可得到较高的测量精度，是实验室中常用的测量方法。

3. 组合测量法

当被测量有多个时，虽然被测量与某中间量有一定函数关系，但由于关系式中有多个未知量，则需要不断改变测试条件，测出一组数据，经过求解联立方程组才能得到测量结果，这样的测量方法称为组合测量法。

4. 直读式测量法

用指示仪表直接读取被测量的数值，称为直读式测量法。用这种方法测量时，标准量具不直接参与测量过程，而是用于对仪表刻度的校准，然后再以间接方法实现被测量与标准量的比较，如用磁电系电压表测量直流电动机的端电压。这种测量方法的测量过程简单、方便，但测量精度较低。在工程测量中广泛采用此测量方法。

5. 比较式测量法

根据被测量与标准量进行比较时的特点不同，比较法又可分为零位法、微差法和替代法等。

1）零位法

在测量系统（或装置）中用指零仪表将被测量与标准量进行比较，并连续改变标准量使指零仪表指示为零（即测量装置处于平衡）的测量方法称为零位法。例如，用天平测重就是属于零位法。

零位法的优点是测量精度比较高，但测量过程较复杂，不适用于测量变化迅速的信号。

2）微差法

用测量未知的被测量与已知的标准量之间的差值，来确定被测量数值的测量方法，称为微差法。通常选用的标准量N与被测量X很接近，因此，若选用灵敏度高的直读式仪表来测量差值Δ，即使测量Δ的精度不高，也能达到较高的测量精度。例如，$\Delta \approx 0.01X$，且测量Δ的误差为百分之一，那么总的测量误差仅为万分之一。

微差法的优点是反应快，测量精度高，特别适合于实时控制参数的测量。

3）替代法

在测量装置中，调节标准量，使得用标准量代替被测量时，测量装置的工作状态保持不变，用这样的办法来确定被测量被称为替代法。

替代法大大地减小了内部和外部因素对测量结果的影响，使测量结果的准确度仅取决于标准量的准确度和测量装置的灵敏度。

第二节　测量误差

任何测量方法，不论是直接测量还是间接测量，都是为了得到某一物理量的真值，但由于测量工具准确度的限制、测量方法的不完善、测量条件的不稳定以及经验不足等原因，任何物理量的真值都是无法得到的，测量所能得到的只是其近似值，此近似值与真值之差称为误差。

即不论用什么测量方法，用任何的量具或仪器来进行测量，总存在误差，测量结果总不可能准确地等于被测量的真值，而是尽量逼近真值的近似值。因此，应根据误差的性质及其产生的原因，采取适当措施使误差降低到最小，为此，必须具备误差的基本知识。

一、测量误差的表示方法

测量误差通常用绝对误差与相对误差两种方法表示。

1. 绝对误差Δx

绝对误差又称为绝对真值误差。它可表示为被测量的给出值x与其真值A_0之差，即

$$\Delta x = x - A_0 \tag{1.1}$$

在测量中给出值x一般就是被测量的测得值，但它也可以是仪器的显示值、量具或元件的标称值（或名义值）、近似计算的近似值等。

在某一确定的时空条件下，被测量的真值是客观存在的，但真值很难完全确定，而只能尽量接近它。在一般的测量工作中，如某值达到了规定要求（其误差可忽略不计），则可用此值来代替真值。实际工作中，一般把标准表（即用来检定工作仪表的高准确度仪表）的示值作为实际值A来代替真值A_0。除了实际值可用来代替真值使用外，还可以用已修正过的多次测量的算术平均值来代替真值使用。

由此可见，绝对误差的实际计算式为

$$\Delta x = x - A \tag{1.2}$$

绝对误差可能是正值，也可能是负值，当x大于A时，Δx是正值；当x小于A时，Δx是负值。

我们定义与绝对误差Δx大小相等、符号相反的量值为修正值c，即

$$c = -\Delta x = A - x \tag{1.3}$$

测量结果比较准确的仪器，常以表格、曲线或公式的形式给出其修正值，供使用者在获得给出值后，根据式（1.3）加以修正以求出实际值。对于智能化仪器，其修正值可以预先编成程序存储在仪器中，在测量时就可以对测量结果自动进行修正，即

$$A = x + c \tag{1.4}$$

例如，某电流表的量程为1 mA，通过检定而得出其修正值为-0.002 mA。若用它来测量某一未知电流，得示值为0.78 mA，由此可得被测电流的实际值为

$$A = 0.78 + (-0.002) = 0.778 \text{（mA）}$$

值得注意的是，仪器的示值与仪器的读数容易混淆，但两者实际是不同的。读数是指从仪器的刻度盘、显示器等读数装置上直接读到的数字，而示值则是该读数所代表的被测量的数值。有时，读数与示值在数字上相同，但实际上它们是不同的。通常需要把所读的数值经过简单计算，或查曲线、数表才能得到示值。例如，一只线性刻度为0～100分格、量程为500 μA的电流表，当指针指在85分刻度位置时，读数是85，而示值却是

$$x = \frac{85}{100} \times 500 = 425 \text{（μA）}$$

因此，在记录测量结果时，为避免差错和便于查对，应同时记下读数及其相应的示值。

有时还用理论计算值代替真值 A_0，例如，正弦交流电路中理想电容和电感上电压与电流的相位差为 90°。

2. 相对误差 γ

绝对误差具有直观的优点，但其大小往往不能确切地反映测量的准确程度，也无法比较两个测量结果的准确程度。

例如，测量两个电压的结果：一个是 10 V，绝对误差为 0.5 V；另一个是 100 V，绝对误差为 1 V。仅根据绝对误差的大小无法比较这两个测量结果的准确度。虽然第一个测量结果的绝对误差小，但它却占示值的 5%；而第二个测量结果的绝对误差虽然大，但它却只占示值的 1%。为了弥补绝对误差不能表示测量精度的不足，人们提出了相对误差的概念。相对误差又分为实际相对误差、示值相对误差、引用相对误差（或满度相对误差）等。在实际工程中，凡是要计算出测量结果的，一般都用相对误差表示。

（1）实际相对误差是用绝对误差 Δx 与被测量的实际值 A 之比的百分数来表示，记为

$$\gamma_A = \frac{\Delta x}{A} \times 100\% \tag{1.5}$$

（2）示值相对误差是用绝对误差 Δx 与被测量的测得值 x 之比的百分数来表示，记为

$$\gamma_x = \frac{\Delta x}{x} \times 100\% \tag{1.6}$$

（3）引用相对误差（或满度相对误差）是用绝对误差 Δx 与仪器的满刻度值 x_m 之比的百分数来表示，记为

$$\gamma_m = \frac{\Delta x}{x_m} \times 100\% \tag{1.7}$$

实际上，由于仪表各示值的绝对误差并不相等，其值有大有小，符号有正有负，为了能唯一地评价仪表的准确度，将式（1.7）中分子 Δx 用仪表标度尺工作部分所出现的最大绝对误差 Δx_m 来代替，则式（1.7）变为

$$\gamma_{nm} = \frac{\Delta x_m}{x_m} \times 100\% \tag{1.8}$$

式（1.8）中，γ_{nm} 称为最大引用误差，用来衡量仪表的基本误差。根据国家标准《电测量指示仪表通用技术条件》（GB 776—76）的规定，用最大引用误差表示电工仪表的基本误差，也即表示电工仪表的准确度等级。

所谓仪表的准确度等级，是指仪表在规定的工作条件下进行测量时，在它的标度尺工作部分的所有分度线上可能出现的最大基本误差的百分数值。指示仪表在规定条件下使用时的基本误差不允许超过仪表准确度等级对应的数值关系，如表 1.1 所示。

表 1.1　仪表的准确度等级与其基本误差

仪表的准确度等级 a	0.1	0.2	0.5	1.0	1.5	2.5	5.0
基本误差（%）	±0.1	±0.2	±0.5	±1.0	±1.5	±2.5	±5.0

如表 1.1 所示,准确度等级的数值越小,允许的基本误差就越小,表示仪表的准确度就越高。由式(1.8)可知,在只有基本误差影响的情况下,仪表的准确度等级的数值 a 与最大引用误差的关系为

$$a = \frac{|\Delta x_{\mathrm{m}}|}{x_{\mathrm{m}}} \times 100\% \qquad (1.9)$$

若用准确度等级为 a 的仪表在规定的工作条件下进行测量,其最大绝对误差为

$$\Delta x_m = \pm x_m \cdot a\% \qquad (1.10)$$

最大相对误差为

$$\gamma_{\mathrm{m}} = \frac{\Delta x_{\mathrm{m}}}{x} \times 100\% = \frac{\pm a\% \cdot x_{\mathrm{m}}}{x} \times 100\% \qquad (1.11)$$

二、误差的分类及其产生的原因

根据测量误差的性质及其特点,一般将其分为系统误差、随机误差与粗大误差三类。

1. **系统误差**

在相同测量条件下多次测量同一被测量时,误差的绝对值和符号保持恒定,或在条件改变时按某种确定规律变化的误差,称为系统误差。

产生系统误差的原因可能有以下几个方面:

(1)测量所用的仪器在设计和制造上的固有缺点引起的测量误差。例如,仪表准确度等级所决定的误差。常用的电测量指示仪表、电子测量仪器的示值都有一定的系统误差。

(2)装置、附件产生的误差。为测量创造必要的条件,或为使测量工作更方便地开展而使用的装置、附件所引起的误差。例如,电源波形失真程度;三相电源的不对称程度;连接导线、转换开关、活动触点等的使用;测量仪表零点未调准等都会引起误差。

(3)测量时因环境因素影响而产生的误差,称为环境误差,如温度、湿度、气压、震动、电磁场、风效应、阳光照射、空气中含尘量等环境条件引起测量仪表指针指示不准而引起的误差。

仪器、仪表按规定的正常工作条件使用所产生的示值误差是基本误差(即由仪表准确度等级决定的误差),当使用条件超出规定的正常工作条件而增加的误差是附加误差(即环境误差)。

(4)因观测者生理、心理上的特点和固有习惯的不同,所引起的误差,称为人身误差。例如,生理上的最小分辨角、记录某一信号时滞后或超前的趋向、读数时习惯地偏向一个方向等人为因素都会引起测量误差。

(5)由于测量方法不完善或理论不严密所引起的误差。例如,当用电压表和电流表根据伏安法测电阻时,若没有考虑接入仪表对测量结果的影响,则计算出的电阻值中必定含有此测量方法所引起的误差。

系统误差的最大特点是有一定的规律性,一旦掌握了其规律,就可通过改变测量方法或仪器的结构等技术途径加以消除或削弱。另一个特点是重现性,即在相同条件下,进行多次测量,能重现出保持恒定的绝对值和符号的系统误差。

系统误差的大小可反映出测量结果偏离真值的程度,系统误差越小,测量结果就越正确,

因此，系统误差可决定测量结果的正确度。

2. 随机误差

随机误差是在相同的测量条件下多次测量同一被测量时，误差的绝对值与符号以不可预的定方式变化的误差。

产生随机误差的原因主要是那些对测量值影响微小，又互不相干的多种偶然因素。诸如电网电压的变化，环境（如热扰动、噪声干扰、电磁场的微变、空气扰动、大地的微震等）的偶然变化，测量人员感觉器官的各种无规律的微小变化等等，都会使测量结果存在随机误差。

由于这些因素的影响，尽管从宏观上看测量条件没有什么变化，比如仪器准确度相同、周围环境相同，测量人员同样的细心工作等等，但只要测量仪表灵敏度足够高，就会使得各次测量结果都有微小的不同，这种不同就说明测量结果中含有随机误差。

任何一次测量中都不可避免地会有随机误差，并且在相同条件下进行多次重复测量，随机误差时大时小，时正时负，完全是随机的。目前，人们对它还没有足够的认识，因此，它没有规律，不可预定也不能控制，无法用实验的方法来消除它。

一次测量的随机误差没有规律，但在多次测量中随机误差是服从统计规律的。因此可以通过统计学的方法来估计其影响。欲使测量结果有更大的可靠性，应把同一种测量过程重复多次。取多次测量值的平均值作为测量结果以削弱随机误差对测量结果的影响。

随机误差服从统计规律，其主要特点是：

（1）有界性。在一定的测量条件下，随机误差的绝对值不会超过一定的界限。

（2）单峰性。在多次测量中，绝对值小的随机误差出现的概率大，而绝对值大的随机误差出现的概率小。

（3）对称性。绝对值相等的正负随机误差出现的概率相同。

（4）抵偿性。在等精度的无限多次测量中，随机误差的代数和为零（即抵偿）。

3. 粗大误差（也称疏忽误差）

在一定的测量条件下明显地歪曲测量结果的误差称为粗大误差，产生它的主要原因是测量过程中的错误操作，如读错、记错、算错、测量方法错误、测量仪器有缺陷等。

含有粗大误差的测量值称为坏值或异常值，正确的测量结果不应该含有粗大误差，所有的坏值均应剔除，在进行误差分析时要考虑的误差只有系统误差与随机误差两类。

为了更直观地了解上述三种误差，常以打靶为例来说明。如图 1.1 所示给出了打靶时可能出现的三种情况。

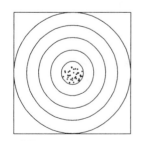 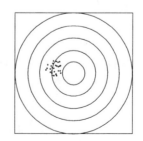 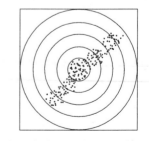

（a）有随机误差和粗大误差的情况　（b）有恒定系统误差的情况　（c）有变化系统误差的情况

图 1.1　用弹着点分布情况说明误差的性质

如图 1.1（a）所示，弹着点都密集于靶心，说明只有随机误差而不存在系统误差，在靶角上的点是粗大误差造成的。如图 1.1（b）所示，弹着点密集之处偏于靶心的一边，这是系统误差存在的结果。如图 1.1（c）所示，弹着点中心不断有规律地变化，这是变化的系统误差造成的。

由此还可以看出，一个精密度高（相当于弹着点非常密集）的测量结果，有可能是不正确的结果（未消除系统误差），只有消除了系统误差之后，精密测量才能获得正确的结果。

要进行精密测量，必须消除系统误差，剔除粗大误差，采用多次重复测量取平均值来消除随机误差的影响，从而得到测量结果的最可信赖值。

三、测量的正确度、精密度与准确度

测量技术中常用来描述测量结果与被测量真值之间相互关系的有三个术语，即测量的正确度、精密度与准确度。

正确度表示测量结果中系统误差大小的程度，指在规定的测量条件下所有系统误差的综合。系统误差越小，表示测量值偏离被测量的实际值越小，正确度越高。

精密度表示测量结果中随机误差大小的程度，指在一定的测量条件下进行多次测量时所得各测量结果之间的符合程度。随机误差越小，重复测量时所得的结果越接近，测量的精密度越高。

准确度是测量结果中所有系统误差与随机误差的综合，表示测量结果与真值的一致程度。

在某一具体测量中，可能会出现正确度与精密度一致或不一致的情况：① 正确度高而精密度低；② 正确度低而精密度高；③ 正确度与精密度都低；④ 正确度与精密度都高。前三种情况准确度都低，只有第四种情况的准确度高。

不同性质的测量，允许测量误差的大小是不同的，但随着科学技术的发展，对减少测量误差的要求越来越高。在某些情况下，误差超过一定的限度不仅没有意义，而且还会给工作造成影响甚至危害。

研究误差理论的目的，就是要分析误差的来源和大小，确定误差的性质，为科学处理测量结果，消除或减小误差提供依据，并建立切实可行的测试技术方案，正确评定测量结果。对于电路测试技术来说，必须通过误差理论的分析和应用，使我们更合理地选择测试技术方案，使测试电路参数设计得更合理，能正确使用测量仪器，从而取得最优的测量结果。

四、系统误差的消除方法

在测量过程中，不可避免地存在系统误差，如何采取技术措施尽可能地减少系统误差？即使采取了一定措施，测试结果中的系统误差是否能减小到可忽略不计？若不能忽略，如何估算误差？这些都是进行误差分析时必须考虑的问题。

根据系统误差具有明显规律性的特点和实践经验，可以通过实验技术措施减少或消除系统误差。常用的方法有以下几种。

1. 引入修正值，对测试结果进行修正

在测量之前，对测量中所要使用的仪器、仪表和度量器用更高准确度的仪器、仪表和度量器进行检定，即将所要使用的仪器、仪表和度量器在不同测量值时的系统误差（修正值）测出，画出它们的修正曲线或修正表格。在测量时，根据这些曲线、表格，对测得示值按式（1.4）进

行修正，从而得出的结果，就相当于是用高准确度仪器仪表和度量器测得的。这样，就能减少由仪器所引起的系统误差。

2. 选择适当的测试方案，减少系统误差

实验前，必须进行充分的分析，根据被测量的性质及对测量结果的要求，选择适当的测试方案，设计合理的测试线路。

3. 采用一些特殊的测量方法，减少系统误差

利用系统误差有规律的特点，针对某些特殊原因所引起的系统误差，采取相应的特殊测量方法，如零值法、较差法、正负误差补偿法、替代法等来消除/减小系统误差。

（1）零值法是将被测量与已知量进行比较，使这两种量对仪器的作用相消为零，如用电桥测电阻。

（2）较差法是通过测量已知量与被测量的差值，从而求得被测量，如用电位差计测电压。

（3）正负误差补偿法是对被测量在不同的测试条件下进行两次测量，并使其中一次测量误差为正，另一次为负，取这两次测量数据的平均值作为测量结果，以达到消除恒值系统误差的目的。例如，用安培表测量电流时，考虑到恒定外磁场对仪表指针偏转的影响，可在一次测量读数之后，将仪表转过180°再次测量，取这两次测量数据的平均值作为测量结果。

（4）替代法是将被测量与已知量先后接入同一测量仪器，如仪器的工作状态来改变，则认为被测量等于已知量的一种方法。替代法不仅可以消除指示仪器引入的误差，而且比较仪器产生的误差也可以得到消除，即能消除由测量仪器引入的恒值系统误差。

4. 消除产生附加误差的根源

尽量使测试仪器在规定的正常条件下工作，这样可以消除各种外界环境因素所引起的附加误差。例如，正确放置和调整好仪器，仪器工作的环境温度，电源电压的波形、频率及幅值，外来电磁场等，都要符合规定要求。

以上仅是常用的几种方法，对于每个具体的测量问题，应仔细分析其产生的具体原因后，才能采取相应的措施。另外，在测量之前，必须仔细检查全部测量仪表的调整和安放情况，以便尽可能地消除产生误差的根源。

第三节　测量数据的处理

测量结果一般有数据、波形曲线、现象等形式。测量结果的处理，一般是指对数据进行处理或绘制波形曲线，分析现象，找出其中典型的、能说明问题的特征，并找出电路参数与结果之间的关系，从而明确电路的特性。下面介绍测量数据处理和曲线绘制的有关问题。

一、测量数据的记录

由于测量过程中总存在测量误差，而仪器的分辨力又有限，所以测量数据总是被测量真值的近似值。究竟近似到何种程度合适？这就必然要考虑到读取几位数字的问题。读取几位数字应根据所用仪器的准确度等级和理论计算的需要来确定。为此，提出有效数字的概念。

所谓有效数字是指，规定截取得到的近似数的绝对误差不得超过其末位单位数字的一半，并称此近似数从它左边第一个不是零的数字起到右边最末一位数字止的所有数字为有效数字。有效数字通常由可靠数字和欠准数字两部分组成。例如，用准确度为 0.5 级的电压表测量电压时，电压表的指针停留在 7.8～7.9 之间，这时电压表的读数就需要用估计法来读取最后一位数字，若估计为 7.86（近似值），7.8 是可靠数字，而末位数 6 为欠准数字（超过一位欠准数字的估计是没有意义的），即 7.86 有三位有效数字。

在记录有效数字时，应注意以下几点：

（1）记录测量数据时，只保留一位欠准数字，即在仪表标度尺的最小分度下，凭目测大致估计的一位数字。

（2）"0" 在数字之间或数字之末，算作有效数字，在数字之前不算有效数字。例如：3.02、4.20 都是三位有效数字，而 0.002 4 则是两位有效数字。注意，4.20 和 4.2 的意义不同，前者是三位有效数字，"2" 是准确数字，"0" 是欠准数字；而后者是二位有效数字，"2" 是欠准数字，故 4.20 中的 "0" 字不可省略，它对应着测量的准确程度。

（3）遇到大数值或小数值时，需要采用有效数字乘上 10 的乘幂的形式表示，即 $k \times 10^n$。其中 k 为从 1 起至小于 10 的任意数字，k 的位数即为有效位数；n 为具有任意符号的任意整数。例如，4.23×10^4 表示有效数字为三位，4.230×10^4 表示有效数字为四位。有效位数的多少取决于测量仪器的准确度。

（4）如已知误差，则有效数字的位数应与误差的位数相一致。例如，设仪表误差为 ±0.01 V，测得电压为 18.673 8 V，其结果应写作 18.67 V。

（5）表示误差时，一般只取一位有效数字，最多两位有效数字，如 ±1%、±1.5%。

二、测量数据的数字舍入规则

当由于计算或其他原因需要减少数据的数字位时，应按数字舍入规则进行处理。因此，当需要 n 位有效数字时，对超过 n 位的数字应按下面的舍入规则进行处理：

（1）拟舍去数字的数值大于 0.5 单位者，所要保留数字的末位加 1；

（2）拟舍去数字的数值小于 0.5 单位者，所要保留数字的末位不变；

（3）拟舍去数字的数值恰好等于 0.5 单位者，则使所要保留数字的末位凑成偶数（即当所要保留数字末位为偶数时末位不变，若为奇数时则加 1）。

例如，在要求保留 3 位有效数字的条件下，将一列数据进行舍入处理后的结果如表 1.2 所示。

表 1.2　几个测量数据的舍入情况

原始数据	54.79	37.549	400.51	6.385 0	7.915
处理后数据	54.8	37.5	401	6.38	7.92

三、有效数字的运算规则

（1）做加减运算时，在各数中（采用同一计量单位），以小数点后位数最少的那个数（如无小数点，则为有效位数最少者）为基准数，其余各数可比基准数多一位小数，而计算结果所保留的小数点后位数与基准数相同。例如，13.65、0.008 23 与 1.633 三个数值相加时，因 13.45 小数点后位数最少（二位），因此其余两个数取至小数点后三位，然后相加，即 13.65 + 0.008 + 1.633 = 15.291，计算结果小数点后应保留两位，故计算结果为 15.29。

（2）做乘除运算时，在各数中，以有效数字位数最少的数为基准数，其余各数比基准数多一位有效数字（与小数点位置无关），所得的积或商的有效位数与基准数相同。例如，12.450、13.1、1.567 8 三个数相乘，有效数字位数最少的数为 13.1，计算结果为 $12.4 \times 13.1 \times 1.57 = 255$。

（3）将数进行平方与开方所得结果的有效数字位数，应与原来有效位数相同或多保留一位有效数。

（4）用对数进行运算时，所取对数应与真数有效数字位数相同，如取 $\lg 32.8 = 1.52$。

（5）若计算中出现如 e、π、$\sqrt{2}$、$\frac{1}{3}$ 等常数时，视具体情况而定，需要几位就取几位。

四、测量数据的图解处理（实验曲线的绘制）

在分析两个（或多个）物理量之间的关系时，用曲线比用数字、公式表示更为形象和直观。因此，测量结果常用曲线来表示。绘制曲线的基本要点如下：

（1）选取适当的坐标系。最常用的为线性直角坐标，有时也用对数坐标和极坐标。当自变量取值范围很宽时，可用对数坐标。例如，绘制频率特性曲线时，代表频率变化的横坐标就宜采用对数坐标。

（2）坐标的分度要合理，并与测量误差相吻合。坐标的分度是指坐标轴上每一格所代表值的大小。纵、横坐标的比例可以选择不同，但必须将各坐标轴的分度值标记出来，同时要与测量误差相吻合。例如，误差为 ± 0.1 V，坐标的最小分度值应取 0.1 V 或 0.2 V，在坐标纸上就能读到 0.1 V 左右。若选用的比例尺过大、则会夸大原有的测量准确度；反之则会牺牲原有的准确度，且绘图困难。

（3）在坐标纸上只描绘一组数据所成的曲线时，其测试点可用"•"或"。"表示；若在同一坐标平面上描绘几组曲线以便进行分析比较时，则应用不同的标记来表示，例如，可用"*"或"＋"等。

（4）在实际测量中，由于各种误差的影响使测量数据出现离散现象，因此不能把各测量点直接连接起来成一条折线（如图 1.2 中的虚线所示），而应画出一条尽可能靠近各数据点且又相当平滑的曲线，这个过程称为曲线的修匀，如图 1.2 中的实线所示。

曲线的修匀是近似的。为了减少随机误差的影响，提高作图精密度，往往采用分组平均法来修匀曲线。这种方法是将数据点分成若干组，每组包含 2 ~ 4 个数据点，然后分别求出各组数据点的算术平均值，再将这些算术平均值连接成光滑的曲线。

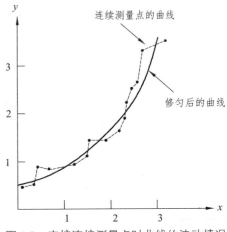

图 1.2　直接连接测量点时曲线的波动情况

第二章 常用电测量指示仪表

测量各种电磁量的机电式（指针式或模拟式）仪器、仪表，称电测量指示仪表，它们是最常用的一类电工仪表，用来测量电压、电流、功率、频率、相位、电阻等参量的直读仪表。其特点是直接将被测量转换为仪表的偏转角位移，并通过指示器在仪表标尺上指示出被测量的数值。同时它们与各种变换器相结合，还可以用来测量非电量。例如，温度、压力、速度等。因此，几乎所有科学和技术领域中都要应用各种不同的电测量仪表。它是目前经常采用的一种基本测量仪表。

本章介绍常用机电式电测量指示仪表的工作原理及其使用方法。目的是使读者能根据测量的需要合理选用电测量指示仪表和正确理解仪表指示数值的含义，熟悉电测量指示仪表的实际应用。

第一节 电测量指示仪表的一般知识

机电式电测量指示仪表又称直读式仪表。应用直读式仪表测量时，测量结果可直接由仪表的指示器读出，测量过程不需要对仪表进行调节。因此，具有测量迅速、使用方便、结构简单及价格便宜等一系列优点。且读数直观，并能据此判断和估计被测量的变化范围和变化趋势，这一特点是当前广泛应用的数字式仪表也不能取代它的原因。所以，它仍然是目前生产和科研的各个部门最常用的仪表，如安培表、伏特表、瓦特表等。

一、电测量指示仪表的分类

1. 根据指示仪表的工作原理分类

根据工作原理不同，可将电测量仪表分为磁电系仪表、电磁系仪表、电动系仪表、静电系仪表、整流系仪表、热电系仪表等。其中，以磁电系、电磁系、整流系仪表应用最为广泛。

2. 根据被测量的名称分类

根据被测量名称不同，可将电测量仪表分为电流表（安培表、毫安表、微安表）、电压表（伏特表、毫伏表、微伏表）、功率表、高阻表（兆欧表）、欧姆表、电度表（瓦时表）、相位表（功率因数表）、频率表以及万用表等。

3. 根据使用方式分类

根据使用方式不同，可将电测量仪表分为安装式仪表、便携式仪表。

4. 根据仪表的工作电流种类分类

根据工作电流种类不同，可将电测量仪表分为直流仪表、交流仪表、交直流两用仪表。

5. 按仪表准确度等级分类

根据准确度等级不同，可将电测量仪表分为 0.1、0.2、0.5、1.0、1.5、2.5、5.0 等七级仪表。

6. 按使用的条件分类

根据使用条件不同，可将电测量仪表分为 A、B、C 三组。

7. 按仪表外壳防护性能分类

根据外壳防护性能不同，可将电测量仪表分为普通式仪表、防尘式仪表、防溅式仪表、防水式仪表、水密式仪表、气密式仪表、隔爆式仪表等。

二、电测量指示仪表的构成和基本工作原理

1. 仪表的构成

通常电测量指示仪表由两个基本部分组成，即测量机构和测量线路，其方框图如图 2.1 所示。

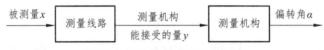

图 2.1　指示仪表的组成方框图

测量线路是能够把被测量"x"（如电流、电压、功率等）变换成适用于测量机构接受的量"y"的线路，如功率表的附加电阻、电流表的分流电阻等。

测量机构是实现电量到非电量（如偏移指示量）的电磁机构，它是仪表的核心部分。

2. 指示仪表的基本工作原理

无论是哪一种指示仪表，在它的测量机构中都具有产生转动力矩、反作用力矩和阻尼力矩的部件。仪表工作时，这三个力矩同时作用于它的可动部分上，使得仪表活动部分按一定规律偏转，反映被测电量的大小。

1）转动力矩 M

转动力矩一般由被测量加到测量机构上所产生的电磁力而建立，它的大小与被测量 x 和仪表的偏转角 α 有关，故可以把 M 看作 x 与 α 的函数，即

$$M = F_1(x, \ \alpha) \tag{2.1}$$

式中，x 为被测量；α 为可动部分的偏转角。

在 M 的作用下，测量机构的可动部分偏转角变化 $\mathrm{d}\alpha$，则可动部分在 M 作用下所做的功为 $M \times \mathrm{d}\alpha$，它应与测量系统中磁场能量或电场能量的变化 $\mathrm{d}A$ 相等，即

$$M \times \mathrm{d}\alpha = \mathrm{d}A$$

则

$$M = \frac{\mathrm{d}A}{\mathrm{d}\alpha} \tag{2.2}$$

式中，A 为测量机构系统的能量。

可见，对于不同种类的指示仪表，只要写出它的测量机构系统的能量表达式，就可以由式（2.2）求得其相应的转动力矩表达式。测量机构中产生转动力矩的部分称为驱动装置。

2）反作用力矩 M_α

测量机构中，除了转动力矩外，还要有一个反作用力矩作用在测量机构的活动部分上，它的方向与转动力矩的方向相反，其大小是仪表可动部分偏转角的函数，即

$$M_\alpha = F_2(\alpha) \hspace{6cm} （2.3）$$

一般 M_α 随 α 的增大而增大，当 $M_\alpha = M$ 时，作用在活动部分上的合力为零，仪表的可动部分将静止在这一平衡位置，这时

$$M = M_\alpha$$

即 $\hspace{3cm} F_1(x, \alpha) = F_2(\alpha)$

因此 $\hspace{3cm} \alpha = F(x) \hspace{6cm} （2.4）$

由上式可见，指示仪表可动部分在测量时所偏转的角度 α 的大小取决于被测量 x 的数值，从而实现了由电量 x 到人眼可见的非电量——偏转角 α 的转换。测量机构中产生反作用力矩的部分叫控制装置。

3）阻尼力矩 M_ρ

阻尼力矩的作用是使活动部分尽快地稳定在平衡点。阻尼力矩的大小与活动部分的偏转速度成正比，方向与活动部分的运动方向相反，即

$$M_\rho = \rho \frac{\mathrm{d}\alpha}{\mathrm{d}t} \hspace{6cm} （2.5）$$

式中，ρ 为阻尼系数。

上式表明，当活动部分偏转快时，M_ρ 大，它使活动部分偏转慢下来；当活动部分稳定在平衡位置时，$\frac{\mathrm{d}\alpha}{\mathrm{d}t} = 0$，则 $M_\rho = 0$，阻尼力矩消失。可见，阻尼力矩只影响可动部分的运动状态，而不影响偏转角 α 的大小。测量机构中产生阻尼力矩的部分称为阻尼装置。

总之，每种测量机构通常都应包括驱动装置、控制装置和阻尼装置三部分，它们所产生的三种力矩作用在活动部分上，使指针的偏转角能够反映被测量的大小，并且使指针尽快地稳定在平衡位置上。不同的测量机构实现这三部分的结构不完全一样，产生这三种力的原理也不相同。

三、电测量指示仪表的主要技术特性

技术特性是衡量电测量指示仪表质量的主要根据，不同品种、不同用途的仪表所应具备的技术特性，在国家标准中作了明文规定，下面介绍几个主要的技术特性。

1. 灵敏度

仪表偏转角 α 对被测量 x 的导数称为仪表对被测量 x 的灵敏度，即

$$S = \frac{\mathrm{d}\alpha}{\mathrm{d}x} \hspace{6cm} （2.6）$$

式中，S 为仪表灵敏度；x 为被测量；α 为指针的偏转角。

仪表的灵敏度取决于仪表的结构和线路，它反映了仪表所能测量的最小被测量。例如 1 μA 的电流通入某微安表时，如果该表的指针能偏转 2 个小格，则微安表的电流灵敏度就是 $S = 2\ \text{div}/\mu\text{A}$。对准确度要求高的测量，对仪表灵敏度要求也高。选用仪表时，要根据测量的要求选择灵敏度合适的仪表。

通常将灵敏度的倒数称为仪表常数，以 C 表示，标尺刻度均匀的仪表常数为

$$C = \frac{1}{S} = \frac{\mathrm{d}x}{\mathrm{d}\alpha} \tag{2.7}$$

2. 准确度

仪表的准确度高低用其等级来表征。选用仪表的等级要与测量所要求的准确度相适应。通常，0.1 级和 0.2 级仪表多用作标准仪表以校准其他工作仪表，一般实验室用 0.5 ~ 2.5 级仪表，配电盘的仪表等级可更低一些。

3. 仪表本身所消耗的功率

绝大多数测量指示仪表在工作时都要消耗一定的电能，该电能的大部分将转换为仪表线路元件所消耗的热能，使元件温度升高，并带来相应的误差。另外，若仪表消耗功率过大，还将改变被测电路的工作状态，引起误差。所以降低功率损耗，在一定程度上能提高仪表灵敏度和准确度，扩大使用范围。

4. 仪表的阻尼时间

阻尼时间是指从被测量接入到仪表指针摆动幅度小于标尺全长 1% 所需要的时间 t_s（见图 2.2）。为了读数迅速，阻尼时间越短越好。一般不得超过 4 s，对于标尺长度大于 150 mm 者，不得超过 6 s。

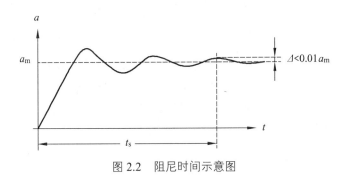

图 2.2　阻尼时间示意图

四、指示仪表的表面标记

为了反映各仪表的主要技术特性，在每一电测量指示仪表的标度盘上，都绘有许多标志符号，以表征其技术性能和使用要求等。如表 2.1 和表 2.2 所示列出了一些常见标志符号及其含义。掌握这些符号的含义有助于正确使用仪表。这些符号分别表示仪表的工作原理、型号、被测量的单位、准确度等级、正常工作位置等。

表 2.1 测量单位的符号

名　称	符　号	名　称	符　号
千安	kA	太欧	TΩ
安培	A	兆欧	MΩ
毫安	mA	千欧	kΩ
微安	μA	欧姆	Ω
千伏	kV	毫欧	mΩ
伏特	V	微欧	μΩ
毫伏	mV	相位角	φ
微伏	μV	功率因数	$\cos\varphi$
兆瓦	MW	无功功率因数	$\sin\varphi$
千瓦	kW	库仑	C
瓦特	W	毫韦伯	mWb
兆乏	MVar	毫韦伯/米 ^{2}	mT
千乏	kVar	微法	μF
乏	Var	皮法	pF
兆赫	MHz	亨	H
千赫	kHz	毫亨	mH
赫兹	Hz	微亨	μH

表 2.2 仪表的种类、工作原理、准确度等级的符号

符　号	名　称	符　号	名　称
	电流表	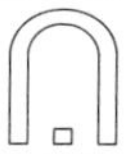	磁电系仪表
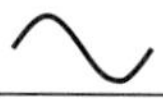	交流表	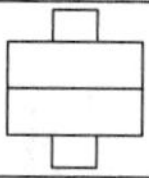	电动系仪表
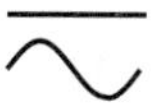	交直流表	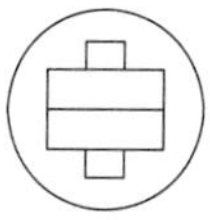	铁磁电动系仪表
	三相交流表	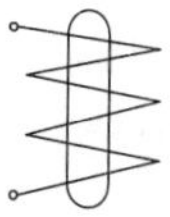	电磁系仪表
	电压表	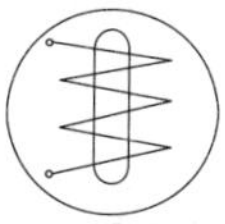	电磁系仪表（有屏蔽）

符　号	名　称	符　号	名　称
Ⓐ	电流表	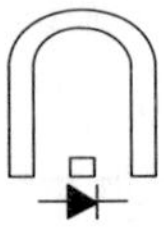 ⊓▷	整流式仪表
Ⓦ	功率表	□Ⅰ	防御外磁场能力 第一级
▢kWh	电度表	△B	使用条件 B
⓪.5 0.5	0.5 级	— ⌐	工作位置为 水平使用
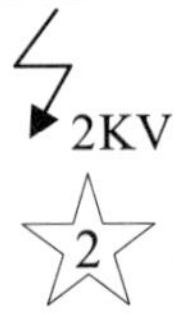 ⚡2KV ☆2	仪表绝缘试验 电压 2 000 V	↑ ⊥	工作位置为 垂直使用

准确度等级 0.1~5.0 表示在 20 ℃ 的常温，仪表位置正常，在没有外界磁场影响条件下，它的最大相对误差为 ± 0.1% ~ ± 5.0%。

使用条件分成 A、B、C 三个等级，A 表示此表适用于温度 0~45 ℃，湿度为 85% 以下的工作环境；B 表示此表适用于温度 - 20~50 ℃，湿度为 85% 以下的工作环境；C 表示此表适用于温度 - 40~60 ℃，湿度为 98% 以下的工作环境。

防御能力分成：Ⅰ（一级防磁）表示在有外界磁场作用的场所仪表最大误差不超过 0.5%；Ⅱ 表示（二级防磁）在有外界磁场作用的场所仪表最大误差不超过 1.0%；Ⅲ 不超过（三级防磁）在有外界磁场作用的场所仪表最大误差不超过 2.5%；Ⅳ（四级防磁）表示在有外界磁场作用的场所仪表最大误差不超过 5.0%。

第二节　磁电系测量机构及其仪表

可动线圈中电流产生的磁场与固定的永久磁铁磁场相互作用工作的仪表，称为磁电系仪表。

磁电系仪表在电气测量指示仪表中占有极其重要的地位，应用广泛。常被用于直流电路中测量电流和电压；加上整流器后可以用来测量交流电流和电压；与变换器配合可以测量多种非电量（如压力、温度等）；采用特殊结构时可以构成检流计，用来测量极其微小的电流。

一、磁电系仪表的结构和工作原理

1. 结构

磁电系测量机构结构如图 2.3 所示，它包括固定部分和活动部分。固定部分由永久磁铁、极掌和圆柱形铁心组成，构成固定的磁路。极掌和铁心之间所形成的空气隙是均匀的，其中产生很强的辐射状的均匀磁场。活动部分包括一个位于气隙中的活动线圈（简称动圈），它的两端各连接一个"半轴"，轴尖支承在支架的宝石轴承中，可以自由转动；指针被固定在半轴上，随轴而转动；连接在半轴上的还有用于产生反作用力矩的游丝，它兼作动圈电流的导流线；与半轴相连的调零器用于调节指针的机械零位。

图 2.3　磁电系测量机构

1—永久磁铁；2—极掌；3—铁心；4—铝框；5—线圈；6—游丝；7—指针；8—半轴

2. 工作原理

磁电系仪表是利用带电导体（线圈）处于磁场中受到电磁力矩而使可动部分旋转的原理制成的。

下面分析当磁电系仪表的线圈中通入电流时，仪表的可动部分所受到的几个主要力矩：

1）转动力矩

当电流流进线圈时，载流导体在磁场中受到力的作用，力的大小为：

$$F = BlIw \tag{2.8}$$

式中，B 为气隙中线圈所在处的磁通密度；l 为线圈长度；I 为流进线圈的电流；w 为线圈的匝数。

线圈所受的转动力矩为

$$M = F \cdot a = BlaIw = BSIw \tag{2.9}$$

式中，a 为线圈宽度；S 为线圈面积，$S = la$。

对已制成的仪表，磁通密度 B、线圈面积 S、线圈匝数 w 都是一定的，令 $K_1 = BSw$，则

$$M = K_1 I \tag{2.10}$$

可见，转动力矩的大小与电流 I 的大小成正比，电流越大，产生的转动力矩也越大。

2）反作用力矩

线圈在转动力矩的作用下发生偏转。如果只有转动力矩，即使很小的电流也将使与线圈一起转动的指针偏转到终端，且无论电流为何值都偏转到这一位置。显然这样就不能用指针偏转的角度来确定流进仪表的电流大小。为此必须使活动部分受到一个与偏转角度有关的反力矩的作用，使活动部分在一定的转动力矩作用下只能偏转一定的角度，从而能以偏转角的大小表示出被测的量（流入仪表的电流）。在磁电系仪表中，反作用力矩多由弹簧（也叫游丝）产生，也可以用吊丝、张丝来产生。由弹簧产生的反作用力矩 M_a，与偏转角 α 成正比，即

$$M_a = K_2 \alpha \tag{2.11}$$

式中，K_2 为决定于弹簧物理性质的常数，弹簧越硬，K_2 值越大；α 为偏转角。

在转动力矩作用下，线圈带动转轴转动，由于弹簧的一端与转轴相连，另一端固定，因此，转轴的转动势必要扭紧弹簧，因而产生反作用力矩。当电流较小时，转动力矩较小，指针只偏转一个较小的角度，其反作用力矩即足以抵消转动力矩；当电流较大时，转动力矩也较大，势必把弹簧扭得更紧些，反作用力矩也随之增大，与转动力矩相平衡。因此，指针总是停止在反作用力矩与转动力矩相等的位置上，即 $M = M_a$ 或 $K_1 I = K_2 \alpha$。

由此得到

$$\alpha = \frac{K_1}{K_2} I = KI \tag{2.12}$$

式中，$K = \dfrac{K_1}{K_2}$ 为一常数。上式表明，在磁电系仪表中指针偏转的角度与被测电流大小成正比，因此磁电系仪表的刻度是均匀的。

3）阻尼力矩

当表头线圈内有电流时，可动部分将向新的平衡位置过渡。由于在这个过程中储存了一部分动能，故一般要在新的平衡位置左右摆动多次才能稳定在新的平衡位置上。仪表指针在平衡位置左右摆动将影响测量速度，为了缩短摆动时间，必须在仪表中装设一个能吸收可动部分动能的装置，这种装置称为阻尼器。不同类型的仪表有不同的阻尼方式，在磁电系仪表中，铝框即起阻尼作用，阻尼力矩 M_P 与速度成正比。指针停在平衡位置时，阻尼力矩也就消失了。因此阻尼力矩 M_P 不影响偏转的角度，只是缩短摆动时间，改善运动特性。

4）摩擦力矩

当可动部分转动时，在转轴与轴承间因为有摩擦，所以必然会产生摩擦力矩 M_f，由于 M_f 的作用是与运动方向是相反的，因此指针不能恰好静止在 $M = M_a$ 这个理想位置处，而是静止在与平衡位置相差 $\Delta\alpha$ 的另一位置。M_f 越大，$\Delta\alpha$ 的值也越大，因而使测量误差越大。在制造仪表

时可采用较好质量的转轴和轴承材料以减小 M_f，提高仪表准确度等级。

二、磁电系仪表的特点

（1）由于永久磁铁磁场方向是恒定的，故只能测量直流电流，对周期性电流也只能反映它们的直流成分（或称平均值），其偏转角与电流的平均值成正比。

（2）由于测量机构中采用永久磁铁，且工作气隙小，所以气隙中磁感应强度 B 很强且稳定，具有较高的灵敏度，并具有较强的抗外磁场干扰能力。

（3）由于机构气隙中磁场呈均匀辐射状，从而使标尺刻度均匀，便于读数。

（4）仪表的准确度高，目前已能做成 0.05 级标准表。

（5）自身功耗很小。

（6）过载能力小。由于被测电流是通过游丝进入线圈，而表头线圈导线也较细，因此，不能流入过大的电流，以免发热或烧坏仪表。

利用磁电系测量机构与不同的测量线路可组成磁电系电流表、电压表和欧姆表。

三、磁电系电流表

1. 磁电系电流表的构成及工作原理

从式（2.12）可知，磁电系仪表可动部分偏转角度与流入仪表的电流成正比。因此，若把磁电系表头直接串入电路，可由仪表的刻度盘上直接读出被测电流的大小。但是一般磁电系表头灵敏度是几十微安到几百微安，表头中的线圈允许通过的电流很小。导入电流的游丝也不能允许太大电流通过，否则将会由于过热而失去弹性。

怎样扩大电流量程呢？最简单的方法就是用一个较小的电阻与磁电系表头并联，然后再串联到电路中去，如图 2.4 所示。图中 R_g 是表头的内阻，I_g 是流过表头的电流，R_s 是分流器的电阻，I_s 是流过分流器的电流，I 是被测电流。此时电路中的电流被此电阻分去了大部分，只有小部分通过表头。由于电路中电流与表头中电流有一定的比例，在仪表的刻度盘上可以直接按有并联电阻以后的仪表的量程来刻度，也可以乘以一定的倍数，这样就可以直接读出被测电流的大小了。

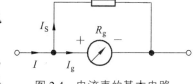

图 2.4　电流表的基本电路

由于

$$R_s I_s = R_g I_g$$

$$R_s = \frac{I_g}{I_s} R_g = \frac{I_g}{I - I_g} R_g = \frac{1}{\dfrac{I}{I_g} - 1} R_g$$

即

$$R_s = \frac{1}{n-1} R_g \tag{2.13}$$

式中

$$n = \frac{I}{I_g} \tag{2.14}$$

上式表明，欲将表头量程扩大 n 倍时，分流器的电阻应为表头内阻的 $\frac{1}{n-1}$。量程 I 越大，分流电阻 R_s 就越小。

2. 分流器

分流器多由电阻系数高、温度系数低的锰铜制成。量程在 50 A 以下的安培表，分流器装在表的内部，称为内附分流器。测量 100 A 以上的大电流，由于要求分流器流过大电流，这时考虑散热和分流器体积较大等因素，故一般将分流器接在仪表外部，称为外附分流器。

3. 多量程电流表

为了使用方便，有时把分流器制成有多个分出头，做成多量程电流表，如图 2.5 所示。当被测电流大小不同时，将转换开关旋至不同的分流电阻上，以便选用合适的量程。

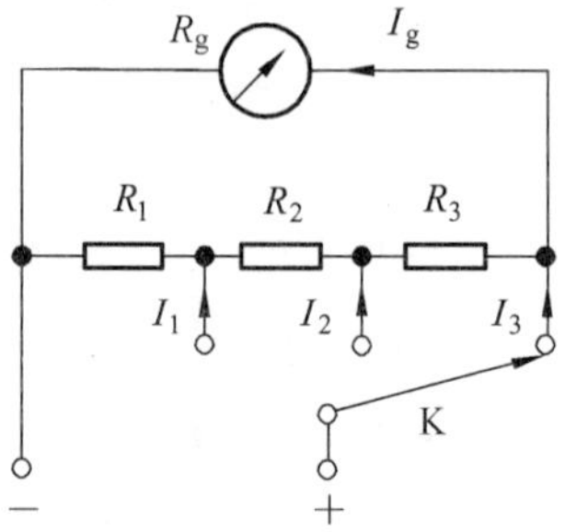

4. 磁电系电流表的使用方法

（1）在测量前，要事先估计被测电流的大小，选择表的量程要大于估计的电流值。如事先难以估计，应尽量选用大量程的电流表，初步测试，然后再选用适当量程的电流表。

（2）当要测量某一支路的电流时，电流表必须串联在该支路上。为了不影响电路的工作状态，选择内阻小的电流表。

图 2.5　多量程电流表的基本电路

（3）要注意正负极性的接法。直流表接线柱旁都标有 "＋" 和 "－" 的符号，电流从 "＋" 流进，表针正走；若电流从 "－" 流进，则表针向反方向偏转，容易打坏指针，所以正负极性接法一定要正确。

（4）使用仪表前应检查指针是否在零位，若不在零位时，应细心旋转调整器旋钮，使指针指零，以免产生过大的测量误差（凡有零位调整旋钮的仪表均应注意调零）。

四、磁电系电压表

1. 磁电系电压表的构成及工作原理

一个磁电系表头的内阻是不变的，因此，若在表头两端施以某一允许的电压，则根据欧姆定律，通过表头线圈的电流将与该电压成正比。这样，可动部分偏转的角度也就正比于所加的电压。如果将表盘按电压来刻度，就可做成电压表。

但是，由于表头灵敏度的限制，允许通过表头的电流是很小的。表头内阻一般仅为几百欧，因此，允许加在表头两端的电压很小，一般只能做成毫伏（mV）表。为了扩大其电压量程，必须与表头串联一较大的电阻，称为附加电阻。

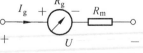

图 2.6　电压表的基本电路

附加电阻的大小由表头灵敏度（即电流量程）和欲扩大的电压量程来确定。如图 2.6 所示，设表头的灵敏度为 I_g，内阻为 R_g，电压表的量程为 U，所需串联的附加电阻为 R_m，则因

$$U = I_g(R_g + R_m)$$

所以
$$R_m = \frac{U}{I_g} - R_g \tag{2.15}$$

串联多个电阻，就可以得到多量程的电压表。例如在图 2.7 所示的多量程电压表中，附加电阻 R_1、R_2、R_3，就可以构成多量程的电压表。

附加电阻一般由锰铜丝烧制。由于锰铜丝的温度系数小，可以减少误差。附加电阻也有内附与外附两种方式。在测量较高电压时，因电阻发热较大，耐压要求高，故一般采用外附方式。

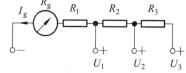

图 2.7　多量程电压表的基本电路

2. 磁电系电压表的使用方法

（1）电压表在使用时是与被测支路并联。为了不影响电路的工作状态，要求仪表所取用的电流越小越好，即要求电压表内阻越高越好。

（2）电压表的内阻常用每伏多少欧（Ω/V）表示，通常称为电压灵敏度 S_U，如图 2.6 所示对应的灵敏度为

$$S_U = \frac{R_g + R_m}{U} = \frac{1}{I_0} \tag{2.16}$$

即电压表的电压灵敏度等于表头满偏电流 I_0（表头灵敏度）的倒数。I_0 越小，S_U 越大，内阻越高。一般电压表的表盘上都标有其电压灵敏度，从该值可以计算出某一量程下表的内阻，并能计算出仪表从被测电路取用电流的大小。

（3）磁电系电压表为直流电压表，使用时要注意"＋""－"接线端，不得接错；根据被测电压大小选择合适的量程。

五、磁电系欧姆表

1. 磁电系欧姆表的构成及工作原理

欧姆表是一种测量电阻的直读仪表，其原理线路如图 2.8 所示。E 是干电池的电动势；R_s 是一个可变电阻，它作为磁电系微安表的分流器，与微安表头并联组成一个灵敏度可调的微安表。使用时 R_s 作为调整零点用，R_m 为表内的附加电阻，R_x 为被测电阻。

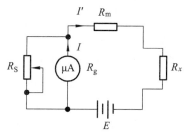

图 2.8　欧姆表的原理线路图

现假定 R_s 之值已根据设计要求选定，它与表头并联的等效电阻为

$$R'_g = \frac{R_g R_s}{R_g + R_s} \tag{2.17}$$

根据欧姆定律，有

$$I' = \frac{E}{R'_g + R_m + R_x} \tag{2.18}$$

由式（2.18）可以看出，当 E、R'_g 和 R_m 固定时，电流 I'（以及通过表头的电流 I）将随 R_x 的改变而改变。

当 $R_x = \infty$，即两表笔间开路，$I = 0$，表针无偏转，$\alpha = 0$，所以，对应于电流的零点刻度，应为电阻的"∞"刻度。

当 $R_x = 0$，即两表笔直接短接时，电流最大，选择 R_s 的数值使此时表针恰好偏转到电流满量程处，$I = I_g$，$\alpha = \alpha_{max}$，即对应于电流的满刻度，应为电阻的"0"刻度。

被测电阻 R_x 越大，指针偏转越小；R_x 越小，指针偏转越大。对应不同的电阻值，指针有不同的偏转。这样就可以在表盘上刻出欧姆表的刻度。显然，欧姆表刻度值与电流的刻度方向相反，而且刻度不均匀，如图2.9所示。

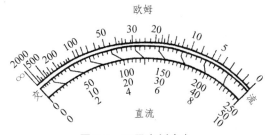

图 2.9　万用表刻度盘

任何欧姆表的刻度范围都是从零到 ∞，怎样表示欧姆表的量程呢？从式（2.18）可以看出：当被测电阻 R_x 等于欧姆表的内阻（$R'_g + R_m$）时，表头流过的电流 $I = \frac{1}{2} I_g$，指针恰好偏转到满偏转的一半，即 $\alpha = \frac{1}{2} \alpha_{max}$，用这个数值表示欧姆表的量程，称为中值电阻。中值电阻值即等于表的内阻值。

干电池使用太久其电压要降低，这时若再将欧姆表的两表笔短路（$R_x = 0$），表针就不能偏转到满刻度（即无法指到电阻为零处）。此时可调节 R_s，减小分流比例，使指针仍能指到零。由于此时 R'_g 改变了，测量会出现一些误差。但一般 $R_m \gg R'_g$，因此 R'_g 的稍许改变，对总内阻的影响并不大，所以误差也不很大。

欧姆表也可制成多量程的。增大量程的办法就是要加大表的内阻。为此，只要增大 R_m，同时也增高 E 即可。一般欧姆表 ×10 kΩ 档的电源电压有十几伏或二十几伏。降低量程的办法就是减小表的内阻。这可以用并联电阻的方法来实现。欧姆表示基本电路如图2.10所示。

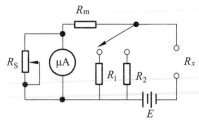

图 2.10　欧姆表的基本电路

2. 使用欧姆表时注意事项

（1）测量前应使两表笔短接，看指针是否指在电阻为"0"处。如不指零，则应调节 R_s 使其指零，然后再测量。

（2）使用欧姆表时，要注意被测对象所能承受的电压和允许通过的电流。例如，测量晶体管各级之间的电阻时，不宜使用 ×10 kΩ 档，因为此时表中电池电压高；一般也不宜使用 ×10 Ω 或 ×1 Ω 档，因这两档表内阻低，电流较大。用欧姆表直接测量微安表内阻，也有烧坏微安表的危险。

（3）测量电阻时，若人的双手分别接触两测试笔的金属部分，人体电阻就与被测电阻并联，会使测量结果小很多，因此应注意避免。

（4）用欧姆表测量电阻时，电流方向是从黑（-）表笔流出，从红（+）表笔流入，这在测量晶体管时要注意。

六、带变换器的磁电系仪表

前面已经介绍，磁电系仪表不能用来直接测量交流电压和电流。但由于磁电系仪表具有许多优点，故希望在采取一定的措施后，使其能测量交流电压与电流。即利用变换器，将交流变换为直流（此直流与被测的交流有一定的比例关系），然后用磁电系仪表测出直流的大小即间接地测出了交流的大小。当然，采用变换器之后必然会带来各种变换误差。常用的变换器有整流器和热电偶，整流系仪表又分为半波整流式和全波整流式。

1. 半波整流式和全波整流式

半波整流式仪表电路和全波整流式仪表电路分别如图 2.11 和图 2.12 所示。

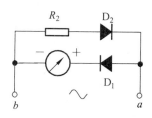

图 2.11　半波整流式电路

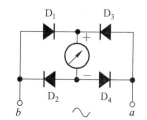

图 2.12　全波整流式电路

由于有半波或全波整流电路，虽然是交流电流，但通过表头的电流是单方向脉动的电流。由于惯性，表头可动部分不可能反映脉动电流的瞬时值，只能反映其平均值。即可动部分的偏转与脉动电流的平均值是成比例的。脉动电流的平均值就是正弦交流经整流后的平均值。在电路理论中可证明，正弦交流电的有效值 I 与全波整流后的平均值 $I_{平}$ 之比为 1.11，即

$$I = 1.11I_{平} \qquad (2.19)$$

这就是说，当有效值为 100 mA 的正弦交流电流经全波整流后通过磁电系表头时，指针将指在刻度为 $\frac{100}{1.11} \approx 90$ mA 处；反之，量程为 100 mA 的磁电系仪表，加上全波整流器之后，就能测量有效值为 $100 \times 1.11 = 111$ mA 的正弦交流电流。

半波整流后的平均值为全波整流后平均值的 1/2，通过仪表的电流将比全波整流时减少一半。因此量程为 100 mA 的磁电系仪表加上半波整流器之后，就能测量有效值为 $100 \times 2.22 = 222$ mA 的正弦交流电流。

因此，在整流式仪表刻度时，按该点的电流平均值的数值乘以 1.11（全波整流时）或 2.22（半波整流时），则刻度盘上的数值就是交流电的有效值。

2. 整流式仪表的特点

（1）由于采用磁电系表头，故灵敏度较电磁系、电动系等高。

（2）因整流器极间电容的影响，一般仅可测频率在 2 kHz 以下的正弦交流电，若加补偿可达到 2 kHz。

（3）由于刻度按有效值表示，故只能测正弦交流量。其他波形的交变电流因波形因数与正弦波不同，用整流式仪表测量时将引起误差。

（4）由于串入整流器（使仪表内阻增高，常达几百欧），因此整流式电流表使用较少，多制成整流式电压表。

（5）整流式电压表在低量程时（如 6 V，10 V），由于整流元件的非线性对刻度影响较大，故需单独刻度。

（6）整流元件的特性不很稳定，因此整流式仪表的准确度低，一般为 1.5～5 级。

七、指针式万用表

1. 基本原理及技术性能

磁电系电流表、电压表、欧姆表和整流式电流表、电压表等的测量机构都是由一个磁电系微安表或毫安表（即表头）并配以不同的测量线路而形成。只要利用转换开关，使它在不同位置时，把表头接到不同的测量线路上，这样就能把上述许多种仪表统一到一个仪表中，这种仪表称为万用表，其结构如图 2.13 所示。万用表实际上是一种多用途、多量程的仪表，可用来测量直流或交流的电流、电压以及电阻等。有些还可测量电容、电感、音频功率增益或衰减的分贝和晶体管的静态参数等。它的电路是由分流、分压、欧姆测量以及整流等电路组成。

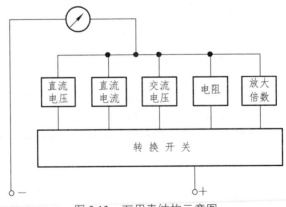

图 2.13　万用表结构示意图

万用表的准确度较低，通常测量直流是 1.5～2.5 级，交流是 4.0 级。在工程要求准确度不很高的场合很适用。它能直接测量多种量,既经济又携带方便,所以应用广泛。

万用表的线路结构是多种多样的,比如采用转换开关的不同、表头灵敏度不同、测量范围不同等,但基本原理相同。

如图 2.14 所示为 MF30 万用表,它是一种袖珍式万用表。其主要技术性能如表 2.3 所示。

图 2.14　MF30 型万用表

表 2.3　MF30 型万用表技术性能

测量范围	量　限	精　度	误差表示方法	备　注
直流电压	1 V～5 V～25 V	20 000 Ω/V	±2.5%	以量程百分数计
	100 V～500 V	5 000 Ω/V	±2.5%	以量程百分数计
交流电压	10 V～100 V～500 V	5 000 Ω/V	±4.0%	以量程百分数计
直流电流	0.5 mA～5 mA～50 mA～500 mA	<0.6 V	±2.5%	以量程百分数计
电　阻	×1，×10，×100，×1 k，×10 k	25 Ω中心	±2.5%	以标度尺长度百分数计
音频电平	10～＋22 dB		±4.0%	以标度尺长度百分数计

2. 指针式万用表的使用注意事项

(1)调整"零点"。万用表在使用前,应注意水平放置时指针是否指在"零位"。如不指在"零位",则应用螺丝刀慢慢旋表壳中央的"起点零位"校正螺丝,使指针指在零位上。

(2)万用表使用时应水平放置。

(3)测试前要确定测量内容,将量程转换旋钮旋到所要测量的相应挡位上,以免烧毁表头,如果不知道被测物理量的大小,要先从大量程开始试测。

(4)表笔要正确地插在相应的插口中。

测量直流电压时,将测试表笔插在"V/Ω""COM"插孔中,将量程转换开关旋到"V̲"相应的量程上。测量电压时需将万用表并联在被测电路上,并注意正负极性。

测量交流电压时,将转换开关旋至"V̲"相应量程上进行测量。

测量直流电流时，万用表必须按照电路的极性正确地串接在电路中，将转换开关旋至"μA"或"mA"相应的量程上，并将测试表笔插在"mA""COM"插孔中。特别需要注意的是，切勿用电流挡去测电压，以免烧坏电表。

测量电阻时，将测试表笔插在"V/Ω""COM"插孔中，将转换开关旋至"Ω"挡适当量程上，将两支表笔短路，指针向零欧姆处偏转，调节零欧姆调整器，使指针恰好指在零欧姆点。然后分开表笔并将其与被测电阻两端接触。注意：每变换一次量程，欧姆挡的零点都需要重新调整一次。测量电阻时，被测电阻不应处在带电状态，不应双手同时接触被测电阻的两端，否则会把人体电阻并联在被测电阻上，引起测量误差。

（5）测试过程中，不要任意旋转挡位变换旋钮。

（6）使用完毕后，一定要将万用表挡位变换旋钮调到交流电压的最大量程挡位上。

（7）万用表长期不用时应把电池取出，以免电池变质漏液而腐蚀其他元件。

3. 万用表的测试技术

1）量程选择与测量正确度的关系

一般情况下应使仪表的量程尽量接近被测量的值（电表指针指示最好处于表头标尺满度的三分之二到满偏位置之间），这样测量误差较小。用万用表测量直流电压、交流电压、直流电流、音频电平时，量程的选择与测量正确度的关系一般都遵循这个规律。

测量电阻时则是个例外，测量时，量程的选择应使被测电阻值接近该挡欧姆中心值。

2）被测电路阻抗与测量结果的关系

用万用表测量直流电压或交流电压时，其表头内阻是与被测电路相并联的。当万用表的输入电阻远大于（一般是 20 倍以上）被测电路电阻时，万用表对被测电路工作状态的影响可忽略不计。

万用表的输入电阻可由万用表表头所示 Ω/V 值求得。以 MF30 型万用表为例，由表头标出的 Ω/V 值可知，直流电压灵敏度是 20 000 Ω/V，所以 2.5 V 挡的输入电阻是 $2.5 \times 20\ 000\ \Omega/V = 50\ k\Omega$。10 V 挡的输入电阻是 $10\ V \times 20\ 000\ \Omega/V = 200\ k\Omega$。在实际测量中，如果万用表的输入电阻不满足远大于被测电路电阻时，它对被测电路的工作状态的影响就不可忽视了。这时，就不宜按照前面所述原则选择量程，而可以考虑选用高输入电阻的量程（即高挡量程）进行测量，以尽量减少测量误差。当然，由于万用表的内阻是已知的，在某些必需的情况下，也可以通过计算来修正测量值。

与测量电压相仿，万用表测量直流电流时，由于其表头内阻是与被测电路相串联，被测电流通过电表时，电表的内阻会造成一定数值的电压降（一般在几十毫伏到几百毫伏）。电表造成的压降将引起电路工作电流的变化，造成测量误差。如果万用表的内阻远小于被测电路内阻，万用表对被测电路工作状态的影响可忽略不计。此时，可遵照量程选择与测量正确度关系中所述的规则选择量程。如果电表的内阻不符合远小于被测电路内阻的条件，电表造成的压降将引起电路工作电流的变化，引起测量误差。此时，可适当选择大一些量程。因为万用表直流电流量程各挡的内阻不是一个定值，量程愈小，内阻越大，所以适当选择大一些的量程，可减少由电表内阻造成的测量误差。总之，为了保证较高的测量正确度，万用表的量程应按具体情况合理选择。

3）被测信号频率、波形与测量结果的关系

万用表表头上有表示该表使用的频率范围，例如 MF30 型万用表上标有 45～1 000 Hz 的符号，这说明该表适宜测量频率在 45～1 000 Hz 范围内的正弦波电信号，如果用万用表测量频率低于 45 Hz 或高于 1 000 Hz 的电信号，则测量结果准确度不能保证，特别是当被测信号的频率

超过允许上限频率时，由于万用表内分布电容影响，电表指示将偏小。因此超过使用频率范围的测量，最多只有对同类信号做相对比较的意义。

万用表表头指针的偏转正比于正弦信号电压半波（或全波）整流平均值，但是表头标尺是按正弦电压有效值刻度的。所以，当被测交流电压是非正弦周期性信号时，若仍直接读数，则会产生很大的误差。如果要用万用表测出非正弦周期信号的电压平均值，则可采用如下方法。将万用表置于相应的交流电压挡，对于半波整流表，用两测试笔接在被测信号的输出端，测得一次电压读数；然后，改变测试笔的极性，再测一次电压读数。两次读数之和除以 2.22，即为所求之值。对于全波整流表，只需测一次，读数除以 1.11 即可。常用的万用电表（如国产 500型、MF30 型等）都是半波整流表。

4）用万用表的欧姆挡测量晶体管

用万用表的欧姆挡测量晶体管时，应考虑到晶体管所能承受的电压较低和允许通过的电流较小，应选用低电压高倍率挡（如 R×100 或 R×1 k 挡）进行测量，这样可以避开最高倍率挡的高压（约 10 V）和低压低倍率挡的大电流。

第三节　电磁系测量机构及其仪表

交流电是目前生产中使用最多的电能，交流电的测量在工业测量中占有重要地位。为了保证生产过程的安全操作和用电设备的合理运行，必须对电力系统中的电压、电流进行测量或监视，因此需要大量交流仪表。带变换器的磁电系仪表虽能够对交流电压和电流进行测量，但由于结构复杂、价格较高且容易损坏，不宜大量采用。在一般生产单位，对测量的准确度要求不很高，但要求仪表坚固耐用、价格低廉。本节介绍的电磁系仪表可以满足上述要求。一般配电盘上所装的交流电压表和电流表，大都是这种仪表。电磁系测量机构在交流测量中应用比较广泛。

一、电磁系测量机构的结构和原理

用被测的电量通过一固定线圈，线圈产生的磁场磁化铁心，铁心与线圈或铁心与铁心相互作用产生转矩而构成的测量机构称为"电磁系测量机构"。它和磁电系测量机构的区别在于它的磁场是由被测的电量通过线圈产生，而磁电系测量机构的磁场由永久磁铁产生。

电磁系测量结构分吸引型和推斥型两大类。

吸引型和推斥型的结构、动作原理都是利用磁化后的铁片被吸引或排斥作用而产生转动力矩的。利用吸引作用的称为吸引型，利用排斥作用的称为推斥型。

吸引型仪表：当线圈中通入电流时，产生磁场，铁片被磁化，磁场吸引铁片进入线圈的缝隙，在转轴上产生转动力矩，带动可动部分偏转。转动力矩被弹簧的反抗力矩平衡，指针就在刻度盘上指出线圈中电流值。当电流方向改变时，磁场和铁片被磁化的方向也都改变，磁场仍对铁片有吸力。这种结构的仪表既可测直流也可测交流。

推斥型仪表的结构与吸引型相似，只是活动部分的铁心（见图 2.15 中的 3）安装方式不同，在固定部分另装有一铁心（见图 2.15 中的 2）。吸引型线圈的磁场方向与转轴垂直，推斥型线圈磁场方向则与转轴平行。

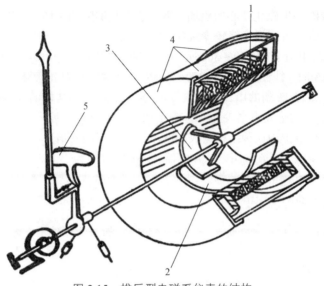

图 2.15　推斥型电磁系仪表的结构

1—固定线圈；2—固定铁心；3—动铁；4—线圈架；5—阻尼器

当有电流通过线圈时，活动铁心和固定铁心同时被磁化，且磁化方向相同。靠近铁心的左边部分，不论 2 或 3 都具有相同的极性（如 N 极），靠近右边部分也都具有相同的极性（如 S 极）。铁心 2 的 N 极和铁心 3 的 N 极互相排斥，同样铁心 2 和铁心 3 的 S 极也互相排斥，因为铁心 2 是固定的，所以铁心 3 发生偏转，并带动转轴和指针一起偏转。当电流方向改变时，线圈磁场的极性改变，铁心 2 和 3 两端的极性也同时改变，它们仍然是互相排斥，所以指针的偏转方向不因线圈电流方向的改变而不同。因此这种表可测量交流或直流。

二、电磁系测量机构的特点

（1）电磁系测量机构可以交、直流两用，测量交流时可以用交流有效值直接标度。

（2）主要用于工频（即 50 Hz）测量。

（3）电磁系测量机构的磁场由空心线圈产生，内部磁场较弱，容易受到外界磁场的干扰而产生测量误差。使用时，仪表附近不应有较强的磁场。

（4）由于造成误差因素较多（涡流、磁滞、波形、频率、温度等），因此准确度不高。

（5）仪表的灵敏度不高，与磁电系仪表相比，其安培表的内阻抗较高，伏特表的内阻抗较低，因此这种仪表消耗功率较大。但在大功率的电力系统中使用，此缺点影响不大。

（6）由于被测电流不流过可动部分，游丝中没有电流流过，因此用电磁系测量机构做的仪表有较强的过载能力，短时间线圈中电流超过额定值十多倍也不致于烧坏电表。

（7）电磁系测量机构的结构简单、价格便宜、运行可靠，是应用比较广泛的测量机构。

三、电磁系电流表、电压表

1. 电流表

电磁系结构的仪表，指针偏转角度直接与线圈中的电流有关，故可用来制成测量交流电流的安培表或毫安表。

被测电流通过线圈产生磁化铁心的磁场，为了能有足够强的磁场，一般需要 200~300 安匝的磁通势。测量大电流，可用粗线绕较少匝数；测量小电流时，则用细线绕较多的匝数。

例如，1 A 量程的电流表为 200~300 匝，5 A 量程的电流表为 40~60 匝。

当电流为 100 mA 时，线圈匝数为 2 000~3 000 匝，这时线圈电感很大，也就是表的内阻抗很大，指针满量程时，表两端的电压降达几伏以上。因此这种结构的仪表所测电流的下限在 100 mA 左右，这种结构的毫安表很少。当电流为 300 A 时，线圈只需绕一匝，但由于导线很粗，加工有一定困难，因此很少用这种结构制成 300 A 以上量程的安培表。

若需要测量更大电流，一般采用电流互感器，将大电流变为小电流（5 A 以下）再进行测量。电磁系电流表扩大量程不用电阻分流器，因为表的线圈有较大电感，不能像测直流电流的磁电系仪表那样来计算分流器的电阻值。

电磁系电流表有时制成双量程，例如，2.5 A/5 A。这种表的线圈用两根同样的铜线并绕。此两线圈串联时，量程为 2.5 A，并联时量程为 5 A（见图 2.16）。

（a）　　　　　　　　　　　（b）

图 2.16　两个量限电磁系电流表的线路

用电磁系电流表测量电流时，应当把它串入被测电路中，但接线时不必考虑正负极性。

2. 电压表

利用测量小电流的测量机构（即线圈匝数较多的表头）串联附加电阻，就可用来测量电压，而成为电压表。由于线圈中必须有足够大的电流才能产生所需的磁场，所以这种结构的电压表内阻抗是很低的，为每伏十几欧。当指针满偏转时，取用电流约几十毫安。

由于线圈的自感很大，这种结构所制成的电压表的量程不能低于几伏。至于最高量程，出于安全的考虑，只做到 750 V。

电压表所取的电流为

$$I = \frac{U}{\sqrt{(R_{\mathrm{m}} + R)^2 + (\omega L)^2}} \qquad (2.20)$$

式中，R 为线圈的电阻；L 为线圈的自感；R_{m} 为串联的附加电阻；U 为被测电压；ω 为被测电压角频率。

由式（2.20）可得指针偏转角度 α 与被测电压有效值 U 之间关系为

$$\alpha = K \frac{U^2}{(R_{\mathrm{m}} + R)^2 + (\omega L)^2} \qquad (2.21)$$

可见，电磁系电压表的读数与频率有关，当电压有效值不变而频率提高时，读数将变小。这种电压表只能在设计规定的频率范围内使用，否则就会出现误差。低量程的伏特表（R 较小）受频率的影响更大。基于同样原因，当被测电压为非正弦波时，表中通过电流的波形与电压波形不同，也会使读数与被测电压实际值不同。

多量限的电磁系电压表是用几个附加电阻与一个测量机构串联组成的，使用电压表时，应当与被测电压两端并联，但不必考虑极性。

第四节　电动系测量机构和功率表

电动系仪表可以测量交、直流电压和电流，特别适用于测量功率。常用的单相功率表是由电动系测量机构组成的，它也是目前应用比较广泛的测量机构之一。

一、电动系测量机构的结构和原理

电动系仪表的原理结构如图 2.17 所示。当固定线圈中通入直流 I_1 以后，可动线圈活动的空间便产生了一个均匀磁场，其磁感应强度设为 B。如果活动线圈中也引入直流 I_2，则与均匀磁场相互作用后，活动线圈上受到一对力 F，它们的方向按左手定则确定。这对力使活动部分受到一定力矩而转动。

由于磁场与电流 I_1 成正比，而力与活动线圈中电流 I_2 和磁感应强度的乘积成正比，因此，作用力矩为

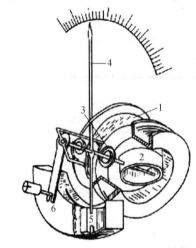

图 2.17　电动系仪表的原理结构
1—固定线圈；2—活动线圈；3—游丝；4—指针；
5—空气阻尼器叶片；6—空气阻尼器

$$M_1 = c_1 I_1 I_2 \tag{2.22}$$

式中，c_1 为与偏转角 α 有关的系数。

当作用力矩与游丝的反作用力矩平衡时，指针就停留在平衡位置上。反作用力矩

$$M_2 = c_2 \alpha \tag{2.23}$$

式中，c_2 为游丝反作用力矩系数。

因此，指针偏转角为 $\alpha = c I_1 I_2$

其中

$$c = \frac{c_1}{c_2}$$

当电动系测量机构接在交流电路时，同理分析可得

$$\alpha = c I_1 I_2 \cos\varphi \tag{2.24}$$

式中，I_1、I_2 是两个交流电流的有效值；φ 是两个电流的相位差。

二、电动系测量机构的特点

（1）电动系测量机构制成的仪表，准确度较高，可达到 0.1 级，甚至 0.05 级。常用来精确测量交直流电流、电压和功率。

（2）电动系仪表的主要缺点：仪表本身消耗的功率大，过载性能较差，结构复杂，受外磁场影响较大。

（3）频率特性：电动系仪表可在十几至数千赫兹的频率范围内测量电流、电压和功率，但有频率误差，在工频时此误差最小，频率较高时（如大于 1 000 Hz）必须进行补偿。

（4）电动系仪表可交直流两用。但电动系电流表、电压表的标尺刻度不均匀，呈平方特性，功率表的标尺刻度基本线性。

（5）电动系电流表、电压表的指示反映被测正弦量的有效值，功率表在测量交流时反映其有功功率。

由于它的这些特点，在工程上除电动系的功率表外，一般不常用电动系仪表。

三、电动系功率表

功率表是测量交直流电路中功率的指示仪表，是按照被测功率的大小，分为瓦特表（W）、千瓦表（kW）等。

1. 功率表的工作原理

在交流电路中，负载与静圈串联，则静圈电流 $\dot{I}_1$ 即为负载电流 $\dot{I}$

$$\dot{I} = \dot{I}_1 \tag{2.25}$$

活动线圈串联很大的附加电阻 R 后并联在负载两端，在满足 $R \gg \omega L$ 的条件下，动圈电流为

$$\dot{I}_2 = \frac{\dot{U}}{R} \tag{2.26}$$

若

$$\dot{I}_1 = I\underline{/0^\circ}, \quad \dot{I}_2 = I_2\underline{/\varphi} = \frac{U}{R}\underline{/\varphi}$$

则仪表偏转角为

$$\alpha = K\frac{U}{R}I\cos\varphi \tag{2.27}$$

式中，$UI\cos\varphi$ 正是负载消耗的有功功率。故式（2.27）可写成

$$\alpha = K_P P \tag{2.28}$$

当按图 2.18 连接时，仪表指针的偏转角 α 与负载消耗的有功功率成正比。若刻度盘按相应的功率值来刻度即成为功率表。选择适当形状的线圈，可使刻度近似均匀。

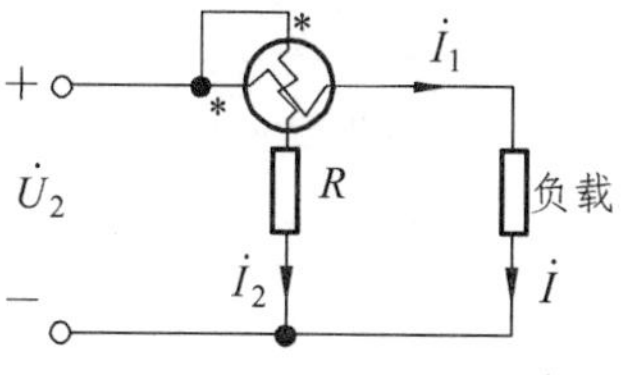

功率表的静圈亦称为电流线圈，动圈称为电压线圈。两线圈电流均不能超过其最大允许值，即额定电流。电压线圈在串联电阻后，以额定电压表示。功率表一般设计为 $P = U_N I_N$ 时达到满刻度。这里 U_N 为电压线圈的额定电压（电压量限），I_N 为电流线圈的额定电流（电

图 2.18　功率表的电路

流量限）。例如，功率表的电压量限为 300 V，电流量限为 5 A，则此表的功率量限为 300×5 = 1 500 W。功率表通常有两个电流量限和三个电压量限，应分别根据被测负载的电流和电压的最大值进行选择。实际上表的刻度盘只有一条标尺标出分格数。因此，被测功率须按下式换算

$$P = C\alpha \tag{2.29}$$

式中，P 为被测功率，单位符号为 W；C 为功率表的功率常数，单位符号为 W/div；普通功率表的功率常数为

$$C = \frac{U_N I_N}{\alpha_m} \quad (\text{W/div}) \tag{2.30}$$

式中，U_N 和 I_N 分别为功率表的电压量限和电流量限；α_m 为标尺满刻度总格数。

对于功率因数比较低的负载（如铁心线圈），用普通瓦特表测量功率时，由于电压线圈和电流线圈额定值的限制，只能在偏转角很小的部位读数，这将造成较大的测量误差。为了有效地测量低功率因数负载的功率，专门制成一种低功率因数功率表，其功率因数的数据在仪表盘上标明。这种功率表的功率量限等于 $U_N I_N \cos\phi$，例如 $U_N = 300$ V，$I_N = 1$ A，$\cos\phi = 0.2$ 的低功率因数功率表，其功率量限为 $P = 300 \times 1 \times 0.2 = 60$ W。所以，当说明功率表的规格时，不能简单地说满量程是多少瓦，而应分别说明电压、电流和功率因数的数值。低功率因数功率表的功率常数为

$$C = \frac{U_N I_N \cos\varphi}{\alpha_m} \quad (\text{W/div}) \tag{2.31}$$

使用低功率因数功率表时，应先根据表的额定电压、电流和功率因数值算出满刻度时的瓦数，然后根据标尺满刻度总格数 α_m 算出每分度代表的瓦数，即功率常数 C。测量时先读出指针偏转的格数 α，然后根据 $P = C\alpha$ 算出被测功率的数值。

2. 功率表量程的扩大

功率表的量程扩大可采用电压线圈和电流线圈分别改变的方法。改变电压量程靠改变与动圈串联的附加电阻来完成，与一般电压表相似；利用两静圈作串联或并联时，可得到两种电流量程，如图 2.19 所示。

国产的功率表一般有两个额定电流与两三种额定电压。例如 D26-W 型功率表的额定值为 1 A/2 A 和 125 V/250 V/500 V。两个电流线圈相互可以串联，也可并联，并联时功率表的额定电流较串联时大一倍，其外观如图 2.20 所示。

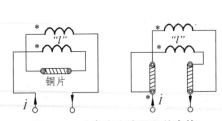

图 2.19　功率表电流量程的变换

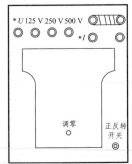

图 2.20　单相功率表的外观

3. 功率表的使用方法

使用功率表时应特别小心，使用不当很容易损坏，主要应注意以下几点。

1）功率表的量程

除功率量程外，电压和电流都不允许超过功率表上所标明的额定值，在负载功率因数较低的情况下，不能以指针是否偏转到刻度盘的终端作为仪表过载的标志。因为在功率因数小于 1 而功率表指针指示在刻度盘终端时，至少电流与电压中有一个一定超过额定值，必将损坏功率表。为了安全起见，测量功率时，一般与电流线圈串接一只同一量程的电流表，同时与电压线圈并联一只同量程的电压表，以作为监视功率表是否过载。

在测量功率因数较低的负载（如铁心线圈）功率时，最好用低功率因数功率表，这不仅是安全问题，还因为一般功率表在负载功率因数很低时，测量误差也较大。

2）功率表的电源端钮

由电动系测量机构工作原理可知，其可动部分偏转角度是和两个线圈中的电流的乘积对应的。因此，只要改变一个线圈中的电流方向，就会改变指针偏转的方向，所以在电动系功率表的电流线圈和电压线圈上总是各有一个端钮被标以特殊的符号（例如"*"或"±"号），有符号的端钮称为电源端钮。

当将功率表接入电路时，电流线圈的"*"端应接在电源侧，另一端接负载侧；电压线圈的"*"端应与电流线圈的"*"端接在一起，如图 2.21 所示。

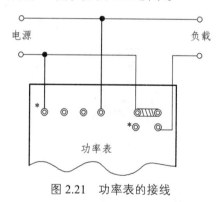

图 2.21　功率表的接线

在功率表电源端正确连接情况下，若功率表不正向偏转，则可改变功率表中电流线圈的电流方向，并将读数取为负值。为了改变一个线圈中电流的方向，有些功率表上备有转换开关。

第五节　感应系仪表

利用固定交流磁场与由该磁场在可动部分的导体中所感应的电流之间的作用力而工作的仪表称为感应系仪表。

感应系仪表普遍用作交流电度表，测量在某一段时间内的电能。即将功率和时间的乘积积累起来，这是一种"积算仪表"，广泛用于工业生产和人们日常生活当中，如民用的单相电度表和工厂用的三相电度表。

电度表的转轴部分可以连续旋转。旋转速度与电路的功率成正比。因此在一段时间内旋转的转数正比于功率对时间的积分，也就是正比于电路在这一段时间内发出或吸收的能量，即

$$W = \int_0^t p\,\mathrm{d}t \qquad\qquad (2.32)$$

旋转的转数利用蜗杆、蜗轮和齿轮系统带动机械计数机构指示出来，一般可以直接读出千瓦小时（即电度）数。感应系仪表只能用于交流。

一、感应系电度表的结构

如图 2.22 所示为单相电度表的结构示意图。它主要由四部分组成：

（1）驱动元件。是产生转动力矩的元件，包括由硅钢片叠成的铁心和绕在它上面的电压线圈和电流线圈。当电流线圈和电压线圈中通有交流电时，产生交变磁通，与铝盘中的感应电流相互作用产生转动力矩。

（2）转动元件。由铝盘和转轴组成，轴上装有传递转数的蜗轮，转轴安装在上、下轴承里，可以在转动力矩作用下自由转动。

（3）制动元件。由永久磁铁及磁轭组成，其作用是在铝盘转动时产生一制动力矩作用于铝盘，使转速与负载功率成正比。

（4）积算机构。又叫计数器，用以累计电度表铝盘的转数，以实现电能的测量和积算。

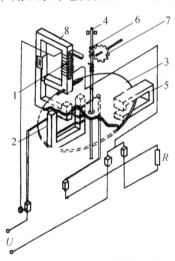

图 2.22　单相电度表结构示意图

1—转轴；2—上轴承；3—下轴承 4—蜗轮；5—磁轭；6—电压线圈；7—电流线圈；8—铝盘

二、感应系电度表的工作原理

转动力矩由两个电磁铁产生，一个电磁铁线圈的匝数很多，使用时与被测负载并联，称为电压线圈；另一个电磁铁线圈的匝数较少，使用时与被测负载串联，称为电流线圈。电压线圈产生的磁通 Φ_U 和电流线圈产生的磁通 Φ_I 都穿过铝盘，因为磁通随线圈中的电流交变，所以在铝盘中产生感应电动势 e_2 和 e_1。由于铝盘是导体，在感应电动势作用下，将在铝盘中产生涡流 i_2 和 i_1。

1. 转动力矩

载有电流的导体在磁场中将受到力的作用，电流 i_1 与磁通 Φ_U 互相作用，产生转矩 M_1，其瞬时值与 i_1 和 Φ_U 的瞬时值乘积成正比，即

$$M_1 = K_1 i_1 \Phi_U \tag{2.33}$$

根据左手定则，转矩的方向使铝盘按顺时针方向旋转。

同样地，电流 i_2 与磁通 Φ_I 互相作用，产生转矩 M_2，即

$$M_2 = K_2 i_2 \Phi_I \tag{2.34}$$

上两式中，K_1 和 K_2 为常数，i_1 和 i_2 是涡流。根据左手定则，此转矩方向使铝盘按反时针方向旋转。

总的瞬时转矩为

$$M = M_1 - M_2 = K_1 i_1 \Phi_U - K_2 i_2 \Phi_I \tag{2.35}$$

因为 i_1、Φ_U、i_2 与 Φ_I 都随时间交变，所以总转矩也随时间变动。由于铝盘的机械惯性较大，实际起作用的是平均转矩。假设负载电压和负载电流之间的相位差为 Φ，则通过相量分析不难得到：$\dot{I}_1$、$\dot{\Phi}_U$ 间的相位是 Φ，$\dot{I}_2$、$\dot{\Phi}_I$ 间的相位是 $180° - \varphi$。所以，在正弦情况下，平均转矩为

$$
\begin{aligned}
M_{av} = \frac{1}{T} \int_0^T M \mathrm{d}t &= K_1 I_1 \Phi_U \cos\varphi - K_2 I_2 \Phi_I \cos(180° - \varphi) \\
&= (K_1 I_1 \Phi_U + K_2 I_2 \Phi_I) \cos\varphi
\end{aligned}
\tag{2.36}
$$

式中，Φ_U、I_1、I_2、Φ_I 分别是 Φ_U、i_1、i_2、Φ_I 的有效值。

因为 Φ_U 正比于负载电压 U，I_2 又正比于 Φ_U，Φ_I 正比于负载电流 I，I_1 又正比于 Φ_I，所以乘积 $I_1 \Phi_U$、$I_2 \Phi_I$ 都正比于电压与电流有效值的乘积 UI，故

$$M_{av} = K_3 UI \cos\varphi = K_3 P \tag{2.37}$$

式中，K_3 是常数；P 是有功功率。

由此可见，平均转矩与电路的平均功率成正比。

2. 制动力矩

如果在转轴上安装有产生反抗力矩的弹簧和指针，就可制成感应系功率表。当转动力矩被反抗力矩平衡时，指针偏转角度就表示出被测电路的平均功率，这种功率表的表盘刻度是均匀的。

为了测量电能，要求铝盘连续旋转且旋转速度与平均功率成正比，即旋转速度与平均转矩成正比。这就不能安装固定的弹簧，因固定弹簧妨碍铝盘连续旋转（弹簧的反抗力矩与偏转角成正比）。而这里需要的是与转速成正比的反抗力矩，与功率成正比的转动力。当两者平衡时，铝盘以恒定速度旋转，因而旋转速度与功率成正比。

感应系电度表采用同磁感应阻尼器一样的办法，使铝盘经过永久磁铁的空气隙，永久磁铁的磁通 Φ_C 穿过铝盘，其值是不变的。如果铝盘不动，磁通不起作用；当铝盘转动时，铝盘切割磁力线，将产生感应电动势及涡流 i_C，其路径和感应电流的方向可用右手定则来确定。i_C 的大小正比于 Φ_C 的值和铝盘的运动速度 v，而 v 与转速 n 成正比，所以 i_C 与 Φ_C 相互作用产生的转矩

M_C 正比于 Φ_C^2 和 n。根据左手定则，转矩的方向恰与铝盘旋转的方向相反，起着制动的作用，故称之为制动力矩，即

$$M_C = K_4 I_C \Phi_C n = K_5 \Phi_C^2 n \tag{2.38}$$

即

$$\left.\begin{array}{c} K_3 P = K_5 \Phi_C^2 n \\ P = Cn \end{array}\right\} \tag{2.39}$$

可见转速与电路的平均功率成正比。

3. 能量与转速的关系

设测量时间为 t，在 t 时间内的电能

$$W = P \times t = Cnt = C \times n_总 \tag{2.40}$$

式中，$n_总$ 为 t 时间内铝盘的总转数，$n_总 = nt$；C 为常数。

由此得出结论：在某时间 t 内负载所消耗的电能，与铝盘在该时间内的转数成正比。因此，利用计度器记录其转数，以反映电能的消耗量。C 的倒数

$$N = \frac{1}{C} = \frac{n_总}{W} \tag{2.41}$$

N 称为电度表常数，单位是 $r/kW \cdot h$，它表示电度表每记录一度电能铝盘所转过的圈数。N 通常被标注在表盘上。

三、电度表的主要技术特性

1. 等级和负载范围

我国国家标准规定，电度表的准确度等级分为 0.5、1.0、2.0 级，对无功电度表还有 3.0 级。要求电度表在额定的电压、电流、频率及 $\cos\varphi = 1$ 的条件下工作 3 000 h 后，其基本误差仍符合准确度等级。

电度表负载范围是指该表所能应用的负载电流范围，它是衡量电度表好坏的一个重要指标。宽负载电度表允许负载电流超过表的标定电流数倍（如 2 倍、3 倍、4 倍等），在它允许超过负载范围内，基本误差不应超过原来规定的数值。

2. 灵敏度

在额定的电压、频率及 $\cos\varphi = 1$ 的条件下，从零开始均匀地增加至铝盘开始转动的最小电流与电度表标定电流的百分比称为电度表的灵敏度。按规定这个电流对 0.5 级表不大于 0.3%，对 1.0 级和 2.0 级表不大于 0.5%，对 3.0 级表不大于 1.0%。

3. 潜　动

电度表无载自转的现象称为潜动。按规定，当电度表电流线圈无电流，线路电压为额定电

压的 80% ~ 110%时，电度表的潜动不应超过 1 转。

4. 功率消耗

当电度表电流线圈中无电流时，在额定电压和频率下，其电压线圈消耗的功率不应超过 1.5 ~ 3 W。

四、电度表的正确使用

1. 电度表的选择

首先应根据被测对象是单相负载或三相负载来选用单相电度表或三相电度表。三相电度表根据使用场合不同又分为三相四线有功电度表（三元件电度表）、三相三线有功电度表（二元件电度表）及三相无功电度表。

其次应根据负载电压和电流数值来选择合适的电度表，使所测负载电压和电流的上限不超过电度表铭牌上所标之额定电压和额定电流。

2. 正确接线

电度表的接线较复杂，容易接错。接线前应查看附在电度表上的说明书，按要求和接线图接线。接线后经检查无误才能合闸使用。

当负载在额定电压下空载时，电度表铝盘应该静止不转，否则必须检查线路，找出原因。

第六节　测量用互感器

测量用互感器是一种按一定比例和准确度变换电压或电流以便于测量的扩大量限装置。用作电压变换的称为电压互感器，用作电流变换的称为电流互感器。

一、测量用互感器的主要用途

（1）扩大测量仪表的量程，使测量仪表的制造标准化、小型化。采用互感器后，在工程测量中，仪表的量限可设计为 5 A 或 100 V（通常电压互感器次级额定电压是 100 V，电流互感器次级额定电流是 5 A），而不需要按被测电流或电压的大小来设计。

（2）可隔离高压、保障安全。互感器的次级电压较低，初级线圈与次级线圈间只有磁的耦合，指示仪表与被测回路绝缘而无电的直接联系，这样使测量仪表、操作人员与高压电路隔离，既降低了仪表绝缘的要求，也保证了操作人员安全。

（3）实现一表多用。用一块表，通过采用一个多量限互感器或换接不同的互感器可得到不同的测量范围。

（4）降低功率损耗。采用互感器扩大交流仪表量限时，比采用分流器或附加电阻的功率损耗要小得多。

（5）使用效率高。一个互感器可以同时接入几种仪表。如电流表和功率表的电流线圈等。

因此，测量用互感器在工程测量中得到广泛的使用。

二、测量用互感器的结构和工作原理

1. 结构

测量用互感器实际上就是一个铁心变压器，其典型结构如图 2.23 所示。它的闭合铁心由硅钢片叠成，以减少涡流损失。铁心上通常绕有两个或多个相互绝缘的线圈，其中一个绕组接到被测回路，称为互感器的一次线圈（或初级线圈）；另一个绕组接到测量仪表，称为互感器的二次线圈（或次级线圈）。

铁心按其结构形式可分为矩形铁心和环形铁心两种，一般互感器只有一个铁心，高压电流互感器为了保证其二次回路的运行可靠和测量的准确度，必须将不同用途的二次回路分开，因此，一般高压电流互感器都具有两个或两个以上的铁心。

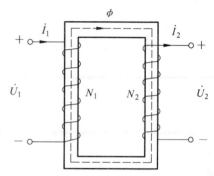

图 2.23　互感器结构示意图

通常电压互感器的初级线圈采用不同的电压等级，而次级线圈的额定电压都是 100 V。因初级线圈的额定电压总是比次级线圈的额定电压高，所以对电压互感器初级线圈匝数比次级线圈匝数多。两个线圈都由较细的铜线制成，初级线圈更细。

电流互感器的初级线圈额定电流一般比次级线圈的额定电流大，因此对电流互感器，一般总是初级线圈匝数比次级线圈匝数少。两个线圈都用铜线绕制而成，电流互感器的次级额定电流一般是 5 A。

2. 工作原理

1）电流互感器

电流互感器是一种将高电压系统中的电流或低压系统中的大电流变换成低电压标准小电流的电流变换装置，其工作原理如图 2.24 所示。电流互感器的工作原理与变压器相似。测量中由于接入次级线圈中的电流表、功率表和电度表的电流线圈的阻抗很小，所以工作中的电流互感器接近于短路状态。

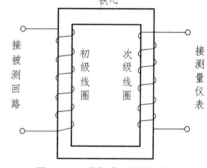

图 2.24　理想变压器原理图

根据电路原理可知，变压器的初、次级电流之比等于它的次级线圈匝数与初级线圈匝数之比，即

$$\frac{I_1}{I_2} = \frac{N_2}{N_1} \tag{2.42}$$

对于电流互感器，初、次级电流之比同样满足上式。

一般将电流互感器的初级额定电流与次级额定电流之比称为电流互感器的额定电流变比 K_{NI}，即

$$K_{NI} = \frac{I_1}{I_2} = \frac{N_2}{N_1} \tag{2.43}$$

K_{NI} 为常数，一般标于电流互感器的铭牌上。使用时，只需测得次级线圈电流 I_2，便可得到初级线圈电流 I_1 为

$$I_1 = K_{NI} I_2 \qquad (2.44)$$

2）电压互感器

电压互感器是一种将高电压变为易测量的低电压（通常为 100 V）的电压变换装置。在测量中，连接在次级线圈的电压表的阻抗较高，所以电压互感器在正常工作时近似于一个开路运行的变压器。

如图 2.24 所示，根据理想变压器初级、次级的电压关系，电压互感器的初级、次级的电压关系为

$$\frac{U_1}{U_2} = \frac{N_1}{N_2} \qquad (2.45)$$

即电压互感器的初、次级电压比等于初、次级线圈的匝数比。

一般将电压互感器的初级额定电压与次级额定电压之比称为电压互感器的额定电压变比 K_{NU}，即

$$K_{NU} = \frac{U_1}{U_2} = \frac{N_1}{N_2} \qquad (2.46)$$

K_{NU} 为常数，一般标于电压互感器的铭牌上。使用时，只需测得次级电压 U_2 便可得到初级电压 U_1 为

$$U_1 = K_{NU} U_2 \qquad (2.47)$$

三、电流互感器和电压互感器的准确度

1. 电流互感器的准确度

电流互感器的准确度等级是指在负载功率因数为额定值时，在规定的次级负荷范围内，初级电流为额定值时的最大误差限值。其中包括电流误差和相位角误差。国产电流互感器的准确度等级有 0.01、0.02、0.05、0.1、0.2、0.5、1、3、10 级。

准确度等级为 0.1 及以上的电流互感器，主要用于实验室进行精密测量或者用来校验低等级的互感器，也可以与标准仪表配合，用来校验仪表，故称标准互感器；0.2 级和 0.5 级互感器常与计算电费用的电能表连接使用；1 级互感器常与作为监视用的指示仪表连接使用；3 级和 10 级主要与继电器配合使用，作为继电保护和控制设备的电流源。

2. 电压互感器的准确度

电压互感器的准确度等级是指在规定的初级电压和次级负荷变化范围内，负荷功率因数为额定值时误差的最大限值。其误差也包括变压比误差与相位角误差两种。

通常电压互感器有 0.1、0.2、0.5、1.0、3.0 级。其中 0.1、0.2 级主要用于实验室进行功率、电能的精密测量，或者作为标准校验低等级的电压互感器，也可与标准仪表配合来校验，因此也叫标准电压互感器；0.5 级主要用于电度表计量电能；1 级用于配电盘仪表测量电压、功率等；3 级用于一般的测量仪表和继电保护装置。

四、测量用互感器的选择与使用

1. 互感器的选择

（1）按被测量所在线路电压高低选择额定电压等级相同的互感器，以保护测量仪表和操作人员的安全。

（2）按被测电压或电流的大小选用合适的互感器的初级线圈额定电压或电流。对有配套仪表的互感器必须配套选择和使用。

（3）选择恰当的互感器准确度等级，一般互感器等级比测量仪表高两级。

（4）容量选择要满足使接入负载（测量仪表、连接导线等）所消耗的功率不超过互感器的额定容量。

（5）在湿热、风沙和雾等特殊环境中使用时，要选用具有"三防"性能的互感器。

2. 正确使用

（1）根据铭牌指示正确接线。铭牌表明了各端钮的有关接线方法，在功率、能量测量中极性端不可接错。如图 2.25 所示是电压互感器电路符号及其接线图，图中，AX 为初级线圈，ax 为次级线圈，使用时，AX 与被测电路并联，而测量仪表并联接入 ax 端。如图 2.26 所示是电流互感器电路符号及其接线图，图中 L_1、L_2 为初级线圈，K_1、K_2 为次级线圈，使用时，L_1、L_2 与被测电路串联，而测量仪表串联接入次级线圈 K_1、K_2。

（2）电压互感器的次级线圈不许短路，否则会出现很大的短路电流，损坏互感器。因此，为防止电压互感器次级线圈短路或过载，以及防止初级线圈或进线发生短路时破坏电网的运行状况，电压互感器初、次级都备有保险丝。

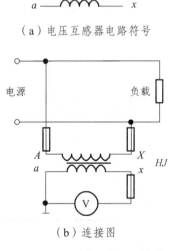

（a）电压互感器电路符号

（b）连接图

图 2.25　电压互感器符号及接线图

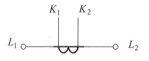

（a）电流互感器电路符号

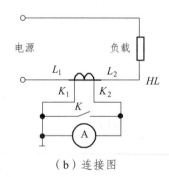

（b）连接图

图 2.26　电流互感器符号及接线图

（3）电流互感器的次级线圈在初级线圈有电流时不能开路，否则将产生很高的电动势，损坏互感器的绝缘，危及设备和操作人员的安全。

（4）互感器次级线圈、铁心、外壳应可靠接地，以保证在故障时次级侧电压不会升高，确保人身和设备安全。

（5）欲切断互感器电源时，应缓慢减小电流（电压）值到零，以避免铁心中有剩磁；若遇突然切断电源情况，再使用时应先对互感器退磁。电流互感器不允许通入直流电，若已通入了直流电，应进行退磁。

第七节　指示仪表的合理选择与正确使用

电工测量中能否合理选择、正确使用各种电工仪表，不仅直接影响测量结果，而且影响电工仪表的使用寿命，严重的还会发生人身事故。

一、电工仪表的合理选择

1. 仪表类型的选择

被测电量根据其电流的性质，可分为直流和交流两种，其中交流又有正弦和非正弦之分。

测量直流电量时广泛采用磁电系仪表。磁电系仪表的优点：有较高的灵敏度和准确度，一般为 0.5 级至 1.0 级，已能做成 0.1 级至 0.05 级；刻度均匀便于读数；防外磁场能力强；它既可做成配电盘式，又可做成便携式仪表。使用时要注意正、负极性，不得接反。这种类型的仪表不能直接用来测量交流电量。磁电系仪表的缺点是过载能力较差、结构较复杂。

测量正弦交流电量时常用电磁系、电动系仪表，来测量其有效值。

电磁系仪表的优点是结构简单、过载能力强，一般只用于工频（50 Hz）正弦交流电压、电流的测量，可做成配电盘式和便携式仪表。电磁系仪表的缺点是准确度和灵敏度都低，一般为 0.5 至 2.5 级，最高可达 0.2 至 0.1 级。仪表消耗功率较大，且刻度不均匀。

电动系仪表与电磁系仪表相比，电动系仪表准确度高，一般为 0.5 至 1.0 级，也可做成高达 0.1 至 0.05 级。一般用它作为交流标准表和实验室电表。与电磁系仪表比较，其工作频率范围较宽，它主要用于工频测量，有的也可测量 2 500 Hz 以下的交流电量。常用此类型仪表制成功率表，用于测量交、直流功率及相位、频率等电量。而且电动系功率表为均匀刻度。电动系仪表的缺点是结构复杂、过载能力差、灵敏度较低，用作电压、电流表时刻度不均匀。所以较少用它做成配电盘式电压表和电流表。

测量非正弦交流电量时，用电磁系、电动系仪表测量其有效值，而用整流系仪表测量其平均值，并用示波器来观察非正弦电量的波形及测量它的各项参量。

整流系仪表是由半导体整流元件构成的整流电路和磁电系表头组成。被测交流电经整流电路变换成脉动直流去驱动磁电系表头，表头指针按被测交流电平均值偏转，示值为被测正弦交流电的有效值。用于测量非正弦波有效值时，要考虑波形误差。整流系仪表多用于构成万用表的交流测量挡。由于此类仪表的电抗不大，故工作频率范围较宽，一般为 45～1 000 Hz，有的可达 5 000 Hz 以上。与其他类型机电式仪表比较，整流系仪表除有工作频率范围较宽的优点外，它本身消耗功率也较小。但此类仪表准确度较低，一般为 0.5 至 2.5 级。

2. 仪表准确度的选择

仪表准确度等级的选择应从测量的实际要求出发，既要保证测量精度的要求，又要考虑其经济性，不可过分追求仪表的高准确度，因为仪表的准确度越高，其价格也越高。

通常准确度为 0.1 至 0.2 级的仪表用作标准表及作精密测量，0.5 至 1.5 级的仪表适用于实验室一般测量，1.0 至 5.0 级的仪表适用于一般工程测量。

与仪表配合使用的附加装置，如分流器、附加电阻器、电流互感器、电压互感器等的准确度应不低于 0.5 级。但仅作电压或电流测量用的 1.5 级或 2.5 级仪表，允许使用 1.0 级互感器，对非重要回路的 2.5 级电流表允许使用 3.0 级电流互感器。

3. 仪表量程的选择

只有在量程选得合理的情况下，仪表的准确度才能发挥其作用。仪表的量程必须大于或等于被测量的最高值，被测量的指示范围应在标尺满刻度的 20%~100% 以内，才能保证达到该仪表的准确度。一般被测量指示范围选择在仪表标度尺的 2/3 以上段，以充分利用仪表的准确度。

选择仪表的量程时，测量值越接近量程，则相对误差越小。

4. 仪表内阻的选择

仪表内阻的大小反映仪表的功耗。为使仪表接入被测电路后不致影响电路原来的工作状态及减少仪表的功耗，要求电压表内阻及功率表电压线圈的电阻尽量的大，且量程越高，内阻越大；要求电流表内阻及功率表电流线圈的电阻尽量小，且量程越高，内阻越小。

5. 仪表工作条件的选择

选择仪表时，应充分考虑仪表的使用场所和工作条件。另外，还应根据仪表使用过程中对周围的温度、湿度、机械震动、外界电磁场强弱等因素考虑后做选择。

6. 仪表绝缘强度的选择

测量时，为保证人身安全、防止测量时损坏仪表，在选择仪表时，还应根据被测量及被测电路电压的高低选择相应的绝缘强度的仪表及附加装置。

总之，在选择仪表的过程中，必须有全局的观念，不可盲目追求仪表的某一项指标，对仪表的类型、准确度、内阻、量程等，既要根据测量的具体要求进行选择，也要统筹考虑。特别是要着重考虑引起测量误差较大的因素，还应考虑仪表的使用环境和工作条件。

在选择仪表时，还应从测量实际需要出发，凡是一般仪表能达到测量要求的，就不要用精密仪表来测量。也就是说，既要考虑实用性，又要考虑经济性。

二、电工仪表的正确使用

正确使用仪表包括正确确定测量线路、正确接线和正确操作。这里着重提出，读取仪表指示值时，须使视线与标尺平面垂直；标度尺表面若带有镜子，则应使指针与镜子中的影子重合再读数。读数时若指针在两条分度线之间，则可以估计一位数字，并使估计数字尽量接近测量的实际值。若仪表具有两条以上标度尺（如万用表），则读数时必须认清，防止误读。

第三章　常用测试方法

在电路测试技术中，通常将被测量分为电（参）量和非电（参）量两大类。电量包括电压、电流、功率、电能、电荷、相位、频率等，非电量如温度、压力、速度等。电量又可分为直流量和交流量。由于交流测量的准确度不如直流测量，通常将交流量转换为直流量进行测量。电路元件的参数如电阻、电感、电容、时间常数、介质损耗等无源的量称为电路参量，测量时必须外加试验电源。本章主要介绍有关电量的测试技术。

电压、电流、功率是表征电信号能量的三个基本参量。从测量角度来看，测量的主要参量是电压，如测得标准电阻上的电压值，就可求得电流和功率；测出通有标准电流的电阻上的电压降，便能求得未知电阻值等。总之，电压测量是其他许多电参量测量的基础。

第一节　电压和电流的测量

电压、电流的测量是电测量中的一种最基本的测量，应用非常普遍。

一、直流电压的测量

1. 直接测量电压

直流电压、直流电流的测量通常采用直接测量方式进行测量。且采用直读式电测量指示仪表进行直读测量，如磁电系仪表。

在测量电压时应将电压表与被测电压的两端相并联，如图 3.1 所示。为了使电压表接入电路后不影响原电路的工作状态，要求电压表的内阻 R_V 应比负载电阻 R 大得多，通常应使

$$\frac{R}{R_V} \leqslant \frac{1}{5}\gamma\%$$

式中的 $\gamma\%$ 为测量允许的相对误差。

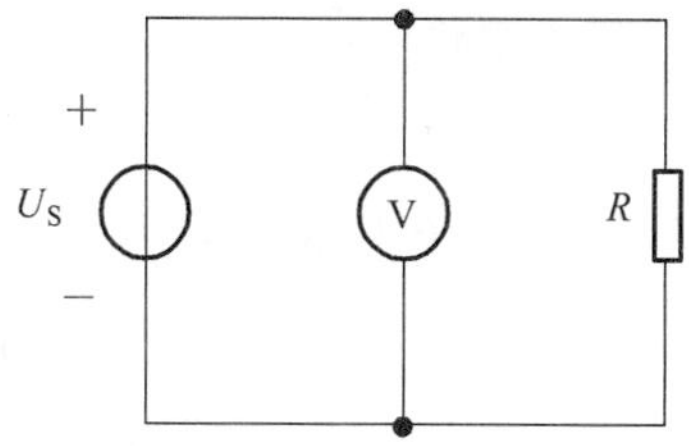

图 3.1　电压表接法

2. 间接测量电压

在测量高内阻电源的空载电压时，常采用间接测量方法。如图 3.2 所示为间接法测电源电压，图中 R_0 为被测电源电压内阻，R_V 为电压表内阻。先测出图 3.2（a）中的 U'，然后调节图 3.2（b）中电阻 R，使电压表读数 $U'' = \frac{1}{2}U'$，则由

$$U' = U_x \frac{R_V}{R_V + R_0} \text{ 和 } U'' = U_x \frac{R_V}{R_V + R_0 + R}$$

可得

$$U_x = U' \frac{R}{R_V} \tag{3.1}$$

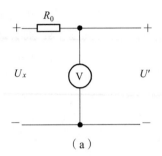

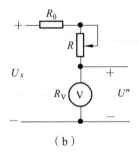

$$（a）\qquad\qquad\qquad\qquad\qquad（b）$$

图 3.2　间接法测电源电压

　　如果用直接测量法测量高内阻回路直流电压则会造成较大的误差。例如某被测电路的电源电压为 $U_S = 5\ V$，等效内阻 $R_0 = 200\ k\Omega$，若用普通万用表（电压灵敏度 20 k\Omega/V）10 V 挡去测量开路电压，如图 3.3 所示，这时电压表的指示值 U_x 为

$$U_x = U_S \frac{R_V}{R_V + R_0} \tag{3.2}$$

图 3.3　电压表内阻对被测电路的影响

绝对误差为

$$\Delta U = U_x - U_s$$

相对误差为

$$\gamma = \frac{\Delta U}{U_S} = \frac{R_V}{R_V + R_0} - 1 = -\frac{R_0}{R_V + R_0} \tag{3.3}$$

将前面已知值代入式（3.3），可求得相对误差

$$\gamma = -\frac{200}{200 + 200} = -50\%$$

若选择电压表的内阻 R_V 为被测电路输入电阻 R_0 的 100 倍，则

$$\gamma = -\frac{R_0}{R_0 + R_V} = -\frac{R_0}{R_0 + 100R_0} \approx -1\%$$

　　由此可见，若想得到相对误差为 1% 左右的测量准确度，应选用电压表的内阻是被测电路等效输入电阻的 100 倍左右。在上例中应选 $R_V = 100 \times 200\ k\Omega = 20\ M\Omega$ 以上的电压表，实际上，这样高的输入电阻的常用电工仪表是不可能的。这时应选用高输入电阻的数字式电压表。

3. 差值法测量电压

在电路的测量中，经常需要测量直流电压的微小变化量。例如，直流稳压电源的电压调整率ΔU和内阻R_0，就是通过测量输出直流电压的微小变化量来求得的。在一般情况下，直流电压微小变化量是采用高精度的数字式直流电压表来进行测量的。在不具备数字式直流电压表的情况下，如果用指针式仪表（如万用表、直流电压表等）来直接测量直流电压的微小变化量是难以实现的。因为被测直流电压值本身比较大，而变化量又相对比较小，所以若直接用指针式仪表的高量程挡进行测量，由于高量程挡的读数分辨率低，因此，很难读出这个微小变化量；若直接用指针式仪表的低量程挡进行测量，由于被测值远远超过低量程挡的上限，而会造成仪表严重过载以致损坏。

通常采用差值法测量直流电压微小变化量ΔU。差值法的测试电路如图 3.4 所示。图中采用一个已知直流电源 U_0 与直流电压表串联后，一起并联到被测直流电源的输出端负载电阻 R 上。即用已知电压 U_0 与直流稳压电源输出电压 U_x 进行比较。选择直流电压表的内阻远大于负载电阻 R，则测量电路的分流作用可忽略不计。将已知电源电压 U_0 调节到等于（或接近）被测电压 U_x 的规定值。根据串联电压表的示值，可测出被测电压的微小变化量ΔU_0，则 $U_x = U_0 + \Delta U_0$。

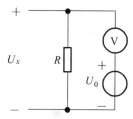

图 3.4　差值法测电压

一般情况下，由于差值远小于电压基本值，差值的测量误差对电压基本值的影响较小，因此，差值法中采用的指针式仪表的准确度等级虽然不高（通常在 2.5 级左右），但对电压基本值的测量结果的准确度影响较小。而用来做比较的已知电源电压对电压基本值测量结果的影响起决定作用。所以，为了提高测量结果的准确度，应选用高稳定电源或标准电压作为已知电源电压 U_0。

二、直流电流的测量

在电路测试中，直流电流的测量方法同直流电压的测量方法相似，可用直接测量方法（电流表串入电路中）或间接测量方法（要求在不断开电路的条件下）。

1. 直接测量方法

通常把直流电流值 $10^{-17} \sim 10^{-5}$ A 称为小量值电流，$10^{-5} \sim 10^2$ A 称为中等量值电流，$10^2 \sim 10^5$ A 称为大量值电流。中等量值电流常采用指示仪表（磁电系测量机构）直接测量。

测量电流时电流表应与负载相串联，仪表内阻 R_A 应远小于负载电阻。在最不利的情况下也必须满足 $R_A/R \leqslant \gamma\%$（相对误差）。由于测量误差受多种因素的影响，所以选用的测量仪表的误差应小于测量允许误差的 1/3 ~ 1/5。

2. 间接测量方法

1）测压降法

此方法通过测量被测电流在已知电阻上的压降，从而间接地测得被测电流的值。通常测量电流不必采用间接测量方法，但是有时为了操作方便或其他原因采用间接测量方法。例如在电子电路中为了测量晶体三极管的集电极电流，常常不去断开电路，而是通过测量集电极电阻 R_c 上的压降，然后算出其电流，即：

$$I_c = \frac{U_c}{R_c}$$

式中，U_c 为电压表测量的集电极电阻 R_c 上的电压；I_c 为集电极电流。

这种方法测量电流虽然测量误差较大，但它可在不断开电路的情况下进行测量，在电子线路的测试中应用较广。为了减少测量误差，提高准确度，应选用高内阻的电压表（如数字电压表）进行测量电压。

2）直流互感器法

直流大电流的测量常采用直流电流互感器法。用直流电流互感器测量时可实现与二次电路隔离，并且安装方便。

直流互感器的工作原理是以交流磁势平衡直流磁势为基础，从而测出被测直流的磁势。其测量精度受铁心磁化曲线非理想及其他因素影响，误差一般为 0.5% ~ 1%。

另外，在直流电流和电压的测量过程中，如果需要精确测量，常采用比较法。例如直流电位差计测量电流，其误差为 0.1% ~ 0.001%。

三、交流电压和交流电流的测量

在电路测试技术中交流电压、交流电流的测量都是最常见的。交流电压的数值和频率变化范围广，电压的波形除常见的正弦波外，还有各种非正弦波，如三角波、锯齿波、方波等。一般用电磁系或电动系仪表来测量正弦交流电的有效值。电磁系电压表的准确度可达 0.1 ~ 0.5 级，测量范围通常为 1 ~ 1 000 V，使用频率约 1 000 Hz 左右，内阻约每伏几十欧。电磁系仪表也能测量非正弦交流电压的有效值，但是当非正弦电压的谐波频率太高时，由于其感抗随着频率有较大的变化，将带来较大的误差。

交流电压、交流电流的测量方法与直流电压、直流电流的测量方法相似，直读测量是测量交流电压、交流电流的最基本方法。

例如，交流电流的测量如图 3.5 所示。

（a）交流电流表直接接入　　　　　　　　　　（b）交流电流表经电流互感器接入

图 3.5　单相交流测量的基本电路

在上述测量电流的电路中，电流表串接在电路中，因此需将电路断开。使用钳型电流表则可解决这一问题。只是因为钳型电流表测量时准确度较低，所以适用测量精度要求不高的场合。

交流电压、电流可用多种方式来表示，它们有：有效值、平均值、峰值等。表示方法不同，其值也不相同。

1. 有效值的测量

在测量中，模拟式有效值仪表种类较多。但是通常采用磁电系微安表作为它们的指示器，因为磁电系仪表具有灵敏度和准确度高、刻度线性、受外磁场及温度的影响小等优点。

交流电压、电流的有效值定义为（以电流为例）

$$I = \sqrt{\frac{1}{T}\int_0^T i^2 \mathrm{d}t}$$

有效值是应用最广泛的参数之一。它能直接反映一个交流信号能量的大小，而且具有十分简单的性质，计算非常方便。

2. 峰值的测量

峰值是交流电压、电流在一个周期内的最大值，通常采用示波器进行测量。

3. 平均值的测量

在交流测量中，平均值是指经检波后的平均值，模拟式平均值仪表常采用磁电系仪表。根据平均值的定义（以电流为例，$I = \frac{1}{T}\int_0^T |i|\mathrm{d}t$）测量平均值时，若采用整流磁电系仪表，则仪表的偏转角正比于电流的平均值。

若被测电流是正弦波，则由正弦稳态电路理论可知，表示正弦量大小的有效值、平均值、峰值之间彼此有一定关系，故当测量出这三个量中的某一个后，由它们之间关系可计算出另两个值。

交流电压、电流的测量除了采用仪表测量外，还可以采用示波器来进行测量。具体方法参考本章第四节内容。

第二节　电路参数的测量

电路中的四个基本参量是电阻、电感、互感、电容，对它们的测量具有重要意义。根据被测对象的性质和大小的不同，测量条件的不同，所要求的准确度以及所用设备的不同，测量的方法也就随之不同。本节简单介绍常见的测量电路参数的方法。

一、电阻及其测量方法

电阻是电路中基本物理量之一。电阻器是利用金属或非金属材料制成的具有电阻特性的元件，常用的电阻器有碳膜电阻、金属膜电阻、绕线电阻、标准电阻等。除特制的外，一般电阻都可以从手册上查出其主要特性及技术指标。通常电阻按其阻值范围划分为：$10^{-6} \sim 10\,\Omega$ 为低值电阻，$10 \sim 10^6\,\Omega$ 为中值电阻，$10^7 \sim 10^{12}\,\Omega$ 为高值电阻。

电阻的基本测量方法有：直流指示法、直流电桥法、变换法。

1. 直流指示法（包括欧姆表法和伏安法）

在要求不太高的场合，可使用欧姆表法或者用万用表的欧姆挡对电阻进行测量，根据指针的偏转直接读出数据，这是最方便的方法，其测量结果受仪表精度的影响。

使用欧姆表应选择合适的量程，以使指针偏转在中间位置较好，测量前必须注意调零。如果是数字式万用表，则直接读出被测电阻的阻值。

伏安法是用仪表测量出被测电阻的电压和电流，然后通过欧姆定律计算得到电阻值。

$$R_x = \frac{U}{I} \tag{3.4}$$

式中，U、I 分别为伏特表、安培表的示值。

测量时线路有两种，如图 3.6 所示。

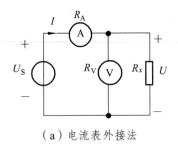 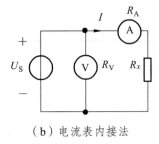

（a）电流表外接法　　　　　　　　　　　（b）电流表内接法

图 3.6　伏安法测量电阻

不管采用哪种线路，由于仪表本身有一定的电阻，根据欧姆定律计算还会有方法误差。因此伏安法受电压、电流测量仪表精度的影响，电阻测量的精度较低。

直流指示法适用于中值电阻的测量。

2. 直流电桥法

直流电桥法是利用电桥，将被测电阻与已知标准电阻进行比较，从而确定被测电阻的大小。它具有灵敏度高、准确度高等特点，广泛用于电阻的精密测量中。

直流单电桥如图 3.7 所示。其中 R_1、R_2、R_3、R_4 构成四个桥臂，a、b、c、d 是四个顶点，G 是检流计（在电路中当作指零仪器，以检测电路中是否存在电流），E 是电源。

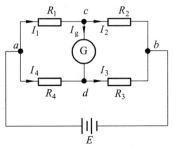

当调节某个桥臂的电阻值（例如 R_4）使检流计支路的电流 $I_g = 0$，即 $U_{cd} = 0$ 时，称电桥"平衡"，且 $I_1 = I_2$、$I_3 = I_4$，有

$$\left. \begin{array}{c} I_1 R_1 = I_4 R_4 \\ I_2 R_2 = I_3 R_3 \end{array} \right\}$$

图 3.7　直流单电桥电路

得

$$\frac{R_1}{R_2} = \frac{R_4}{R_3}$$

或

$$R_1 R_3 = R_2 R_4 \tag{3.5}$$

式（3.5）说明当电桥平衡时，电桥对臂电阻之积相等，若 $R_1 = R_x$，则被测电阻 R_x 为

$$R_1 = R_x = \frac{R_2}{R_3} R_4 \qquad (3.6)$$

显然，可以从 R_2、R_3、R_4 的数值求出被测电阻 R_x 的数值来。在实际的电桥线路中，$R_2/R_3 = 10^n$，提供了一个比例，所以 R_2 和 R_3 又称"比例臂"。R_4 的值可以由零开始连续调节，它的数值位数由电桥的准确度来决定，称为比较臂。例如，$R_4 = 1\,275\,\Omega$ 时，$R_2/R_3 = 10$，则 $R_x = 1.275 \times 10^4\,\Omega$；当 $R_2/R_3 = 0.1$ 时，$R_x = 127.5\,\Omega$。实际上，R_x 是通过比例臂 R_2/R_3 与电阻 R_4 进行比较，所以电桥也是比较式仪器。

当电桥平衡时，被测电阻与电桥的电源 E 无关。因此，平衡电桥对电源的稳定性要求不高，在灵敏度足够的条件下，电源电压波动对测量结果没有影响。电桥的准确度主要由电阻 R_2、R_3、R_4 的准确度决定。

直流电桥是一种精密测量仪器，合理使用和正常维护是保证测量效果、测量准确度和仪器设备安全的重要条件。

（1）合理选用电桥。单电桥适用于测量中值电阻，其阻值在 $1 \sim 10^6\,\Omega$ 范围内；双电桥适用于测量低值电阻，其阻值在 $10^{-5} \sim 1\,\Omega$ 范围内。电桥的准确度应与被测电阻所要求的准确度相适应，应使电桥的误差略小于被测电阻所允许的误差。

（2）正确选用电源。当需要外接电源时，应选用稳定度较高的直流电源。不能使用一般的整流电源，必须选用化学电池或直流稳压电源。电压的数值应严格按说明书要求选取，过低会降低电桥的灵敏度，过高会导致电桥损坏。在外接电源电路中应串入可调电阻和电流表，以便调节和监视工作电流，使此电流不超过被测电阻和标准电阻所允许的最大电流值。

（3）适当选择检流计。有些直流电桥需外接检流计。选择检流计时主要应注意其灵敏度应与所使用的电桥相配合。过低会导致电桥达不到应有的精度，过高会使电桥平衡增加困难、浪费测量时间。选择的方法是，在调节电桥读数臂电阻的最后一位时，检流计有 $2 \sim 6$ 格的偏转。

（4）确保接线正确和掌握正确的操作方法。由于各种成品直流电桥的面板布局和内部接线不同，所以在使用之前必须仔细阅读说明书中的接线图。清楚面板上各接线端钮的功能、转换开关的作用及其刻度盘的读数方法和各按键的作用。然后按照说明书的要求正确接线。

（5）注意维护保养。使用和存放直流电桥必须注意环境清洁，温度和湿度应符合产品要求，防止日光照射并远离热源。

3. 变换法

在测量电阻时，采用数字技术通过 A/D 转换器将有关物理量变换成数字量，或者利用 A/D、D/A 转换器，并通过微处理器分析处理而获得被测电阻的方法。

二、阻抗参数及其测量方法

阻抗参数除电阻外，还有电感、电容和互感。下面介绍阻抗参数的测量方法。

1. 伏安法

1）伏安法测量电感

用伏安法测量电感线圈的电路如图 3.8 所示。以适当电流通过被测电感线圈，用电流表测量

电流 I，用高内阻电压表测量电感线圈两端的电压 U，则线圈的阻抗 $|Z_x|$ 为

$$|Z_x| = \frac{U}{I}$$ （3.7）

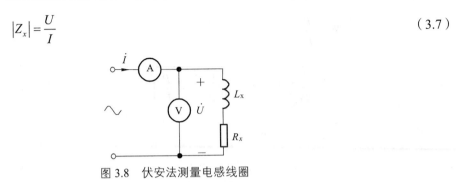

图 3.8　伏安法测量电感线圈

考虑到频率较低的情况下，线圈的交流电阻与直流电阻基本相同。因此，可在直流下测量出被测电感线圈的电阻 R_x。如果测量时的正弦交流频率 f 为已知，则可按下式求得被测电感线圈的电感

$$L_x = \frac{\sqrt{|Z_x|^2 - R_x^2}}{2\pi f} = \frac{\sqrt{\left(\dfrac{U}{I}\right)^2 - R_x^2}}{2\pi f}$$ （3.8）

2）伏安法测量电容

用电压表和电流表测量电容的线路如图 3.9 所示。为了使电流表获得足够大的读数，可适当串联一可变电感 L，使电路在接近谐振下进行测量。

采用这一方法需用内阻比较大的电压表进行测量，如采用静电系电压表等。

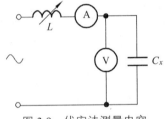

图 3.9　伏安法测量电容

若电压表的示值为 U，电流表的示值为 I，则被测电容 C_x 为

$$C_x = \frac{I}{\omega U}$$ （3.9）

式中，ω 为电源的角频率。

2. 三表法

三表法就是用电压表、电流表和功率表分别测量被测阻抗的 U、I、P，然后通过计算得出等效参数的间接测定阻抗的方法，如图 3.10 所示。

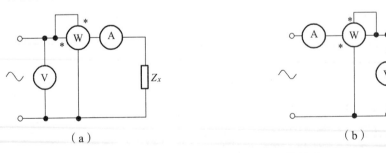

（a）　　　　　　　　　　　　　　　（b）

图 3.10　三表法测量阻抗的两种接线图

如果忽略仪表本身损耗，则被测电阻 R_x 和电抗 X_x 可以由下式计算得出

$$R_x = \frac{P}{I^2} \tag{3.10}$$

$$X_x = \sqrt{\left(\frac{U}{I}\right)^2 - R_x^2} = \sqrt{\left(\frac{U}{I}\right)^2 - \left(\frac{P}{I^2}\right)^2} \tag{3.11}$$

如果阻抗是一个电感线圈，则电感为

$$L_x = \frac{\sqrt{\left(\frac{U}{I}\right)^2 - \left(\frac{P}{I^2}\right)^2}}{2\pi f} \tag{3.12}$$

以上两种方法存在的主要问题是：受仪表测量频率范围的限制，通常只能在低频情况下使用，而且都属于间接测量，受测量仪表准确度限制，准确度较低。

3. 电桥法

交流电桥与直流电桥的基本原理相似，利用比较测量原理，将未知被测量与已知标准量进行比较（标准量通常取为标准电容、电阻），从而确定被测量。但交流电桥的桥臂的参数是复数，检流计支路中的不平衡电压也是复数，使得交流电桥的调节方法和平衡过程变得复杂。但交流电桥法具有应用广泛、频率高、准确度高等优点。

常用的交流四臂电桥电路如图 3.11 所示，由四个桥臂用阻抗组成，c、d 之间接入的是交流指零仪，交流指零仪可以是电子示波器、耳机、振动式检流计或放大器等。与直流电桥相似，当指零仪指零时，电桥相对臂的阻抗之积相等，得

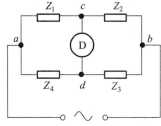

图 3.11　交流电桥原理

$$Z_1 Z_3 = Z_2 Z_4$$

即

$$\left.\begin{array}{c} |Z_1| \cdot |Z_3| = |Z_2| \cdot |Z_4| \\ \varphi_1 + \varphi_3 = \varphi_2 + \varphi_4 \end{array}\right\} \tag{3.13}$$

若第一臂为被测阻抗，则得

$$Z_1 = Z_x = \frac{Z_2}{Z_3} Z_4 \tag{3.14}$$

可见，由于交流电桥的桥臂是复数，若交流电桥调节平衡，必须是对臂阻抗模之积相等，对臂阻抗相角之和相等。因此，若组成四臂交流电桥时，对四个臂阻抗性质有限制，不是任意四个阻抗构成的交流电桥都可以调节平衡，也不是任意选两个可调参数都能把交流电桥调节平

衡。这两个可调参数必须是一个能调节阻抗的实数部分，而另一个能调节阻抗的虚数部分，这样才能把交流电桥调节平衡。

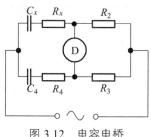

图 3.12　电容电桥

根据被测对象的不同，交流电桥可分为电感电桥、电容电桥、互感电桥等。

根据式（3.13）可知，如图 3.12 所示的电容电桥的平衡方程为

$$R_3\left(R_x + \frac{1}{j\omega C_x}\right) = R_2\left(R_4 + \frac{1}{j\omega C_4}\right)$$

于是可得

$$\left.\begin{array}{l} C_x = \dfrac{R_3}{R_2}C_4 \\[3mm] R_x = \dfrac{R_2}{R_3}R_4 \end{array}\right\} \tag{3.15}$$

因为 C_4 是固定值，在测量时应先调节 R_3/R_2 的值，使 $C_x = R_3C_4/R_2$ 得到满足，然后再调节 R_4 以满足 $R_x = R_2R_4/R_3$。因为只有同时满足两个条件电桥才能平衡，所以需对 R_3/R_2、R_4 等参数反复调试。

同理，对如图 3.13 所示电感电桥，可写出平衡方程

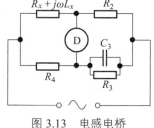

图 3.13　电感电桥

$$R_2R_4 = (R_x + j\omega L_x)\frac{1}{\dfrac{1}{R_3} + j\omega C_3}$$

于是可得

$$\left.\begin{array}{l} L_x = C_3R_2R_4 \\[3mm] R_x = \dfrac{R_2}{R_3}R_4 \end{array}\right\} \tag{3.16}$$

通常选 R_4、R_3 作为调节元件。

4. 变换法

利用数字技术，通过对电压、电流矢量的采样、处理，获得阻抗信息，一般由微处理器控制和处理，具有接口功能，可与外部设备进行信息交换。

5. 互感的测定

测量互感方法有多种，这里介绍几种常用方法。

1）用互感电压法测量互感

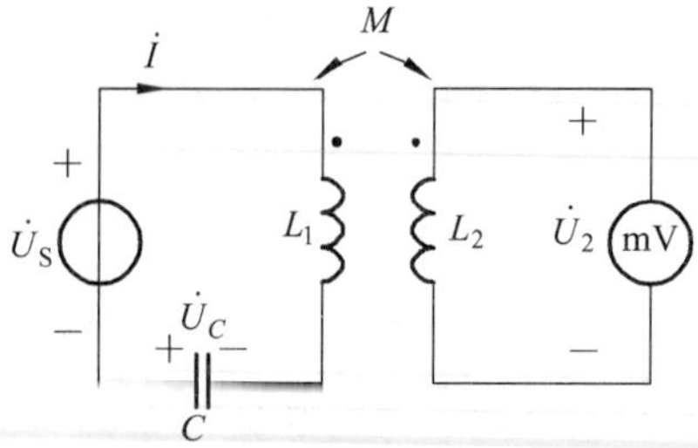

测量电路如图 3.14 所示，图中电容 C 和信号源 $\dot{U}_s$ 的频率 f 为已知，则 L_2 两端的开路电压 U_2 为

图 3.14　互感电压法测量互感

$$U_2 = \omega M I_1$$

由于

$$I_1 = \frac{U_C}{X_C} = \omega C U_C$$

所以

$$M = \frac{U_2}{\omega I_1} = \frac{U_2}{\omega^2 C U_C} \qquad (3.17)$$

可见只要在某一已知频率下测出 U_C 和 U_2 即可求得互感 M 之值。

2）谐振法测量互感

谐振法测量互感是把互感线圈的两个线圈 L_1 和 L_2 串联起来，配以标准电容和电阻组成串联谐振电路，如图 3.15 所示。

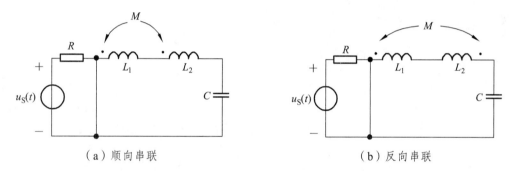

（a）顺向串联　　　　　　　　　　　（b）反向串联

图 3.15　谐振法测量互感的接线图

然后分别测出两个线圈顺向和反向连接时的谐振频率 f_1 和 f_2，电路在谐振状态时，则可求得：

顺向连接时的等效电感

$$L_{顺} = \frac{1}{(2\pi f)^2 C} = L_1 + L_2 + 2M \qquad (3.18)$$

反向连接时的等效电感

$$L_{反} = \frac{1}{(2\pi f)^2 C} = L_1 + L_2 - 2M \qquad (3.19)$$

故互感 M 为

$$M = \frac{L_{顺} - L_{反}}{4} \qquad (3.20)$$

这种方法测得的值准确度不高，特别是当 $L_{顺}$ 和 $L_{反}$ 的值比较接近时，将引起较大的误差。

3）用交流电桥法测量互感

测量互感的电桥线路很多，若需要可参阅有关资料。

4）同名端的测试

测定互感同名端一般可用以下两种方法：

（1）将两个电感线圈作两种不同的串联，测出其等效阻抗，较大的一种是正向串联，因而可知两线圈相连的两端是异名端。

（2）在如图 3.16 所示的电路中，给线圈 L_1 通以正弦电流，用电压表分别测出 U_1、U_2 和 U，若有 $U>U_1$ 且 $U>U_2$，则表示两线圈相接的两端是异名端。

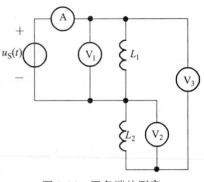

图 3.16　同名端的测定

第三节　功率的测量

一、直流功率的测量

1. 用电流表和电压表测量直流功率

直流功率 P 的表达式为

$$P = UI \tag{3.21}$$

可见，通过测量 U、I 值可间接求得直流功率。这种间接测量法如图 3.17 所示。

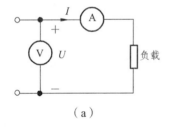 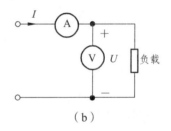

（a）　　　　　　　　　　（b）

图 3.17　电流表、电压表测功率

如图 3.17（a）所示电压表读数为负载电压与电流表电压之和，因此按式（3.21）计算所得的功率比被测负载功率多了电流表的功耗。如图 3.17（b）所示电流表的电流值为负载电流和电压表中电流之和，因此按式（3.21）计算所得功率比被测负载功率多了电压表的功耗。

在通常情况下，电流表压降很小，所以多用图 3.17（a）接法。只有在负载电阻小的低电压大电流情况下才用图 3.17（b）的接法。在精密测量时需要扣除仪表功耗。

用这种方法测量直流功率，其测量范围受电压表和电流表测量范围的限制。常用电流表的测量范围为 0.1 mA ~ 50 A，电压表的测量范围为 1 ~ 600 V。

2. 用功率表测直流功率

用电动系功率表可直接测量直流功率。由于电动系功率表有电压线圈和电流线圈，所以也有电压线圈接在电源端和接在负载端之分。当测量准确度要求较高时可采用直流电位差计测量直流功率或采用数字功率表进行测量。

二、单相交流有功功率的测量

1. 用间接法测量单相交流功率

单相交流有功功率的表达式为

$$P = UI\cos\varphi \tag{3.22}$$

所以，用电压表、电流表和相位表分别测出 U、I、$\cos\varphi$ 就可算出有功功率 P 的值。由于相位表的准确度不高，此法很少采用。

另外，也可采用如图 3.18 所示三电压表法或三电流表法测量单相交流功率。图中 R 为便于测量而串（或并）入的无感电阻。为了不影响电路的工作状态，三电压表法的串联电阻值应较小，而三电流表法的并联电阻值应较大。

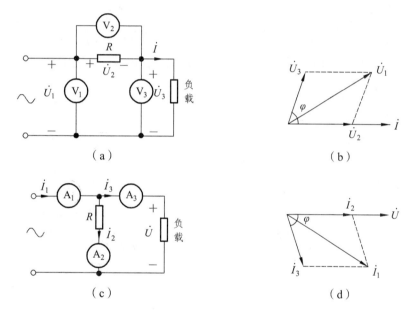

图 3.18　三表法测单相交流功率

由图 3.18（b）可知

$$U_1^2 = U_2^2 + U_3^2 + 2U_2U_3\cos\varphi$$

因为 $U_2 = RI$ 和 $P = U_3I\cos\varphi$，所以

$$P = \frac{U_1^2 - U_2^2 - U_3^2}{2R} \tag{3.23}$$

由图 3.18（d）可知

$$I_1^2 = I_2^2 + I_3^2 + 2I_2I_3\cos\varphi$$

因为 $I_2 = \dfrac{U}{R}$ 和 $P = UI_3 \cos\varphi$，所以

$$P = \frac{(I_1^2 - I_2^2 - I_3^2)R}{2} \tag{3.24}$$

2. 用功率表测单相交流功率

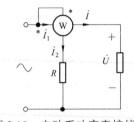

电动系功率表既可作为直流功率表，也可作为交流功率表。在使用功率表时应按如图 3.19 所示接线，即电压线圈和电流线圈的"＊"号端连接在一起，以保证功率表正常工作，以免发生表针反偏转而损坏仪表。

值得注意的是，一般功率表按标称功率因数 $\cos\varphi = 1$ 设计，因此当测量 $\cos\varphi = 0.1$ 的功率时误差很大，需采用低功率因数表。低功率因数功率表在磁测量中得到广泛的应用。

图 3.19　电动系功率表接线图

三、三相功率的测量

实际工程中广泛采用三相交流电，因此更多地需要测量三相交流电路的功率。测量三相电路的功率根据电流和负载的连接方式不同，可分别用单相功率表或三相功率表。

1. 一表法测量三相对称负载功率

1）有功功率测量

在三相四线制电路中，当电源对称且负载是 Y 接法时，用一只功率表按图 3.20（a）连线就可测量其功率。对于 Δ 接法对称负载按图 3.20（b）连接线路进行测量。

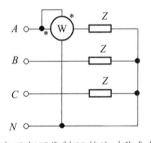

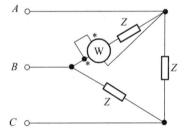

（a）三相四线制 Y 接法对称负载　　　　　（b）三相三线制 Δ 接法对称负载

图 3.20　一表测三相对称负载

在三相对称电路中，三相负载的总功率为任何一相负载功率的 3 倍。因此，如图 3.20 所示三相功率 P 与单相功率表读数 W 的关系式为

$$P = 3W \tag{3.25}$$

一表法适用于对称三相三线制电路，也适用于对称三相四线制电路。

2）无功功率测量

也可用一表法测量对称三相电路的无功功率。其电路如图 3.21 所示。功率表的指示值为

$$P = U_{BC} I_A \cos\varphi' \tag{3.26}$$

式中，U_{BC} 为 B、C 两相之间的线电压；I_A 为 A 相的线电流；φ' 为 $\dot{U}_{BC}$、$\dot{I}_A$ 之间的夹角。

令 $U_{BC} = U_l$，$I_A = I_l$，U_l、I_l 为线电压、线电流。由图 3.22 对称三相电路的电压、电流相量图可知 $\varphi' = 90° - \varphi$，φ 为负载阻抗角。

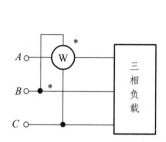

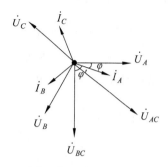

图 3.21　一表法测对称三相电路的无功功率　　　图 3.22　对称三相电路的电压、电流相量图

功率表的读数为

$$P = U_{BC}I_A \cos(90° - \varphi) = U_l I_l \sin\varphi$$

无功功率 Q 为

$$Q = \sqrt{3}U_l I_l \sin\varphi = \sqrt{3}W \qquad (3.27)$$

2. 二表法测量三相三线制的功率

在三相三线制电路中，不论电路是否对称，也不论负载是 Y 连接还是 Δ 联结，都可用两表法来测量。如图 3.23 所示，其三相总功率等于 W_1、W_2 两功率表示值之代数和，即

$$P = W_1 + W_2 = U_{AC}I_A \cos\varphi_1 + U_{BC}I_B \cos\varphi_2 \qquad (3.28)$$

式中，P 为三相总功率；φ_1 为 $\dot{U}_{AC}$、$\dot{I}_A$ 之间的夹角；φ_2 为 $\dot{U}_{BC}$、$\dot{I}_B$ 之间的夹角。

二表法只适用于三相三线制，不适用三相四线制。二表法特别适用于不对称三线制电路，二块功率表的代数和就直接指示三相总的有功功率。

在对称三相电源、对称三相负载的情况下，由图 3.22 所示的对称三相电路的电压、电流相量图可知

$$U_{AC} = U_{BC} = U_l，\quad I_A = I_B = I_l$$

$$\varphi_1 = 30° - \varphi,\ \varphi_2 = 30° + \varphi$$

图 3.23　二表法测三相
电路的有功功率

所以

$$P = U_l I_l \cos(30° - \varphi) + U_l I_l \cos(30° + \varphi) \qquad (3.29)$$

讨论：

（1）负载为电阻性（$\varphi = 0$）时，两表读数相等。

$$P = W_1 + W_2 = U_l I_l \cos 30° + U_l I_l \cos 30° = 2W_1 = 2W_2$$

（2）负载功率因数为 0.5（即 $\varphi = \pm 60°$）时，其中一只功率表的读数为零。

$$P = W_1 + W_2 = U_lI_l\cos 90° + U_lI_l\cos(-30°) = U_lI_l\cos 30°$$

（3）负载功率因数小于 0.5（即 $|\varphi| > 60°$），其中一只功率表为负值，指针反偏。为了读出反偏功率表的读数，将反偏的这个功率表，用一个极性转换开关改变电压线圈或电流线圈的电流方向，使其正向偏转。但计算总功率时这个功率表的读数（如 W_2）以负值计算。即

$$P = W_1 + (-W_2) = W_1 - W_2$$

综上所述，两表法测量三相功率，总功率应为两表读数的代数和。

二表法的接线规则如下：

（1）两功率表的电流线圈分别串接入任意两端线，使通过电流线圈的电流为三相电路的线电流。

（2）两功率表的电压线圈的"*"端必须与该功率表电流线圈的"*"端相连，而两个功率表的电压线圈的另一端必须与没有接功率表电流线圈的第三端线相连。

利用二表法不但可以测量三相电路的有功功率，在电路对称的情况下，还可以测得三相电路的无功功率，将 W_1 与 W_2 二式相减，得

$$W_1 - W_2 = U_lI_l\cos(30° - \varphi) - U_lI_l\cos(30° + \varphi) = U_lI_l\sin\varphi a$$

由此可得到对称负载的三相无功功率 Q 为

$$Q = \sqrt{3}U_lI_l\sin\varphi = \sqrt{3}(W_1 - W_2) \tag{3.30}$$

从而可以求得负载的功率因数角 ϕ

$$\varphi = \text{tg}^{-1}\frac{Q}{P} = \text{tg}^{-1}\frac{\sqrt{3}(W_1 - W_2)}{W_1 + W_2} \tag{3.31}$$

3. 三表法测三相四线制功率

在三相四线制不对称系统中，必须用三只功率表分别测出各相功率，其接线如图 3.24 所示。三相总的功率为各相功率表之和，即

$$P = W_1 + W_2 + W_3 \tag{3.32}$$

用三表法也可准确地测量三相三线制电路的有功功率。如图 3.25 所示，此时功率表的电压承受的是相电压。如果三相电路完全对称，则各功率表的示值是各相功率。但当三相电路不对称时，各功率表的示值虽然不等于各对应相的有功功率，但三只功率表示值的代数和却等于三相电路的总功率，不管三相电路是否对称，这个结论都是正确的。

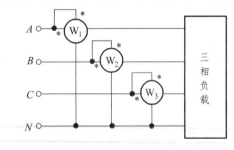

图 3.24　三表法测三相四线制功率

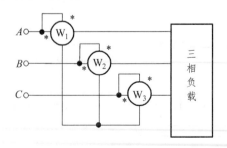

图 3.25　三表法测三相三线制功率

二表法和三表法测三相功率，可用单相功率表，也可用三相功率表。三相功率表的结构有二元三相功率表和三元三相功率表。二元（三元）三相功率表实质上等于两只（三只）单相功率表，只是将两只（三只）表的可动部分装在一个公共转轴上，转轴上的转矩等于两个（三个）可动部分转矩的代数和。只要按两表法（三表法）进行接线，则其读数就是被测三相功率。

第四节　波形测试技术

示波器广泛用于电量以及各种非电量的测量中。利用示波器可以定性观察电路动态过程，定量测量各种电参量等，本节介绍最基本的波形测试技术，即对电压、时间、相位、频率的测量。

一、电压测量

示波器测量电压最常用的方法是直接测量法，即直接从示波器屏幕上量出被测电压波形的高度，然后换算成所测电压。

1. 直流电压的测量

首先设置面板控制旋钮，使屏幕显示扫描基线；将被选用通道的耦合方式置为"GND"，调节垂直移位，使扫描基线在某一水平坐标上，定义此时电压为零；将被测信号输入被选用通道，耦合方式置"DC"，调整电压衰减器，使扫描基线偏移在屏幕中一个合适的位置（微调顺时针旋钮置于校正位置），测量扫描线在垂直方向偏转基线的距离，如图 3.26 所示，然后计算被测直流电压值，即

$$U = 垂直方向格数 \times 垂直偏转因数 \times 偏转方向（ + 或 - ）$$

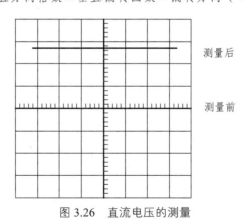

图 3.26　直流电压的测量

例如，在图 3.26 中测出扫描基线比原基线上移 2.7 格，用 1∶1 探头测量，偏转因数（V/div）为 2 V/div，则被测直流电压值为

$$U = 2.7 \times 2 = 5.4 \text{ V}$$

2. 峰-峰电压的测量

对被测信号峰-峰电压的测量时，首先将被测信号输入至 CH1 或 CH2 通道，将示波器的耦合方式置于"AC"，调节电压衰减器（V/div）并观察波形，使被显示的波形幅度适中，并

使波形稳定，测量垂直方向两峰点 A、B 两点的格数，如图 3.27 所示，则被测信号的峰-峰电压值（U_{P-P}）为

$$U_{P-P} = 垂直方向的格数 \times 垂直偏转因数$$

例如，在图 3.27 中，测得 A、B 两点的垂直格数为 4.8 格，用 1：1 探头，垂直偏转因数（V/div）为 2 V/div，则

$$U_{P-P} = 4.8 \times 2 = 9.6 \text{ V}$$

被测正弦信号的有效值与峰-峰值的关系为

$$U = \frac{1}{2\sqrt{2}} U_{P-P}$$

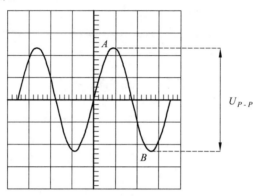

图 3.27　峰-峰值电压的测量

二、时间测量

1. 时间间隔的测量

对一个波形中两点间时间间隔的测量，可先将被测信号输入至 CH1 或 CH2 通道，将示波器的耦合方式置于 "AC"，调节触发电平使波形稳定，将扫描微调旋钮顺时针旋转（校正位置），调节扫描时间因数开关（t / div）使屏幕显示 1～2 个信号周期；测量两点间的水平距离，如图 3.28 所示，则被测时间间隔为

$$时间间隔 = \frac{两点间的水平距离（格）\times 扫描时间因数（t / div）}{水平扩展因数}$$

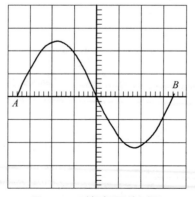

图 3.28　时间间隔的测量

例如，测量 A、B 两点的水平距离为 7.0 格，扫描时间因数（t/div）为 5 ms/div，则

$$时间间隔 = 7.0\ 格 \times 5\ ms/div = 35\ ms$$

2. 频率和周期的测量

在图 3.28 中，A、B 两点间的时间间隔的测量即为该信号的周期 T，该信号的频率则为 $\dfrac{1}{T}$。

在上例中，测出该信号的周期 T 为 35 ms，则其频率为

$$f = \frac{1}{T} = \frac{1}{35 \times 10^{-3}} = 28.6\ Hz$$

3. 上升（或下降）时间的测量

上升时间或下降时间的测量和时间间隔的测量方法一样，不过被选择的测量点规定在波形满幅的 10% 和 90% 两处，如图 3.29 所示中 A、B 两点。测量 A、B 两点间的水平距离，按下式计算出波形的上升时间（注意，测量过程中，扫描"微调"旋钮应置于"校正"位），即

$$上升（或下降）时间 = \frac{水平距离（格） \times 扫描时间因数（t/div）}{水平扩展因数}$$

例如，在图 3.29 中，波形上升沿的 10% 处（A 点）至 90% 处（B 点）的水平距离为 1.8 格，扫描时间因数开关置 1 μs/div，扫描扩展因数为 ×5（注：对一些速度较快的前沿或后沿的测量，将扫描扩展旋钮拉出，可使波形中水平方向扩展 5 倍），则

$$上升时间 = \frac{2.2（格） \times 1\ μs/div}{5} = 0.44\ μs$$

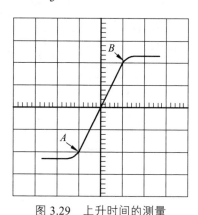

图 3.29　上升时间的测量

三、相位差的测量

1. 线性扫描法

将两个频率相同的被测正弦电压 u_1、u_2 分别接入 CH1 和 CH2 输入端，在线性扫描情况下，可在屏幕上得到两个稳定的波形，如图 3.30 所示。图中 a、b 两点之间距离为被测信号的周期，a、c 两点间距离为两个被测信号之间的相位差，其相位差为

$$\theta = \frac{ac}{ab} \times 360°$$

注意：①只能用其中一个波形去触发扫描电路（通常为超前的信号），以免产生相位误差；②为保证两信号的光迹的横轴重合，测量前将 CH1 和 CH2 的输入耦合方式置"GND"位置，调节垂直位移，使两时间基线重合，再将此开关置于"AC"，以防直流电平的影响。

例如，在图 3.30 中，两个同频率正弦波信号的周期是 $ab = 7.0$ 格，两个信号波形之间的水平距离 $ac = 0.6$ 格，则两信号的相位差为

$$\theta = \frac{0.6}{7.0} \times 360° = 31°$$

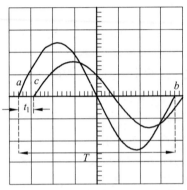

图 3.30　两个同频率正弦波的相位差测量

2. 李沙育图形法

按下 X-Y 键，示波器 CH1 上信号输入 X 轴，CH2 上的信号输入 Y 轴，仍用超前信号作触发，调节两通道的"VOLTS/DIV"和微调，使荧光屏上在 X 轴向和 Y 轴向所显示的波形峰峰值均为 A，如图 3.31（a）所示。读出图形曲线与 X 轴的两个交点之间的距离 B，则两信号间的相位差为：$\theta = \arcsin \frac{B}{A}$。如图 3.31（b）所示显示了几个特殊相位差下的李沙育图形。

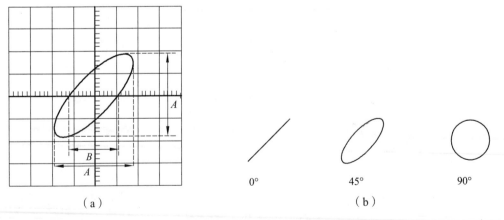

（a）　　　　　　　　　　　　　　0°　　　　　45°　　　　　90°
　　　　　　　　　　　　　　　　　　　　　　（b）

图 3.31　典型的李沙育图形

第四章　数字仪表和常用电子仪器

所谓数字式仪表，就是能够自动的将被测量的数值直接以数字形式指示出来（也包括记录或控制）的仪表。它无论是在测量方法、原理、结构或操作方法上都完全不同于指针式仪表。指针式仪表可以自动地给出测量结果，但测量结果是从指针相于刻度盘的位置读出来的，并非数字量，而电桥、电位差计是数字指示，但其测量过程必须有人参加进行平衡调节，并非自动进行。

数字仪表的主要特点如下：

（1）准确度高。如现代的数字电压表测量直流的准确度可以达到满度的0.001%甚至更高。

（2）输入阻抗高，吸收被测量功率很少。如在现代的数字电压表中，基本量限的输入阻抗高达25 000 MΩ，输入阻抗高于1 000 MΩ的数字电压表是常见的。

（3）由于测量结果直接以数字形式给出，显示数据读出非常方便，没有读数误差。

（4）测量速度快。有些数字电压表的测量速度每秒钟可达几万到几十万次之多。

（5）灵敏度高。现代的积分式数字电压表的分辨率可达0.01 μV。

（6）数字式仪表操作简单，测量过程自动化，可以自动地判断极性、切换量程。

（7）可以方便地与计算机配合。数字仪表可以把测量结果编码输出给计算机，以便进一步计算和控制。

目前，数字仪表的种类繁多，功能各异，有数字频率计、数字电压表、数字欧姆表、数字万用表、数字相位表、数字功率表等。

无论使用哪种数字仪表或电子仪器都必须注意以下几个问题：

（1）使用前应仔细阅读仪表、仪器使用说明书，了解其性能、工作原理、使用条件及使用方法等，绝不可盲目使用。

（2）通电前应先检查仪器的各开关旋钮是否已置于正确位置，应养成不随意扳动开关、转动旋钮的习惯。

（3）通电后要经过一段预热时间仪器才能正常工作。预热时间的长短视仪器的种类而定。

（4）在预热过程中及使用过程中要注意仪器有无异常现象，如烧焦气味、冒烟、异常响声等，如有异常现象发生，应立即关闭电源。

（5）搬动仪器要轻拿轻放。

第一节　数字万用表

万用表是一种最常用的多功能、便携式测量仪表。其特点是用途广、量程多、使用方便，一般可以测量交流电压、直流电压、直流电流、电阻等。有的万用表还可以测量交流电流、频率、逻辑电平、电感、电容、晶体管电流放大倍数等。因此，万用表可以间接检查各种电子元器件的好坏，检查、调试大多数的设备。它的种类繁多，按测试原理、测量结果和显示方式的不同，可分为模拟式和数字式两大类。

数字万用表也称数字多用表，它采用先进的集成电路模数转换器和数显技术，将被测量数值直接以数字形式显示出来。数字万用表显示清晰直观，读数准确。与模拟万用表相比，其各项性能指标均有大幅度的提高。

一、数字万用表的组成与工作原理

数字万用表除了具有模拟式万用表的测量功能外，还可测量电容、二极管的正向电压、晶体管的直流放大系数 β 及检查线路告警等。

数字万用表的测量基础是直流数字电压表，其他功能都是在此基础上扩展而成的。为了完成各项测量功能，必须增加相应的转换器，将被测量转换成直流电压信号，再经过 A/D 转换器转换成数字量，然后通过液晶显示器以数字形式显示出来，其原理框图如图 4.1 所示。

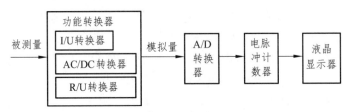

图 4.1　数字万用表原理框图

转换器将各种被测量转换成直流电压信号，例如，测交流电压时，先将待测交流电压转换成直流电压，再送入直流数字电压表进行测量；在进行交流或直流电流测量时，先将待测电流转换成电压，再进行交流电压或直流电压测量；测电阻时，先将电阻转换成直流电压信号，再测电压，读出相应的阻值。A/D 转换器将随时间连续变化的模拟量变换成数字量，然后由电子计数器对数字量进行计数，再通过译码显示电路将测量结果显示出来。

二、主要特点

数字万用表主要特点如下：
（1）数字显示，直观准确，无视觉误差，并且有极性显示功能。
（2）测量精度和分辨率高，功能全。
（3）输入阻抗高（大于 1 MΩ），对被测电路影响小。
（4）电路集成度高，产品的一致性好，可靠性强。
（5）保护功能齐全，有过压、过流、过载保护和超量程显示。
（6）功耗低，抗干扰能力强。

三、VC101 型数字万用表

1. VC101 型数字万用表的面板及符号说明

VC101 型数字万用表的面板布置如图 4.2 所示。符号说明如下：
（1）POWER/Hz：电源开关/频率转换键；DC/AC：直交流转换键；REL：相对值测量键；

HOLD：数据保持键。

（2）·ⁱⁱ⁾：通断测试。

（3）COM：模拟地（输入负端）。

（4）△：相对值（REL）符号。

（5）⚡：400 V/600 V 量程高压提示符号。

（6）TTL：逻辑电平。

（7）⊤：检流计。

（8）-3999：输入极性为负。

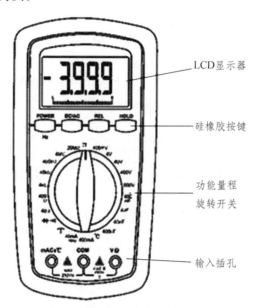

图 4.2　数字万用表的面板示意图

2. VC101 型数字万用表的测量方法

1）电压测量

（1）测量前请确定是直流还是交流，通过 DC/AC 按键来选择，交流状态时 LCD 显示 "AC" 符号。

（2）红表笔插在 V/Ω 输入端，黑表笔插在 COM 输入端。

（3）红黑表笔并联到被测线路，读取显示值，红表笔所接该点为负时 LCD 显示 "－" 符号（直流为正或交流不显示）。

2）电流测量

（1）测量前请确定是直流还是交流，通过 DC/AC 按键来选择，交流状态时 LCD 显示 "AC" 符号。

（2）根据测量范围，通过旋转开关选择量程。

（3）红表笔插在 mA 输入端，黑表笔插在 COM 输入端。

（4）红黑表笔串联到被测线路，读取显示值，红表笔所接该点为负时，LCD 显示 "－" 符号。

（5）当测量电流超量程或误输入大于 10 V 电压时，LCD 显示 OL 并蜂鸣告警。

3）电阻测量

（1）旋转开关选择电阻量程挡。

（2）红表笔插入 V/Ω 输入端，黑表笔插入 COM 输入端。

（3）红黑表笔跨接在被测电阻两端，读取显示值。

提示：测量时如果显示"OL"这时应选择高量程进行测量，在测量高于 1 MΩ 电阻时，读数需数秒时间才能稳定，这在测量高阻时是正常的。

4）通断测试

（1）旋转开关选择 ➡ᐧᐧᐧ) 挡。

（2）红表笔插入 V/Ω 输入端，黑表笔插入 COM 输入端（红表笔极性为正）。

（3）通断测试，如果有蜂鸣声发出，说明红黑表笔间的阻值约小于 70 Ω，如果测试值在临界状态蜂鸣会再次发声。

提示：请勿在此挡测电压信号。

5）电容测量

（1）旋转开关选择电容挡。

（2）红表笔插入 mA ℃ Cx 输入端，黑表笔插入 COM 输入端（表笔均无极性）。

（3）红黑表笔跨接在被测电容两引脚端，读取显示值，测大电容时，读数需数秒时间才能稳定。

（4）如果被测电容的电容值超过所选择量程，会显示"OL"，此时应选择高量程进行测试。

6）二极管测试

（1）旋转开关置 ➡ᐧᐧᐧ) 挡。

（2）红表笔插入 V/Ω 输入端，黑表笔插入 COM 输入端（红表笔极性为正）。

（3）测量二极管时应注意：先用红表笔连接二极管正极测试，应显示二极管正向压降的近似值；如显示 OL 则再用黑表笔连接二极管测试，此时仪表如仍显示 OL 则说明被测二极管是坏的。

7）TTL 测试

（1）旋转开关至 TTL 挡。

（2）将红表笔插入 V/Ω 输入端，黑表笔插入 COM 输入端。

（3）将红表笔连接被测电路正端，黑表笔连接被测试电路负端。

（4）如被测电路为高电平时（>3 V），模拟棒条以中间为界，右边全显（H），LCD 同时显示被测逻辑电平（>3 V，<40 V）；如被测电路呈低电平时（<1 V），模拟棒条以中间为界，左边全显（L），LCD 同时显示被测逻辑电平（>0 V，<1 V）。

（5）当被测电平 >1 V 和 <3 V 时棒条不显示，LCD 仅显示被测电平值。

8）数据保持

测量中遇到不方便读数，需将测量结果记录在 LCD 屏幕上，轻触 HOLD 键听到"滴"声，CPU 自动将数据保持下来。在保持状态下，模拟棒条将不被保持，如有输入，仍反应信号变化趋势，同时 DC/AC 键和 REL 键不起作用。再次轻触 HOLD 键，取消数据保持功能。

第二节 晶体管毫伏表

在电子实验及仪器设备的检修和调试中,所要测量的电压信号的频率往往从 10^{-5} Hz 到数千兆赫,而幅度甚至小到微伏,采用普通的电工仪表是不能有效测量的,必须借助于电子电压表——毫伏表来进行测量。

晶体管毫伏表是一种在电工实验中经常用到的交流电压表,能直接测量出正弦信号的有效值。它是模拟式电压表,采用磁电式电流表作为指示器,属于指针式仪表,表盘以 V 和 dB 值为刻度。

一、晶体管毫伏表的组成及工作原理

晶体管毫伏表属于宽频带放大-检波式电压表,由放大电路、检波电路和指示电路组成,如图 4.3 所示。它先将被测交流信号进行放大,然后再进行检波,最后通过直流表头指示读数。

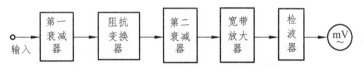

图 4.3 放大-检波式晶体管毫伏表原理框图

衰减器的作用是将被测信号衰减到宽带放大器的输入所要求的数值,使毫伏表有较宽的电压测量范围。

宽带放大器用于提高毫伏表的灵敏度,使毫伏表能够测量微弱信号,可达毫伏级。

由于磁电式电流表只能测量直流电流,因此必须通过检波器检波,将交流电压变换成相应大小的直流电流去驱动表头,使表头作出相应的偏转。

二、晶体管毫伏表的技术指标

1. 测量电压范围

测量电压范围表示能够测量的最小到最大的电压值。各种不同类型的晶体管毫伏表,其测量电压范围有所不同,如 CA2172 型的测量电压范围为 300 μV ~ 100 V,分 12 挡(300 μV、1 mV、3 mV、10 mV、30 mV、100 mV、300 mV、1 V、3 V、10 V、30 V、100 V)量程,每挡相差 10 dB。测量电平范围为 − 70 ~ + 40 dB。

2. 频率范围

频率范围是指能够测量的被测交流信号最小的频率到最大的频率范围。在这个范围内,测量误差符合给出的技术指标,若超出此范围,测量误差会增大。晶体管毫伏表频率范围较宽,如 CA2172 型的频率范围为 10 Hz ~ 2 MHz。

3. 测量精度

CA2172 型晶体管毫伏表的测量精度为 ± 3%。

4. 输入阻抗

晶体管毫伏表具有较高的输入阻抗。由于晶体管毫伏表使用时是与被测电路并联，因此晶体管毫伏表的输入阻抗高，则对被测电路的影响小。一般晶体管毫伏表的输入电阻大于或等于 1 MΩ。如 CA2172 型的输入电阻大于 1 MΩ，输入电容小于 50 pF。

三、晶体管毫伏表的面板介绍

CA2172 型双通道晶体管毫伏表采用两个通道输入，由一只同轴双指针电表指示，可以分别指示各通道的示值。CA2172 型晶体管毫伏表的面板布置如图 4.4 所示，其各部分的名称和功能如下：

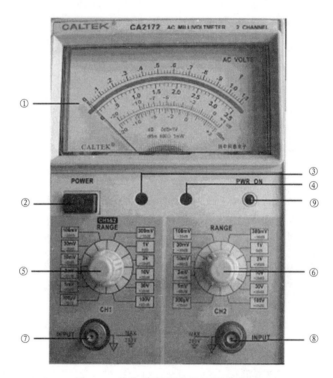

图 4.4　晶体管毫伏表的面板示意图

①表头：指示电压值或 dB 值，该表头有 4 条刻度线。第一条是 0～1.1 刻度线，当测量范围在 1 mV、10 mV、100 mV、1 V、10 V、100 V 时，则从这条刻度线读数；第二条是 0～3.5 刻度线，当测量范围在 300 μV、3 mV、30 mV、300 mV、3 V、30 V 时，则从这条刻度线读数；第三、四条是分贝刻度线，分别是 dB（dBv）和 dBm，其中：0 dB = 1 V；0 dBm = 0.775 V，实际电平分贝值是量程开关的标称值与表读数的代数和。例如，开关调置在 + 20 dB 位置，表读数为 – 4 dB，电平值应为（+ 20 dB）+（– 4 dB）= 16 dB。

②电源开关：按下接通电源，指示灯⑨亮，弹出断开电源。

③、④机械调零：开机前分别调节电表的两个指针（黑色或红色）的机械零位（机械零位无须经常调整）。

⑤、⑥量程开关：共有 12 挡，各挡所标的数值是晶体管毫伏表在这一挡时能够测量的电压最大值，旁边是分贝值（dB），用于电平测量。

⑦、⑧被测信号输入端：被测信号的输入端口，通常用双夹线做输入测试线。双路毫伏表有两个相同的输入端，可同时测量两路信号。

⑨电源指示灯：用于指示电源的通断，电源接通时，此灯亮。

四、晶体管毫伏表的使用方法及注意事项

晶体管毫伏表使用时与被测电路并联。接电路时，应先接上接地线端，然后接另一个接线端。测量完毕拆线时的先后顺序与接线时相反，以避免在较高灵敏度挡（mV 挡）时，因人体触及输入端而使表头指针打弯。在实际使用中，为避免出现上述现象，在使用高灵敏度挡（mV 挡）时，习惯上在接（或拆）测量线路时，先将量程选择开关置于低灵敏度挡（V 挡），接好线后，再把量程选择开关置于测量所需的高灵敏度档。另外，为了减小外来感应电压的影响，测量接线应尽可能短，最好采用金属隔离线。具体注意事项如下：

（1）通电前，调整电表的机械零位，并将量程开关置 100 V 挡。

（2）接通电源后，电表的双指针摆动数次是正常的，稳定后即可测量。

（3）根据被测信号的大约数值，选择适当的量程。在不知被测电压大概数值的情况下，可先选大量程进行试测，待了解被测电压数值大致范围之后，再决定选择量程。一般选量程时，应使电表指针有最大的偏转角度为佳。

（4）用晶体管毫伏表读数时，要根据所选择的量程来确定读数。例如，指针指在一条刻度线的数字.5 处，若此时量程为 1 V，则读数为 0.5 V；若此时量程为 100 mV，则读数为 50 mV。

（5）若要测量市电或高电压时，输入端黑柄鳄鱼夹必须接中线或地端。

（6）本仪表每一个通道都是高灵敏度的放大器，在后面板上有它的输出端。在任何量程电表指示在满刻度"1.0"时，输出电压为 0.1 V。

（7）使用完毕，应将量程选择置最大处，然后关闭电源。

第三节　数字示波器

示波器是一种图形显示设备。它的功能是描绘电信号的图形曲线，以便于人们研究电现象的变化过程。利用示波器可以观察各种不同信号的幅度随时间变化的波形曲线，还可以用它测试电压、电流、频率、相位差、调幅度等各种不同的电量。

数字示波器是利用数据采集、A/D 转换、软件编程等一系列技术制造出来的高性能示波器。高端数字示波器主要依靠美国技术，但是对于 300 MHz 带宽之内的示波器，目前国内品牌的示波器在性能上已经可以和国外品牌抗衡，且具有明显的性价比优势。固纬电子（苏州）有限公司研发出国内第一台液晶数位式示波器。固纬 GDS-1000-U 系列是一款通用双通道示波器，具备快速波形处理能力、先进的触发功能。下面，将详细介绍固纬 GDS-1000-U 系列的 GDS-1052-U 数字示波器的功能和使用方法。

一、固纬 GDS-1052-U 数字示波器的参数介绍

固纬 GDS-1052-U 数字示波器参数如表 4.1 所示。

表 4.1　固纬 GDS-1052-U 数字示波器的参数

垂直系统	
通道数	2
带宽	DC ~ 50 MHz（−3 dB）
上升时间	<约 14 ns
灵敏度	2 mV/div ~ 10 V/div（1-2-5 步进）
精确度	±（3%x|读出数值| + 0.1 div + 1 mV）
输入耦合	AC，DC&接地
输入阻抗	1 MΩ±2%，~ 15 pF
极性	正向，反向
最大输入	300 V（DC + ACpeak），CATII
波形信号处理	+，−，FFT
偏移范围	2 mV/div ~ 50 mV/div：±0.4 V 100 mV/div ~ 500 mV/div：±4 V 1 V/div ~ 5 V/div：±40 V
带宽限制	20 MHz（−3 dB）
触发系统	
触发源	CH1，CH2，Line，外部触发
触发模式	自动，普通，单次，TV，边沿，脉冲宽度
触发耦合	AC，DC，低频抑制，高频抑制，噪声抑制
灵敏度	DC ~ 25 MHz：约 50mV；25 M ~ 50/70/100 MHz：约 100 mV
外部触发	
范围	±15 V
灵敏度	DC ~ 25 MHz：~ 50 mV
输入阻抗	1 MΩ±2%，~ 16 pF
最大输入	300 V（DCACpeak），CATII
水平系统	
扫描范围	1 ns/div ~ 50 s/div（1-2.5-5 步进）；滚动模式：50 ms/div ~ 50 s/div
显示模式	主时基，窗口，窗口放大，滚动，X-Y
准确度误差	±0.01%
前置触发	最大 10 div
后置触发	1 000 div
X-Y 模式	

X-轴输入	通道 1
Y-轴输入	通道 2
相位移	±3°在 100 kHz
信号获取系统	
实时采样率	最大 250 MSa/s
等效采样率	最大 25 GSa/s
垂直分辨率	8 位
记录长度	最大 4 K 点
获取模式	采样，峰值侦测，平均
峰值测量	10 ns（500 ns/div ~ 50 s/div）
平均次数	2，4，8，16，32，64，128，256
游标及测量系统	
电压测量	Vpp, Vamp, Vavg, Vrms, Vhi, Vlo, Vmax, Vmin, RisePreshoot/Overshoot, FallPreshoot/Overshoot
时间测量	频率，周期，上升时间，下降时间，正脉宽，负脉宽，占空比
游标测量	光标之间的电压差（ΔV），光标之间的时间差（ΔT）
计频器	分辨率：6 位 精确度：±2% 信号源：除视频触发模式下，所有可用触发源
控制面板功能	
自动设定	自动调整垂直系统，水平系统，触发电平
存储	高达 15 组面板设定
波形存储	15 组波形
显示系统	
TFT LCD	5.7 英寸
显示分辨率	234×320 点
显示格线	8×10 格
显示亮度	可调整
接口	
USB 接口	USB1.1&2.0 全速兼容（打印机和闪存盘不支持）
SD 卡插槽	图像（BMP），波形数据（CSV）和面板设定（SET）
电源	
电压范围	AC 100 ~ 240 V，47 ~ 63 Hz，自适应

二、固纬 GDS-1052-U 数字示波器的面板结构及功能介绍

固纬 GDS-1052-U 数字示波器的前面板主要包括显示、控制按键和各种接口，如图 4.5 所示。

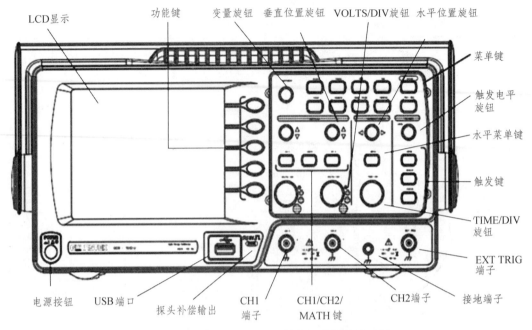

图 4.5　固纬 GDS-1052-U 数字示波器的前面板

1. 显示屏

如图 4.6 所示，显示屏中显示了波形和示波器的重要信息，具体信息如表 4.2 所示。

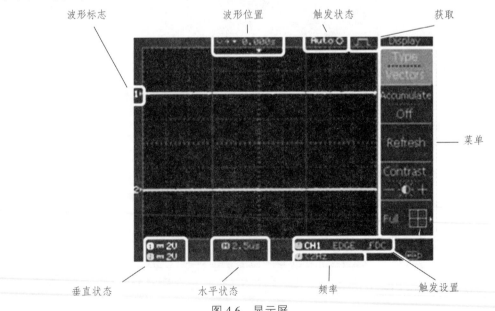

图 4.6　显示屏

表 4.2　显示屏显示信息

Waveform marker（波形标志）	Channel 1：黄色	Channel 2：蓝色
Trigger Status（触发状态）	Trig'd	正在触发信号
	Trig?	等待触发条件
	Auto	无论触发条件如何，更新输入信号
	STOP	停止触发
Frequency（输入信号频率）	实时更新输入信号频率（触发源信号）"<2 Hz"说明信号频率小于低频限制（2 Hz），不准确	
Trigger condition（触发设置）	显示触发源、类型和斜率。如果为视频触发，显示触发源和极性	
Horizontal status（水平状态）	显示通道设置：耦合模式、水平挡位	
Vertical status（垂直状态）	显示通道设置：耦合模式、垂直挡位	

2. 控制面板

控制面板包括 5 个菜单操作键和多个按键、旋钮构成，如图 4.7 所示。

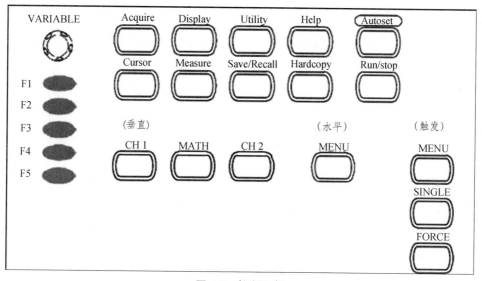

图 4.7　控制面板

1）菜单操作键 Function

keys Function 键包括 F1（顶）～F5（底），主要作用是启动 LCD 屏幕左侧 Menu 的功能。

2）Variable 旋钮

Variable 旋钮可以增大或减小数值，移至下一个或上一个参数。

3）Acquire 键

Acquire 键用来设置获取模式。按下 Acquire 键，菜单会出现选择获取模式：Normal，Average 和 Peak Detect，具体功能如表 4.3 所示。

表 4.3　获取模式

Normal	使用所有采样点绘制波形
Average	平均采样数据。该模式能有效绘制无噪波形。重复按 Average 选择平均次数平均次数：2，4，8，16，32，64，128，256
Peak detect	按 Peak-Detect 激活峰值侦测模式。对于每次采样间隔（bucket），仅使用一对最小和最大采样值。峰值侦测模式有利于捕捉异常的毛刺信号

4）Display 键

Display 键用来设置屏幕显示，包括绘制类型、波形累积、对比度调整和格线设置。当按下 Display 键，菜单会出现下表中诸多选项，具体功能如表 4.4 所示。

表 4.4　屏幕设置

Type 点 Vectors 矢量	仅显示采样点 用线将采样点逐个连接
Accumulate 累积 On	按 Accumulate 启动波形累积
Refresh 刷新	按 Refresh 清除累积波形，并重新开始执行（刷新）
Contrast − ☼ +	旋转 Variable 旋钮，向左调低对比度（屏幕变暗）或向右调高对比度（屏幕变亮）
Full	重复按 Grid 选择格线 显示全部格点 显示外框和 X/Y 轴 仅显示外框

5）Cursor 键

Cursor 键用来确定水平或垂直光标线，以便显示输入波形或数学运算结果的精确位置。水平光标用来显示时间、电压和频率，垂直光标用来显示电压。按 Cursor 键，屏幕显示光标线，再次按 Cursor 键，光标会消失。具体操作方法可如表 4.5 所示。

表 4.5　Cursor 设置（X 轴）

Source CH1	重复按 Source 选择信号源通道 Source 范围 CH1，2，MATH
X1 -uS -V	左光标的时间位置（相对于零） X1 与 0 的时间差 电压 按 X1，使用 Variable 旋钮移动左光标

X2 -uS -V	右光标的时间位置（相对于零） X2 与 0 的时间差 电压 按 X2，使用 Variable 旋钮移动右光标
X1X2 -uS -Hz -V	X1 与 X2 的差值 X1 与 X2 的时间差 将时差转化为频率 电压差（X1-X2） 按 X1X2，使用 Variable 旋钮同时移动两边光标
X↔Y	X 轴到 Y 轴的切换

如果切换到 Y 轴，则菜单也发生改变，具体功能如表 4.6 所示。

表 4.6　Cursor 设置（Y 轴）

Source CH1	重复按 Source 选择信号源通道 Source 范围 CH1，2，MATH
Y1	上光标的电压准位 按 Y1，使用 Variable 旋钮移动上光标
Y2	下光标的电压准位 按 Y2，使用 Variable 旋钮移动下光标
Y1Y2	上下光标之电压差 按 Y1Y2，使用 Variable 旋钮同时移动上下光标
X↔Y	X 轴到 Y 轴的切换

6）Utility 键

Utility 键用来设置 Hardcopy 功能，显示系统状态，选择菜单语言，运行自我校准，设置探棒补偿信号，以及选择 USB host 类型。

7）Help 键

Help 键用来显示帮助内容。

8）Autoset 键

Autoset 键将输入信号自动调整到面板最佳视野处，示波器自动选择合适水平挡位，水平定位波形。自动选择合适垂直挡位，垂直定位波形，自动选择触发源通道，激活通道。如果波形仍不稳定，可以使用 Trigger Level 旋钮上/下调节触发准位。当输入信号频率小于 20 Hz 或输入信号幅值小于 30 mV 时，自动设置（Autoset）功能不适用。

9）Measure 键

Measure 键有自动测量的功能，可以测量输入信号的属性，并将结果显示在屏幕上，最多同时更新 5 组自动测量项目。按下 Measure 键，右侧菜单栏显示并持续更新测量结果，可以指定 5 组测量项（F1~F5）。重复按 F3 选择测量类型：电压或时间。使用 Variable 旋钮选择测量项，按 Previous Menu 确认选项，并返回测量结果页面。具体测量的参数如表 4.7 所示。

表 4.7　自动测量的参数

电压测量项	Vpp	正向与负向峰值电压之差（＝Vmax- Vmin）
	Vmax	正向峰值电压
	Vmin	负向峰值电压
	Vamp	整体最高与最低电压之差（＝Vhi － Vlo）
	Vhi	整体最高电压
	Vlo	整体最低电压
	Vavg	第一个周期的平均电压
	Vrms	RMS（均方根）电压
	ROVShoot	上升过激电压
	FOVShoot	下降过激电压
	RPREShoot	上升前激电压
时间测量项	Freq	波形频率
	Period	波形周期（＝1/Freq）
	Risetime	脉冲上升时间（~90%）
	Falltime	脉冲下降时间（~10%）
	＋Width	正向脉冲宽度
	Width	负向脉冲宽度
	Duty Cycle	信号脉宽与整个周期的比值＝100x（Pulse Width/Cycle）

10）Save/Recall 键

Save/Recall 键具有存储功能，将屏幕图像、波形数据和面板设置保存到示波器内存或前面板的 USB 接口。调取功能可以从示波器内存或 USB 中调取默认出厂设置、波形数据和面板设置。

11）Hardcopy 键

Hardcopy 快捷键可以直接打印屏幕图像或将屏幕图像、波形数据和面板设置保存到 USB 闪存盘。Hardcopy 键可以设为三种操作类型：保存图像、全部保存（图像、波形和设置）和打印机。首先将 USB 闪存盘插入前面板 USB 接口，然后按下 Utility 键，再按 Hardcopy Menu，重复按 Function 选择 Save Image 或 Save All（将当前屏幕图像（*.bmp）、当前系统设置（*.set）、当前波形数据（*.csv）全部保存），按 Hardcopy 键，文件或文件夹保存在 USB 闪存盘的根目录下。菜单中 Ink Saver 选项的作用是反转图像颜色，启动或关闭省墨模式。

12）Run/Stop 键

在触发运行模式下，示波器持续搜索触发条件，一旦条件满足，屏幕更新波形信号。在触发停止模式下，示波器停止触发，屏幕保持最后一次获取的波形。屏幕上方的触发指示符显示停止模式。按触发 Run/Stop 键切换运行/停止模式。

13）Trigger menu 键

按 Trigger menu 键，重复按 Type 选择触发类型：边沿触发、视频触发和脉冲触发。

重复按 Source 选择触发源：Channel 1，2，Line（AC 信号），Ext（外部触发输入信号）。

重复按 Mode 选择自动触发模式、单次触发模式或者正常触发模式。自动触发模式是无论触发条件如何，示波器更新输入信号（如果没有触发事件，示波器产生一个内部触发）。这种模式尤其适合在低时基情况下观察滚动波形。单次触发模式是触发事件发生时，示波器捕获一次波形，然后停止，每按一次 Single 键获取一次波形。正常触发模式是 0 仅当触发事件发生时，示波器才获取和更新输入信号，按 Slope/coupling 进入触发斜率和耦合选项菜单。重复按 Slope 选择触发斜率、上升或下降沿；重复按 Coupling 选择触发耦合，DC 或 AC；按 Rejection 选择频率抑制模式：LF，HF，Off。按 Noise Rej 启动或关闭噪声抑制：On，Off。按 Previous menu 返回上级菜单。

14）Single trigger 键

按 Single trigger 键为单次触发模式。按 Run/Stop 键跳出单次模式。触发模式变为正常模式。

15）Trigger force 键

按 Trigger force 键，无论触发条件如何，可以获取一次输入信号。

16）Horizontal menu 键

Horizontal menu 键是用来设置水平视图的。

按 Horizontal menu 键后，再选择 Roll，水平挡位自动变成 50 ms/div，波形从屏幕右侧开始滚动（如果示波器已经处于滚动模式，将无改变）。按 Horizontal menu 键后，再选择 Window，使用 Horizontal position 旋钮左/右移动 zoom 窗，TIME/DIV 旋钮改变 zoom 窗宽度，屏幕中心的栏宽为实际放大区，Zoom 范围是 1 ns ~ 25 s。按 Horizontal menu 键后，可以设置 X-Y 模式，将通道 1 和 2 的波形电压显示在同一画面上，有利于观察两个波形的相位关系。将信号与 Channel 1（X-轴）和 Channel 2（Y-轴）相连，确保 Channel 1 和 2 已激活，按 Horizontal 键后，选择 XY，屏幕以 X-Y 格式显示两个波形：Channel 1 为 X-轴，Channel 2 为 Y-轴。

17）CH1/CH2 键

CH1/CH2 键用来选择显示 CH1/CH2 的波形。按下 CH1/CH2 键，可以选择耦合模式 Coupling、垂直反转波形 Invert off、限制波形带宽 BW Limit off 和选择探棒衰减系数 Probe。

耦合模式 Coupling 有 DC 耦合模式，接地耦合模式或 AC 耦合模式方式。DC 耦合模式显示整个信号（AC 和 DC）接地；接地耦合模式时仅显示零电压准位线，有利于测量接地信号的幅值；AC 耦合模式时仅显示信号的交流部分，有利于观察含直流成分的交流波形。

垂直反转波形 Invert off，用于关闭上下颠倒模式，正常显示波形。Invert on，则开启上下颠倒模式，显示反相的波形。

限制波形带宽是将输入信号通过一个 20 MHz（−3 dB）的低通滤波器。这对消除高频噪声，呈现清晰的波形非常重要，本款示波器不具备该项功能。

选择探棒衰减系数 Probe 探棒是根据需要将待测信号的准位降低到示波器的范围内。通过调整垂直挡位，探棒衰减能够真实反映电压值。衰减系数不影响真实信号，它仅改变电压挡位。

18）MATH 键

MATH 键具有数学运算功能，对输入波形进行加、减或 FFT 运算。运算结果可以使用光标测量，并像正常输入信号一样保存或调取。具体操作如表 4.8 所示。

表 4.8　MATH 操作

加（＋）		CH1 & CH2 信号幅值相加
减（－）		CH1 & CH2 信号幅值相减
FFT		用于信号 FFT 计算，四种 FFT 视窗：Hanning、Flattop、矩形窗和 Blackman
Hanning FFT 视窗	频率分辨率	好
幅值分辨率		不好
适用于		周期波形的频率测量
Flattop FFT 视窗	频率分辨率	不好
幅值分辨率		好
适用于		周期波形的幅值测量
矩形 FFT 视窗	频率分辨率	非常好
幅值分辨率		坏
适用于		单次现象（这个模式与完全没有视窗相同）
Blackman FFT window	频率分辨率	坏
幅值分辨率		非常好
适用于		周期波形的幅值测量

如果需要加、减信号，首先激活 CH1 和 CH2，按 Math 键，点击显示屏菜单 Operation 选择加（＋）或减（－），运算测量结果将显示在屏幕上，可以使用 Variable 旋钮垂直移动波形，位置信息显示在 Position 处，再按 Math 键清除运算结果。

19）VOLTS/DIV 旋钮

旋转 VOLTS/DIV 旋钮改变垂直挡位。左（下）或右（上），范围是 2 mV/Div ~ 10 V/Div，按 1-2-5 步进。

20）TIME/DIV 旋钮

旋转 TIME/DIV 旋钮，用于选择时基（挡位）。左（慢）或右（快），TIME/DIV 范围是 1 ns/Div ~ 50 s/Div，按 1-2.5-5-10 步进。

21）Trigger level 旋钮

旋转 Trigger level 旋钮可以上/下移动触发点

22）Horizontal position 旋钮

旋转 Horizontal position 旋钮可以左/右移动波形。屏幕上方的位置指示符显示中心和当前位置，如图 4.8 所示。

图 4.8　显示中心和当前位置

3. 各种接口

1）输入端子 CH1/CH2 接口

输入端子 CH1/CH2 接口用来接收输入信号：1 MΩ±2%输入阻抗，BNC 端子。

2）接地端子

接地端子用来连接 DUT（被测器件）接地导线，常见接地。

3）探棒补偿输出接口

在前面板 Channel 1 的输入端和探棒补偿输出端（2 Vp-p，1 kHz 方波）之间接入探棒，可以进行探棒补偿，以获得更加完美的波形。首先将探棒电压衰减设置为×10，按 Utility 键，按 ProbeComp 键，重复按 Wavetype 选择标准方波，再按 Autoset 键。屏幕显示补偿信号，按 Display 键，再按 Type 选择矢量波形，旋转探棒调节点，尽可能使信号边沿垂直。

4）外部触发输入接口

外部触发输入接口用来接收外部触发信号。

5）电源开关

电源开关用来启动或关闭示波器。

三、数字示波器的使用步骤

（1）打开示波器电源开关（开关在示波器左上顶部）。

（2）设探头衰减系数为×1

① 按下 CH1 /CH2，MENU 出现 Probe；

② 按下对应的功能键，可以调整×1，×10，×100，设置探头衰减系数为×1。

（3）按下自动设置 Autoset 键，屏幕将显示波形。

若被观测信号较小时，使用 Autoset 键可能无法显示信号，此时可调节 VOLTS/DIV 旋钮，使屏幕显示波形。

若波形不稳定，则可以手动调节 Trigger level 旋钮，旋钮上/下移动触发点，使得波形稳定。

若被观测波形随机噪声较大，可按 Acquire 键用来设置获取模式。选择 Average 模式，可以有效地抑制无噪波形。

（4）使用 Measure 键测量信号的幅值、周期、频率、频宽等参数。

四、示波器使用实例

1. 用数字示波器观测一个简单的信号的操作步骤

（1）打开示波器开关。

（2）观察探头的结构图，如图 4.9 所示。将探头插入 CH1/CH2 接口，将探头信号线测试钩连接测量电压的正极性端，探头地线接测量电压信号的负极端，如图 4.10 所示。

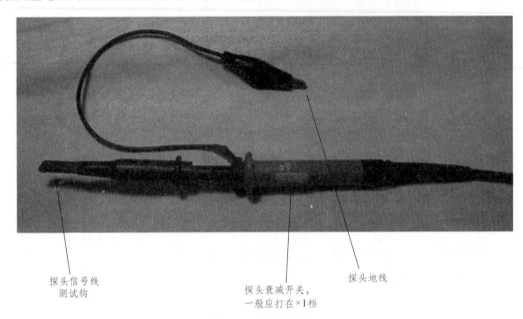

探头信号线
测试钩

探头衰减开关，
一般应打在×1档

探头地线

图 4.9　探头的结构

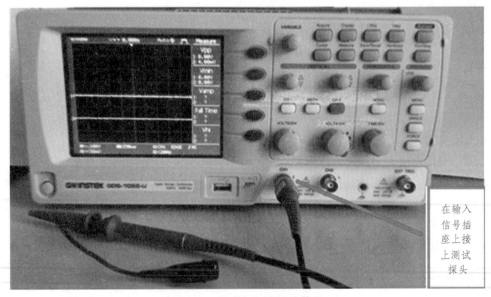

在输入
信号插
座上接
上测试
探头

图 4.10　探头与示波器连接图

（3）将探头衰减开关调整到×1档。再将示波器显示屏菜单衰减系数设定为×1。设定步骤为：首先按下 CH1/CH2 键，显示屏菜单上出现 Probe 选项，按下对应的功能按钮，可以调整 Probe ×1，×10，×100，选择 Probe×1，如图 4.11 所示。

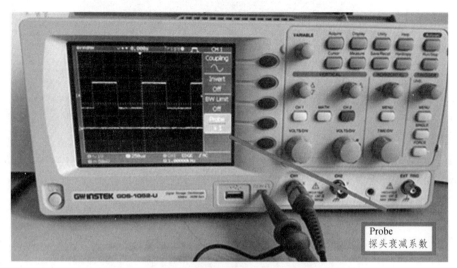

图 4.11　探头菜单衰减系数设置

（4）按下 Autoset（自动设置）按键，使波形显示达到最佳状态。

★思考

如果波形不稳定，可以调节 Trigger level 旋钮上/下移动触发点，使波形达到稳定状态。

如果波形为一条直线，可以试图检查一下耦合方式。按下 CH1，显示屏菜单出现 Couping，选择耦合方式为 DC 耦合模式或 AC 耦合模式方式。

如果波形被噪声干扰，可以试图按下 Acquire 键，选择获取模式为 Average。该模式能有效绘制无噪波形。重复按 Average 选择平均次数。

★自己动手做做

示波器探棒补偿输出接口可以输出峰峰值为 2 V，频率为 1 kHz 的方波。大家试图来观测该波形：

① 将探头信号线测试钩连接示波器探棒补偿输出接口；

② 将探头菜单衰减系数设定为×1；

③ 将示波器显示屏菜单衰减系数设定为×1；

④ 按下 Autoset（自动设置）按键，看是否能观测如图 4.11 所示波形。

2. 用数字示波器测量一个信号

示波器探棒补偿输出接口可以输出峰峰值为 2 V，频率为 1 kHz 方波，下面我们讲解一下如何测量该波形的参数。获取信号方法前面已经介绍了，这里不再赘述。测量的步骤如下：

（1）按下 Measure 键以显示自动测量菜单。菜单中呈现出 5 个测量的参数，直接读出即可。如图 4.12 所示，菜单中序号 1 表示 CH1 的读数，Duty Cycle 占空比 50%，Vmax 最高电压为 2 V，Vmin 最低电压为 0 V，Frequency 频率为 1.000 kHz，上升时间为 1.577 μs。由于 CH2 为空，所以没有读数。

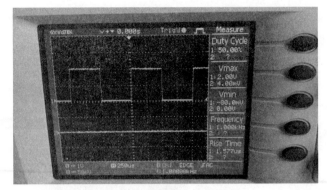

图 4.12　测量波形的参数

（2）如果显示屏菜单中没有需要测量的值，以峰峰值 V_{PP} 为例，则点击 F1~F5 按键，会出现 select measurement 菜单，通过旋转 VARIABLE 旋钮，选中 V_{PP}，再点击 Previous Menu，菜单将退出设置，则在 V_{PP} 一栏直接读出电压峰峰值即可，如图 4.13 所示。

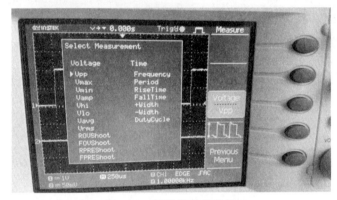

图 4.13　测量参数的选择

3. 存储波形文件

如果需要把波形存储为文件的形式，拷贝到 U 盘，则按以下步骤：

（1）将 USB 闪存盘插入前面板 USB 接口。

（2）按下 Utility 键，再按 Hardcopy Menu，如图 4.14 所示。

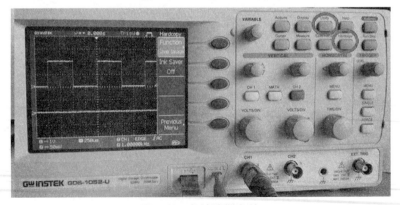

图 4.14　存储波形文件

（3）重复按 Function 选择 Save Image 或 Save All[将当前屏幕图像（*.bmp）、当前系统设置（*.set）、当前波形数据（*.csv）全部保存]，再按 Hardcopy 键，文件或文件夹保存在 USB 闪存盘的根目录下，如图 4.15 所示。

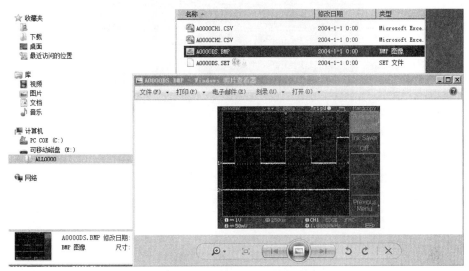

图 4.15　电脑中存储的波形文件

第四节　任意波形信号发生器

任意波形发生器是一种特殊的信号源，它的主要功能是为被测电路提供所需要的信号（各种波形），然后用其他仪表测量感兴趣的参数。任意波形发生器具有多种信号源波形生成能力，包括正弦波信号源、函数发生器、脉冲发生器、扫描发生器、任意波形发生器、合成信号源等。

固纬 AFG-2100/2000 系列任意波形信号发生器是一台以 DDS 技术为基础，涵盖正弦波、方波、三角波、噪声波以及 20 MSa/s 采样率的任意波形。下面将详细介绍这一系列中的 AFG-2005 型任意波形发生器的功能和使用方法。

一、AFG-2005 型任意波形信号发生器的参数介绍

AFG-2005 型任意波形信号发生器的参数如表 4.9 所示。

表 4.9　AFG-2005 型任意波形信号发生器的参数

波形		正弦波/方波/三角波
任意波功能	采样率	20 MSa/s
	重建率	10 MHz
	记录长度	4 k 点
	垂直分辨率	10 位

频率特性	范围 正弦波/方波	0.1 Hz ~ 5 MHz
	三角波/锯齿波	1 MHz
	分辨率	0.1 Hz
	稳定度	± 20 ppm
	老化率	± 1 ppm/year
	误差容忍	≤ 1 mHz
正弦波特性	谐波失真	− 55 dBc DC ~ 1 MHz，Ampl ﹥ 0.1 Vpp； 50 dBc 200 kHz ~ 1 MHz，Ampl ＞ 0.1 Vpp − 35 dBc 1 MHz ~ 5 MHz，Ampl ﹥ 0.1 Vpp； − 30 dBc 5 MHz ~ 20 MHz，Ampl ﹥ 0.1 Vpp
方波特性	上升/下降时间	最大输出时，≤25 ns（接 50 Ω负载）
	过激信号	﹤ 5%
	不对称性	周期的 1% + 1 ns
	可调占空比	1% ~ 99%，≤100 kHz； 20.0% ~ 80.0%，≤5 MHz； 40.0% ~ 60.0%，≤10 MHz； 50%，≤25 MHz；（全频段 1%的分辨率）
三角波特性	线性度	﹤ 峰值输出的 0.1%
	可调对称性	0% ~ 100%（0.1%的分辨率）
输出特性	幅值范围	≤20 MHz：1mVpp ~ 10 Vpp（接 50 Ω）；2mVpp ~ 20 Vpp（开路）
		≤25 MHz：1mVpp ~ 5 Vpp（接 50 Ω）；2mVpp ~ 10 Vpp（开路）
	精确度	设定值的 ±2% ± 1 mVpp；（1 kHz，﹥ 10 mVpp）
	分辨率	1 mV 或 3 位
	平坦度	± 1%（0.1 dB）≤100 kHz；±3%（0.3 dB）≤5 MHz；±5%（0.4 dB）≤12 MHz ± 20%（2 dB）≤20 MHz；±5%（0.4 dB）≤25 MHz；（正弦波 1 kHz）
	单位	Vpp，Vrms，dBm
	直流偏移范围	± 5 Vpk ac + dc（接 50 Ω）；± 10 Vpk ac + dc（开路） 20 ~ 25 MHz，± 2.5 Vpk ac + dc（接 50 Ω） 20 ~ 25 MHz，± 5 Vpk ac + dc（开路）
	精确度	设定值的 2% + 2 mV + 幅值的 0.5%
	波形输出阻抗	50 Ω典型值（固定）；﹥ 300 kΩ（输出关闭）
	保护	短路保护；过载继电器自动禁止输出

输出特性	SYNC 输出准位	TTL - compatible into > 1 kΩ
	阻抗	50 Ω 正常值
	上升/下降时间	≤25 ns
电源		AC 100～240 V，50～60 Hz
功率消耗		25 VA（最大）

二、AFG-2005 型任意波形信号发生器的面板结构及功能介绍

AFG-2005 型任意波形信号发生器的前面板主要包括显示、控制区和各种接口，如图 4.16 所示。

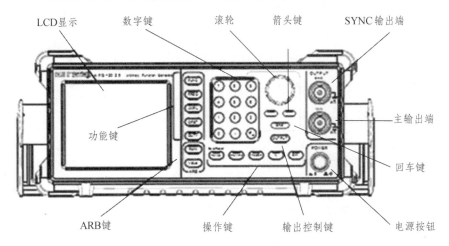

图 4.16 AFG-2005 型任意波形信号发生器的前面板

1. 显示屏

如图 4.17 所示，显示屏中显示了波形的重要信息。

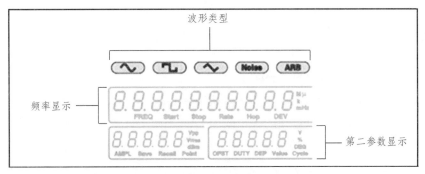

图 4.17 任意波形信号发生器的显示屏

（1）Waveform type：按 Function 键循环显示不同输出波形。

（2）Frequency display：显示主波形的频率设置。

（3）Secondary parameter display：显示波形的第二参数和设置。

2. 控制按键

任意波形信号发生器的前面板有 Keypad、Scroll Wheel、Arrow keys、Enter key、Power button 和 Output control key 这些按键，它们的功能如下：

（1）Keypad：包含 0～9 十个数字，小数点和 +/－ 号，共用于输入数值和参数，常与方向键和可调旋钮一起使用。

（2）Scroll Wheel：用于编辑数值和参数，步进 1 位可与方向键一起使用。

（3）Arrow keys：编辑参数时，用于选择数位。

（4）Enter key：用于确认输入值。

（5）Power button：启动/关闭仪器电源。

（6）Output control key：启动/关闭输出。

3. Operation keys 操作按键

任意波形信号发生器的操作按键有 Hz/Vpp、kHz/Vrms、MHz/dBm、%，它们的功能如下：

（1）Hz/Vpp：选择单位 Hz 或 Vpp。

Shift + Hz/Vpp：存储或调取波形。

（2）kHz/Vrms：选择单位 kHz 或 Vrms。

（3）MHz/dBm：选择单位 MHz 或 dBm。

（4）%：选择单位%。

4. Function keys 功能按键

任意波形信号发生器的功能键有 FUNC、FREQ、AMPL、OFST 和 DUTY，它们的功能如下：

（1）FUNC：FUNC 键用于选择输出波形类型有正弦波，方波，三角波，噪声波，ARB（任意波形）。

（2）FREQ：设置波形频率。

（3）AMPL：设置波形幅值。

（4）OFST：OFST 设置波形的 DC 偏置。

（5）DUTY：设置方波和三角波的占空比。

5. ARB edit keys 任意波形编辑按键

任意波形信号发生器有两个任意波形编辑按键 Point 和 Value，它们的功能如下：

（1）Point：设置 ARB 的点数。

（2）Value：设置所选点的幅值。

6. Output ports 接口

任意波形信号发生器有两个输出接口 SYNC 和 MAIN，它们的功能如下：

（1）SYNC：同步输出端口（50 Ω 阻抗）。

（2）MAIN：主输出端口（50 Ω 阻抗）。

三、使用实例

1. 用任意波形信号发生器输出正弦波

（1）重复按 FUNC 键选择标准波形，观察显示屏上出现中正弦波标志  。

（2）设置频率。按下 FREQ 键，频率显示区域 FREQ 图标闪烁，可以使用 Arrow keys 和 Scroll Wheel。

如果需要改变频率，则使用 keypad 键输入需要设置的频率，注意要输入 unit（Hz/Vpp，kHz/Vrms，MHz/dBm）。如果只需要改变某一位数字，可用 Arrow keys 选择改变数位。最后，按下 Enter key 确认输入值。

注意：正弦波的频率范围为 0.1 Hz ~ 5 MHz，如果设置值超过这一范围，则自动调整为最大值或最小值。

（3）设置峰峰值。按 AMPL 键，第二显示区域 AMPL 图标闪烁，同（2）的方法输入数值，最后按下 Enter key 确认输入值。

注意：空载时输出电压峰峰值 2 mVpp ~ 20 Vpp，50 Ω 负载时输出电压峰峰值 1 mVpp ~ 10 Vpp。

（4）设置 DC 偏置。按 OFST 键，第二显示区域 OFST 图标闪烁，同（2）的方法输入数值，最后按下 Enter key 确认输入值。

注意：空载时输出电压（AC + DC）范围为 ± 10 Vpk，50 Ω 负载时输出电压（AC + DC）范围为 ± 5 Vpk。

（5）按 Output control key，点亮则说明允许输出。

2. 用任意波形信号发生器输出矩形波/三角波

（1）重复按 FUNC 键选择标准波形，观察显示屏上出现中矩形波标志 或三角波标志 。

（2）同 1 的（2），（3），（4）一样设置频率、峰峰值和 DC 偏置。

（3）设置占空比。按 DUTY 键，第二显示区域 DUTY 图标闪烁。输入需要设置的数值，最后按下 Enter key 确认输入值。

注意：频率 ≤ 100 kHz 时，DUTY 范围为 1.0% ~ 99.9%；频率 ≤ 5 MHz 时，DUTY 范围为 20.0% ~ 80.0%。

（4）按 Output control key，点亮则说明允许输出。

3. 用示波器观察信号发生器输出的波形

（1）打开示波器和任意波形信号发生器，将一根探头信号线接入任意波形信号发生器的 MAIN Output ports 接口，另一个探头信号线接入示波器的 CH1 接口。然后将两根探头信号线的探头信号线测试钩相连，探头地线相连，如图 4.18 所示。注意此时应检查探头菜单衰减系数是否设定为 ×1，如果不是，则应调整为 ×1。

图 4.18　示波器和任意波形信号发生器探头相连

（2）任意波形信号发生器输出频率为 1 000 Hz，峰峰值为 5 V，DC 偏置为 1 V 的正弦波。

重复按任意波形信号发生器 FUNC 键选择标准波形，观察显示屏上出现中正弦波标志 ∿ 。先设置频率，按下 FREQ 键，频率显示区域 FREQ 图标闪烁，使用 keypad 键入需要设置的频率 1 000 Hz，按下键 Hz/Vpp，按下 Enter key 确认。再设置峰峰值，按 AMPL 键，第二显示区域 AMPL 图标闪烁，使用 keypad 键入峰峰值 5 V，按下键 Hz/Vpp，按下 Enter key 确认。然后设置 DC 偏置。按 OFST 键，第二显示区域 OFST 图标闪烁，使用 keypad 键输入偏置值 1 V，按下键 Hz/Vpp。按下 Enter key 确认。最后按 Output control key，点亮则说明允许输出，如图 4.19 所示。

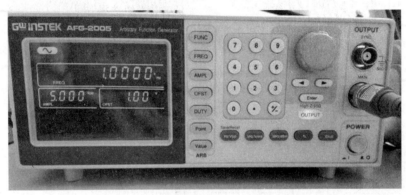

图 4.19　任意波形信号发生器输出波形

（3）用示波器观察波形，并测量波形参数。

按下示波器 CH1 键，激活通道 1。观察显示屏菜单选项 Coupling 耦合方式选择耦合方式为 DC 耦合模式。Probe 探头菜单衰减系数设定为 ×1，按下 Autoset（自动设置）按键，则出现波形。有些时候如果示波器不能出现完美波形，则要手动调整 VOLTS/DIV 旋钮和 TIME/DIV 旋钮以获得稳定的正弦波，如图 4.20 所示。

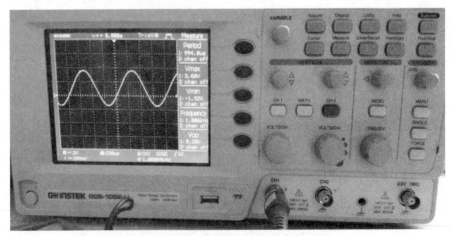

图 4.20　示波器输出波形

按下 Measure 键，自动测量波形参数。按下 F1～F5 功能键可以选择调整需要测量的参数，最终测量结果为：period（周期）= 1 ms，V_{max} = 3.60 V，V_{min} = − 1.48 V，Frequency = 1.000 kHz，V_{pp} = 5.08 V。

第五章　常用电子电路元器件

任何电子电路都是由元器件组成的，常用的元器件有电阻器、电容器、电感器和各种半导体器件（如二极管、三极管、集成电路）等。为了能正确地选择和使用这些元器件，必须了解它们的结构与主要性能参数。

第一节　电阻器

一、电阻器和电位器的分类

电阻器是电路元件中应用最广泛的一种，在电子设备中占元件总数的 30%以上，其质量的好坏对电路工作的稳定性有极大的影响。电阻器的主要用途是稳定和调节电路中的电流和电压，还可用作分流器、分压器和消耗电能的负载等。

电阻器按结构可分为固定式和可变式两大类。

1. 固定式电阻器

固定式电阻器一般称为"电阻"。由于制作材料和工艺不同，可分为膜式电阻、实心式电阻、金属线绕电阻（R_x）和特殊电阻四种类型。

膜式电阻如碳膜电阻 RT、金属膜电阻 RJ、合成膜电阻 RH 和氧化膜电阻 RY 等。

实心电阻如有机实芯电阻 RS 和无机实心电阻 RN。

特殊电阻如 MC 型光敏电阻和 MF 型热敏电阻。

2. 可变式电阻器

可变式电阻器分为滑线式变阻器和电位器，其中应用最广泛的是电位器。电位器是一种具有三个接头的可变式电阻器，其阻值可在一定范围内连续调节。

电位器的分类有以下几种：

按电阻体材料不同，可分为薄膜和线绕两种。

按调节机构的运动方式不同，可分为旋转式和直滑式两种。

按结构不同，可分为单联、多联、带开关、不带开关等，开关形式又有旋转式、推拉式、按键式等。

按用途不同，可分为普通电位器、精密电位器、功率电位器、微调电位器和专用电位器等。

按阻值随转角变化关系不同，又可分为线性和非线性电位器。

二、电阻和电位器的外形和图形符号

常用电阻和电位器的外形和符号如图 5.1 所示。

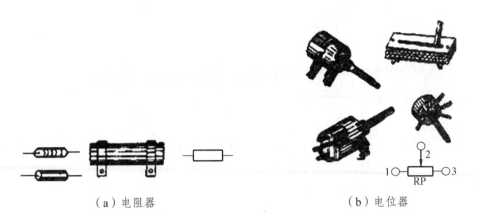

（a）电阻器 （b）电位器

图 5.1 常用电阻和电位器的外形及符号

三、电阻器的型号命名

电阻器的型号命名法如表 5.1 所示。

表 5.1 电阻器的型号命名法

第一部分		第二部分		第三部分		第四部分
用字母表示主称		用字母表示材料		用数字或字母表示分类		以数字表示序号
符号	意义	符号	意义	符号	意义	
R	电阻	T	碳膜	1、2	普通	包括：
W	电位器	P	硼碳膜	3	超高频	额定功率
		U	硅碳膜	4	高阻	阻值
		H	合成膜	5	高温	允许误差
		I	玻璃釉膜	7	精密	精度等级
		J	金属膜	8	高压或特殊函数	
		Y	氧化膜	9	特殊	
		S	有机实心	G	高功率	
		N	无机实心	T	可调	
		X	线绕	X	小型	
		R	热敏	L	测量用	
		G	光敏	W	微调	
		M	压敏	D	多圈	

例如，RJ71-0.125-5.1 kI 型电阻的命名及含义为：精密（7），金属膜（7），电阻器（R），额

定功率为 $\frac{1}{8}$ W，标称电阻值为 5.1 kΩ，允许误差为 ± 5%。

四、电阻和电位器的主要性能参数

1. 电阻的额定功率

电阻的额定功率是指其在规定的环境温度和湿度下，假定周围空气不流通，长期连续运行下不损坏或基本不改变性能，电阻器上允许消耗的最大功率。当超过额定功率时，电阻器的阻值将发生变化，甚至发热烧毁。为保证安全使用，一般选其额定功率比它在电路中消耗的功率高 1 ~ 2 倍。

额定功率分 19 个等级，常用的有 $\frac{1}{20}$ W、$\frac{1}{8}$ W、$\frac{1}{4}$ W、$\frac{1}{2}$ W、1 W、2 W、4 W、5 W 等。实际中应用较多的有 $\frac{1}{4}$ W、$\frac{1}{2}$ W、1 W、2 W。线绕电位器应用较多的有 2 W、3 W、5 W、10 W 等。薄膜电阻的额定功率一般在 2 W 以下，大于 2 W 的电阻多为线绕电阻，额定功率较大的电阻体积也较大。其额定功率一般以数字形式或色环形式直接标印在电阻上，小于 $\frac{1}{8}$ W 的电阻因体积太小而不标出额定功率。

2. 标称阻值

标称阻值是产品标注的"名义"阻值，其单位为欧（Ω）、千欧（kΩ）或兆欧（MΩ）。标称阻值系列如表 5.2 所示。

任何固定电阻器的阻值都应符合如表 5.2 所列数值乘以 10^n，其中 n 为整数。

表 5.2　标称阻值系列

允许误差	系列代号	标 称 阻 值 系 列											
± 5%	E24	1.0	1.1	1.2	1.3	1.6	1.8	2.0	2.2	2.4	2.7	3.0	3.3	3.6
		3.9	4.3	4.7	5.1	5.6	6.2	6.8	7.5	8.2	9.1			
± 10%	E12	1.0	1.2	1.5	1.8	2.2	2.7	3.3	3.9	4.7	5.6	6.8	8.2	
± 20%	E6	1.0	1.5	2.2	3.3	4.7	6.8							

3. 允许误差

允许误差是指电阻器和电位器实际阻值对于标称阻值的最大允许偏差范围，它表示产品的精度。允许误差等级如表 5.3 所示。线绕电位器允许误差一般小于 ± 10%，非线绕电位器的允许误差一般小于 ± 20%。

表 5.3　允许误差等级

级　别	005	01	02	I	II	III
允许误差（%）	± 0.5	± 1	± 2	± 5	± 10	± 20

4. 电阻和电位器的识别

1）电阻的色标

一般电阻的阻值和允许偏差都用数字印在电阻上，但体积很小的电阻和表贴电阻，其阻值和允许偏差常用色环标在电阻上，或用三位数表示法标在电阻上（不含允许偏差）。色环表示法如图 5.2 所示，从电阻的一端开始画有四道或五道（精密电阻）色环，其中第一、第二及精密电阻的第三道色环都表示电阻值的有效数字，紧随后面的色环表示前面的数字还要乘以 10^n（代表幂指数 n）。最后一道色环与前面色环间的间隙要大些，用来表示允许偏差。其颜色和数值的关系如表 5.4 所示。

图 5.2　电阻的色环

表 5.4　电阻的色标表

色　别	第一位数字	第二位数字	第三位数字	10 方幂	允许偏差
黑	0	0	0	0	
棕	1	1	1	1	F（±1%）
红	2	2	2	2	G（±2%）
橙	3	3	3	3	
黄	4	4	4	4	
绿	5	5	5	5	D（±0.5%）
蓝	6	6	6	6	C（±0.25%）
紫	7	7	7	7	B（±0.1%）
灰	8	8	8	8	
白	9	9	9	9	
金				0.1	J（±5%）
银				0.01	K（±1%）
本色					±20%

例如，一个电阻其色标第一环为绿色，第二环为黑色，第三环为橙色，第四环为本色，则表示：$50 \times 1\,000 = 50\ \text{k}\Omega \pm 20\%$。

2）电阻的标注规则

（1）1 Ω 以下的电阻，要在阻值后面加"Ω"符号，如 0.5 Ω。

（2）1 kΩ 以下的电阻可以只写数字不写单位。如 6.8 Ω 可写成 6.8，200 Ω 写成 200。

（3）1 kΩ～1 MΩ 的电阻以千为单位，符号是"k"，如 6 800 Ω 写成 6.8 k。

（4）1 MΩ 以上的电阻以兆为单位，符号是"M"，如 2 200 000 Ω 可写成 2.2 M。

（5）还有一种常用的三位数表示法，就是用三位自然数表示电阻的大小，前两位表示有效数字，第三位表示有效数字后所加的零的个数，单位是"Ω"，如 2.2 M 可表示为 225。这种表示法也常用于电容（单位是皮法"pF"）和电感（单位是毫亨"mH"）的参数标注。

3）电位器的标志

电位器上标注 103、102 等数字，前两位为有效数字，第三位表示乘以 10 的 n 次方幂指数（$n = 1$，2，3，…）。如 103 表示 $10 \times 10^3 = 10$ kΩ；102 表示 $10 \times 10^2 = 1$ kΩ。

5. 选用电阻器的常识

（1）根据电子设备的技术指标和电路的具体要求，选用电阻的型号和误差等级。

（2）为提高设备的可靠性，延长设备的使用寿命，应选用额定功率大于实际消耗功率的 1.5～2 倍。

（3）电阻装接前应进行测量、核对，尤其是在精密电子仪器设备装配时，还需经人工老化处理，以提高其稳定性。

（4）在装配电子仪器时，若所用为非色环电阻，则应将电阻标称值标志朝上，且标志顺序一致，以便于观察。

（5）焊接电阻时，烙铁停留时间不宜过长。

（6）电路中如需通过串联或并联电阻来获得所需阻值时，应考虑其额定功率。阻值相同的电阻串联或并联，额定功率等于各个电阻额定功率之和。阻值不同的电阻串联时，额定功率取决于高阻值电阻；阻值不同的电阻并联时，额定功率则取决于低阻值电阻，且需经计算方可应用。

第二节　电容器

一、电容器的分类

电容器是一种储能元件，在电路中用于调谐、滤波、耦合、旁路、能量转换和延时等。电容器的分类方法如下：

1. 按结构分类

（1）固定电容器：如果电容量是固定不可调的，称之为固定电容器。如图 5.3 所示为几种固定电容器的外形和电路符号，其中图 5.3（a）为电容器符号（带"＋"号的为电解电容器）；图 5.3（b）为瓷介电容器；图 5.3（c）为云母电容器；图 5.3（d）为涤纶薄膜电容器；图 5.3（e）为金属化纸介电容器；图 5.3（f）为电解电容器。

（2）半可变电容器（微调电容器）：电容器容量可在小范围内变化，其可变容量为几皮法至几十皮法，最高可达 100 pF（以陶瓷为介质时），适用于整机调整后电容量不需经常改变的场合。常以空气、云母或陶瓷为介质。其外形和电路符号如图 5.4 所示。

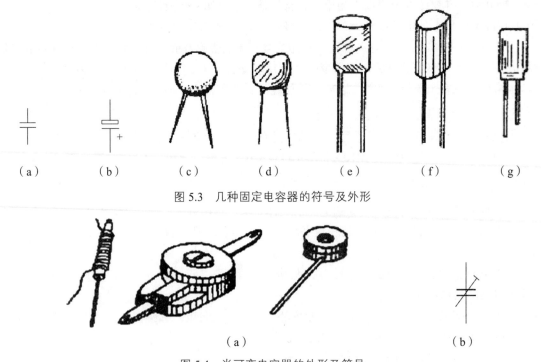

图 5.3　几种固定电容器的符号及外形

图 5.4　半可变电容器的外形及符号

（3）可变电容器：电容器容量可在一定范围内连续变化。常有"单联""双联"之分，它们由若干片形状相同的金属片并接成一组定片和一组动片，其外形及符号如图 5.5 所示，动片可以通过转轴转动，以改变动片插入定片的面积，从而改变电容量。一般以空气为介质，也有用有机薄膜为介质的，但后者的温度系数较大。

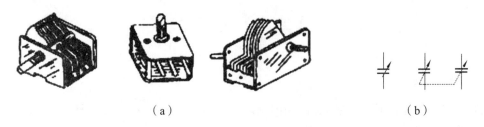

图 5.5　单、双联可变电容器的外形及符号

2.　按电容器介质材料分类

（1）电解电容器：以铝、钽、铌、钛等金属氧化膜作介质的电容器，其中应用最广泛的是铝电解电容器，它容量大、体积小、耐压高（一般在 500 V 以下，但耐压越高，体积也就越大），常用于交流旁路和滤波。缺点是容量误差大，且随频率而变动，绝缘电阻低。电解电容有正、负极之分（外壳为负端，另一接头为正端），一般的电解电容器外壳上都标有"＋""－"标记，如无标记则引线长的为"＋"端，引线短的为"－"端，使用时必须注意不要接反。若接反，电解作用会反向进行，氧化膜很快变薄，漏电流急剧增加，如果所加的直流电压过大，则电容器会很快发热，甚至会引起爆炸。

铝电解电容存在不少缺点，在要求较高的地方常用钽、铌或钛电容。它们比铝电容的漏电流小，且体积小，但成本高。

（2）云母电容器：以云母片作介质的电容器。其特点是高频性能稳定，损耗小、漏电流小、耐压高（从几百伏到几千伏），但容量小（从几十皮法到几万皮法）。

（3）瓷介电容器：以高介电常数、低损耗的陶瓷材料为介质，故体积小、损耗小、温度系数最小，可工作在超高频范围，但耐压较低（一般为 $60 \sim 70$ V），容量较小（一般为 $1 \sim 1\ 000$ pF）。为克服容量小的缺点，现在采用了铁电陶瓷和独石电容，它们的容量分别可达 68 pF ~ 0.047 μF 和几微法。但其温度系数大、损耗大、容量误差大。

（4）玻璃釉电容：以玻璃釉作介质，它具有瓷介电容的优点，且体积比同容量的瓷介电容小。其容量范围为 4.7 pF ~ 4 μF，其介电常数在很宽的频率范围内保持不变，还可应用在 125 ℃ 高温下。

（5）纸介电容器：纸介电容器的电极用铝箔或锡箔做成，绝缘介质是浸蜡的纸相叠后卷成的圆柱体，外包防潮物质，有时外壳采用密封的铁壳以提高防潮性。大容量的电容器常在铁壳里灌满电容器油或变压器油，以提高耐压强度，被称为油浸纸介电容器。纸介电容器的特点是在一定体积内可以得到较大的电容量，且结构简单、价格低廉，但介质损耗大、稳定性不高。纸介电容主要用作低频电路的旁路和隔直电容，其容量一般为 100 pF ~ 10 μF。

新发展的纸介电容器用蒸发的方法使金属附着在纸上作为电极，因此体积大大缩小，称为金属化纸介电容器，其性能与纸介电容器相仿。但它有一个最大特点，就是被高电压击穿后有自愈作用，即电压恢复正常后仍能工作。

（6）有机薄膜电容器：用聚苯乙烯、聚四氟乙烯或涤纶等有机薄膜代替纸介质做成的各种电容器。与纸介电容器相比，它的优点是体积小、耐压高、损耗小、绝缘电阻大、稳定性好，但温度系数大。

二、电容器的型号命名

电容器的型号命名法如表 5.5 所示。

表 5.5　电容器的型号命名法

第一部分		第二部分		第三部分		第四部分
用字母表示主称		用字母表示材料		用字母表示特征		用字母或数字表示序号
符号	意义	符号	意义	符号	意义	
C	电容器	C	瓷介	T	铁电	包括品种、尺寸代号、温度特性、直流工作电压、标称值、允许误差、标准代号
		I	玻璃釉	W	微调	
		O	玻璃膜	J	金属化	
		Y	云母	X	小型	

第一部分		第二部分		第三部分		第四部分
用字母表示主称		用字母表示材料		用字母表示特征		用字母或数字表示序号
符号	意义	符号	意义	符号	意义	
		V	云母纸	S	独石	
		Z	纸介	D	低压	
		J	金属化纸	M	密封	
		B	聚苯乙烯	Y	高压	
		F	聚四氟乙烯	C	穿心式	
		L	涤纶			
		S	聚碳酸酯			
		Q	漆膜			
		H	纸膜复合			
		D	铝电解			
		A	钽电解			
		G	金属电解			
		N	铌电解			
		T	钛电解			
		M	压敏			
		E	其他材料电解			

例如，CJX-250-0.33-±10%电容器命名的含义为：电容器（C），金属化纸介质（J），小型（X），额定工作电压250 V，电容量0.33 μF，允许误差±10%。

三、电容器的主要性能参数

1. 允许误差

电容器的允许误差是实际电容量对于标称电容量的最大允许偏差范围。固定电容器允许误差的等级如表5.6所示。

表5.6 常用固定电容器允许误差的等级

级 别	02	I	II	III	IV	V	VI
允许误差（%）	±2	±5	±10	±20	−30～+20	−20～+50	−10～+100

2. 额定工作电压

额定工作电压是指电容器在规定的工作温度范围内长期、可靠地工作所能承受的最高电压。常用固定电容器的直流工作电压系列为：6.3 V，10 V，16 V，25 V，40 V，63 V，100 V，250 V和400 V。

3. 电容器的标称容量

标称电容量是标志在电容器上的"名义"电容量。我国固定式电容器标称电容量系列为 E24，E12，E6。电解电容的标称容量参考系列为 1，1.5，2.2，3.3，4.7，6.8（以 μF 为单位）。

4. 绝缘电阻

绝缘电阻是加在其上的直流电压与通过它的漏电流的比值，亦称漏电电阻。绝缘电阻一般应在 500 MΩ 以上，优质电容器的绝缘电阻可达 TΩ 级（1 TΩ = 10^{12} Ω）。

绝缘电阻越小漏电越严重。电容漏电容易引起能量损耗并导致电容发热，这不仅影响电容的寿命，而且会影响电路的正常工作，因此绝缘电阻越大越好。

5. 介质损耗

理想的电容器应没有能量损耗。但实际电容器在电场的作用下，总有一部分电能转换成为热能，所损耗的能量称为电容器损耗，它包括金属极板的损耗和介质损耗两部分。小功率电容器主要有介质损耗。

所谓介质损耗，是指介质缓慢极化和介质电导所引起的损耗。在同容量、同工作条件下，损耗角越大，电容器的损耗也越大。损耗角大的电容不适于在高频情况下工作。

四、电容器的识别

（1）较大的电容器上直接标记，如电解电容 100 V 2 200 μF。

（2）体积较小的电容上一般不标耐压值（通常都高于 25 V），电容量的标注方法是容量小于 1 000 pF 时用 pF 做单位，大于 1 000 pF 时用 μF 作单位。小于 1 μF 的电容通常不标单位，没有小数点时单位是 pF，有小数点时单位是 μF。如 3 300 就是 3 300 pF，0.1 就是 0.1 μF。

（3）有一些进口的电容器上用 nF 或 μF 作单位，1nF = 10^3 pF，1 μF = 10^6 pF，这种标注方法常常把 n 放在小数点的位置，如 2 900 pF 常常标成 2 n9，而不标成 2.9 nF。也有用 R 作为"0."来用的，如把 0.56 F 标成 R56F。

（4）一些瓷片电容器和表贴电容因体积太小，因而只用三位自然数来表示标称容量。此方法以 pF 为单位，前两位表示有效数字，第三位表示有效数字后面的 0 的个数（9 除外）。如 104 代表 10×10^4 pF = 100 000 pF = 0.1 μF。如第三位数字是 9，则代表"× 0.1"，如 229 代表 22×0.1 pF = 2.2 pF。另外要注意，如果三位自然数后面带有英文字母，例如 224K，这里 K 不是数量单位，而是表示误差等级，K 对应于 ± 10%，224K = 22×10^4 pF ± 10%。

五、电容器质量优劣的简单测试及选用

1. 电容器质量优劣的简单测试

一般，利用万用表的欧姆挡就可以简单地测量出电解电容器的优劣，粗略地辨别其漏电、容量衰减或失效的情况。具体方法是：选用"R×1 k"或"R×100"挡，将黑表笔接电容器的正极，红表笔接电容器的负极，若表针摆动大且返回慢，返回位置接近 ∞，说明该电容器正常，且电容量大；若表针摆动大，但返回时表针显示的欧姆值较小，说明该电容漏电流较大；若表针摆动很大，接近 0 欧姆，且不返回说明该电容器已被击穿；若表针不摆动，则说明该电容

器已开路，电容器失效。

该方法也适用于辨别其他类型的电容器。但如果电容器容量较小时，应选择万用表的"R×10 k"挡测量。另外，如果需要对电容器再一次测量时，必须将其放电后方能进行。如果要求更精确的测量，则可以用交流电桥和Q表（谐振法）来测量。

2. 选用电容器的常识

（1）电容器装接前应进行测量，看其是否短路、断路或漏电严重；在装入电路时，应使电容器的标志易于观察，且标志顺序一致。

（2）电路中电容器两端的电压不能超过电容器本身的工作电压。装接时应注意正、负极性不能接反（电解电容）。

（3）当现有电容器与电路要求的容量或耐压不相符时，可以采用串联或并联的方法予以解决。当两个工作电压不同的电容器并联时，耐压值取决于低的电容器；当两个容量不同的电容器串联时，容量小的电容器所承受的电压高于容量大的电容器所承受的电压。

（4）技术要求不同的电路，应选用不同类型的电容器。例如，谐振回路中需要介质损耗小的电容器，应选用高频陶瓷电容器（CC型）；隔直、耦合电容可选纸介、涤纶、电解等电容器；低频滤波电路一般应选用电解电容器，旁路电容可选涤纶、纸介、陶瓷和电解电容器。

（5）选用电容器时，应根据电路中信号频率的高低来选择。不同类型的电容器其等效 R、L、C 参数的差异很大。等效电感大的电容器（如电解电容器）不适用于耦合、旁路高频信号；等效电阻大的电容器不适用于 Q 值要求高的振荡回路中。为满足从低频到高频滤波旁路的要求，在实际电路中，常将一个大容量的电解电容器与一个小容量的、适合于高频的电容器并联使用。

第三节　电感器

一、电感器的分类

电感器一般由线圈构成。按结构不同，可分为线绕式电感和非线绕式电感（多层片状、印刷电感等），还可分为固定式电感和可调式电感。按工作频率不同，可分为高频电感、中频电感和低频电感。空心电感、磁心电感和铜心电感一般为中频或高频电感，而铁心电感器多数为低频电感。

二、电感器的主要性能指标及电路符号

1. 电感量 L

电感量是指电感器通过变化电流时产生感应电动势的能力。其大小与磁导率 μ、线圈单位长度中匝数 n 及体积 V 有关。当线圈的长度远大于直径时，电感量为

$$L = \mu n^2 V \tag{5.1}$$

电感量的常用单位为 H（亨利）、mH（毫亨）、μH（微亨）。

2. 品质因数 Q

品质因数 Q 反映电感器传输能量的本领。Q 值越大，传输能量的本领越大，即损耗越小，一般要求 Q 值为 50～300。

$$Q = \frac{\omega L}{R} \tag{5.2}$$

式中，ω 为工作角频率；L 为线圈电感量；R 为线圈电阻。

3. 额定电流

额定电流主要是对高频电感器和大功率调谐电感器而言的。通过电感器的电流超过额定值时，电感器将发热，严重时会烧坏。

4. 电感器的图形符号

电感器的图形符号如图 5.6 所示。L_1 是空心电感线圈，L_2 是可调空心电感线圈，L_3 是磁心电感线圈，L_4 是铁心电感线圈，L_5 是可调磁心电感线圈，L_6 是可变电感线圈，L_7 是普通变压器。

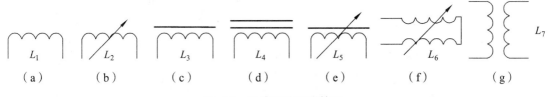

图 5.6　电感器的图形符号

三、选用电感器的常识

（1）在选电感器时，首先应明确其使用频率范围。铁心线圈只能用于低频，一般铁氧体线圈、空心线圈可用于高频。其次要弄清线圈的电感量。

（2）线圈是磁感应元件，它对周围的电感性元件有影响。安装时，一定要注意电感性元件之间的相互位置，一般应使相互靠近的电感线圈的轴线互相垂直，必要时可在电感性元件上加屏蔽罩。

第四节　半导体器件

一、半导体器件型号命名法

1. 我国半导体器件型号命名法

我国半导体器件的型号是按照它的材料、性能、类别来命名的。一般半导体器件的型号由五部分组成。有些半导体器件（如场效应管、PIN 管、复合管、激光器件及半导体特殊器件）的型号只有后面三部分。半导体器件型号各部分的意义如表 5.7 所示。

例如，3AX31A 表示：三极管（3），PNP 型锗材料（A），低频小功率管（X），序号为 31，管子规格为 A 档（A）；2AP9 表示：二极管（2），N 型锗材料（A），普通管（P），序号为 9。

表 5.7　我国半导体器件型号各部分的意义

第一部分		第二部分		第三部分				第四部分	第五部分
用数字表示器件的电极数		用拼音字母表示器件的材料和极性		用汉语拼音字母表示器件的类型				用数字表示序号	用拼音表示规格
符号	意义	符号	意义	符号	意义	符号	意义		
2	二极管	A	N 型锗材料	P	普通管	D	低频大功率管		
		B	P 型锗材料	V	微波管		（$f_s<3$ MHz，		
		C	N 型硅材料	W	稳压管		$P_c{\geqslant}1$ W）		
		D	P 型硅材料	C	参量管	A	高频大功率管		
				Z	整流管		（$f_s{\geqslant}3$ MHz，		
				L	整流堆		$P_c{\geqslant}1$ W）		
3	三极管	A	PNP 锗材料	S	隧道管	T	可控硅		
		B	NPN 锗材料	N	阻尼管		（晶体闸流管）		
		C	PNP 硅材料	U	光电器件	Y	体效应器件		
		D	NPN 硅材料	K	开关管	B	雪崩管		
		E	化合物材料	X	低频小功率管	J	阶跃二极管		
					（$f_s<3$ MHz，	CS	场效应器件		
					$P_c<1$ W）	BT	半导体特殊器件		
				G	高频小功率管	FH	复合管		
					（$f_s{\geqslant}3$ MHz，	PIN	PIN 管		
					$P_c<1$ W）	JG	激光器件		

2. 国际电子联合会半导体器件型号命名法

德国、法国、意大利、荷兰、比利时、匈牙利、罗马尼亚和波兰等国家大都采用国际电子联合会半导体器件型号命名法。其中各组成部分的符号及意义如表 5.8 所示。

国际电子联合会半导体器件型号命名法有以下特点：

（1）这种命名法被欧洲许多国家采用，因此，凡型号以两个字母开头，并且第一个字母是 A、B、C、D 或 R 的晶体管，大都是欧洲制造的产品或是按欧洲某一专利生产的产品。

（2）第一个字母表示材料但不表示极性（PNP 或 NPN 型）。

（3）第二个字母表示器件的类型和主要特点。若记住了这些字母的意义，不查手册也可以判断出类别，如 BLY49，一见便知是硅大功率专用三极管。

（4）第三部分表示登记顺序号，是三位数字者为通用品，一个字母加两位数字者为专用品。顺序号相邻的两个型号的特性可能相差很大，如 AC184 是 PNP 型、AC185 是 NPN 型。

（5）第四部分的字母表示对同一型号的某一参数（如 h_{FE} 或 NF）进行分挡。

（6）型号中的符号均不反映器件的极性（指 PNP 或 NPN），极性的确定需查阅手册或进行测量。

例如，AF239 表示：锗材料（A），高频小功率三极管（F），通用登记号 239；BCP107 表示：硅材料（B），低频小功率三极管（C）、专用器件登记号 P107。

表 5.8　国际电子联合会半导体器件型号命名法

第一部分		第二部分		第三部分		第四部分	
用字母表示材料		用字母表示类别及主要特征		用数字或字母表示登记号		用字母对同型号分挡	
符号	意义	符号	意义	符号	意义	符号	意义
A	锗	A	检波、开关和混频二极管	三位数字	通用半导体器件的登记序号（同一类型的器件使用同一登记号）	A	同一型号器件按某一参数进行分挡的标志
B	硅	B	变容二极管			B	
C	砷化钾	C	低频小功率三极管			C	
D	锑化铟	D	低频大功率三极管			D	
R	复合材料	E	隧道二极管			…	
		F	高频小功率三极管				
		G	复合器件及其他器件				
		H	磁敏二极管				
		K	开放磁路中霍尔元件	一个字母加两位数字	专用半导体器件的登记号（同一类型的器件使用同一登记号）		
		L	高频大功率三极管				
		M	封闭磁路中霍尔元件				
		P	光敏器件				
		Q	发光器件				
		R	小功率晶闸管				
		S	小功率开关管				
		T	大功率晶闸管				
		U	大功率开关管				
		X	倍增二极管				
		Y	整流二极管				
		Z	稳压二极管				

3. 美国半导体器件型号命名法

美国半导体器件的型号命名法，即美国电子工业协会（EIA）规定的晶体管分立器件型号命名法，如表 5.9 所示。

表 5.9　美国电子工业协会（EIA）规定的晶体管分立器件型号命名法

第一部分		第二部分		第三部分		第四部分		第五部分	
用字母表示类别		用数字表示 PN 结数目		EIA 注册标志		EIA 登记顺序号		用字母表示器件分挡	
符号	意义	符号	意义	符号	意义	符号	意义	符号	意义
JAN 或 J	军用品	1	二极管	N	该器件已在美国电子工业协会登记	多位数字	该器件在美国电子工业协会登记的顺序号	A	同一型号的不同挡别
		2	三极管					B	
无	非军用品	3	三个 PN 结					C	
		n	n 个 PN 结					D	
								…	

美国半导体器件型号命名法有以下特点：

（1）型号命名法规定较早，又没有做过改进，所以型号内容很不完备，器件的材料、极性、主要特性和类别在型号命名中都不能反映出来。如 2N 开头的器件既可能是一般晶体管，也可能是场效应管。因此仍有一些厂家按自己规定的命名法来命名产品型号。

（2）组成型号的第一部分是前缀，第五部分是后缀，中间的三部分是型号的基本部分。

（3）除去前缀之外，凡型号以 1N、2N 或 3N 开头的晶体管分立器件大都是美国制造的，或按美国专利在其他国家生产的。

（4）第四部分的数字只表示登记序号，不含其他意义。因此序号相邻的两个器件可能特性相差很大，例如 2N3464 是硅 NPN 高频大功率管，而 2N3465 是 N 沟道场效应管。

（5）不同厂家生产的性能基本一致的器件都使用同一个登记号；同一型号中某些参数的差异常用后缀字母表示，因此型号相同的器件可以通用。

（6）登记序号较大的器件通常是近期产品。

例如，JAN2N2904 型表示：三极管（2），EIA 注册标志（N），EIA 登记序号为 2904；2N34A 型表示：三极管（2），EIA 注册标志（N），EIA 登记序号 34，2N34 的 A 挡。

4. 日本半导体器件型号命名法

日本半导体器件型号命名法如表 5.10 所示。

日本半导体器件型号命名法有以下特点：

（1）型号中的第一部分是数字，表示器件的类型和有效电极数。例如用"1"表示二极管，用"2"表示三极管，而屏蔽用的接地电极不是有效电极。

（2）第二部分为字母 S，表示日本电子工业协会注册产品，而不表示材料和极性。

（3）第三部分表示器件的极性和类型，但不表示材料和功率的大小。

表 5.10　日本半导体器件型号命名法

第一部分		第二部分		第三部分		第四部分		第五部分	
用数字表示类型或有效电极数		S 表示日本电子工业协会（EIAJ）注册产品		用字母表示器件的极性及类型		用数字表示在日本电子工业协会登记的序号		用字母表示对原来型号的改进产品	
符号	意义	符号	意义	符号	意义	符号	意义	符号	意义
0	光电二极管、晶体管及其组合管	S	表示已在日本电子工业协会（EIAJ）注册的半导体分立器件	A	PNP 高频管	两位以上的整数	从 11 开始，表示在日本电子工业协会注册的顺序号。不同公司性能相同的器件可以使用同一顺序号，其数字越大越是近期产品	A	用字母表示对原来型号的改进产品
				B	PNP 低频管			B	
1	二极管			C	NPN 高频管			C	
				D	NPN 低频管			D	
				F	P 控制极晶闸管			…	
2	三极管、具有两个 PN 结的其他晶体管			G	N 控制极晶闸管				
				H	N 基极单结晶体管				
				J	P 沟道场效应管				
$3n-1$	具有四个有效电极或具有三个 PN 结的晶体管			K	N 沟道场效应管				
				M	双向晶闸管				

（4）第四部分只表示在日本电子工业协会（EIAJ）注册登记的顺序号，并不反映器件性能。顺序号相邻的两个器件某一性能差别可能很大，例如，2SC2680 的最大额定耗散功率是 200 mW，而 25C2681 的最大额定耗散功率是 100 W。但是顺序号能反映产品出现的先后时间，登记顺序号的数字越大，越是近期产品。

（5）有些日本产半导体器件外壳上标记的型号常采用简化标记的方法，即通常把 2S 略去，例如，把 2SD764 简化为 D764，2SC502A 简化为 C502A。

（6）在低频管类型（2SB 和 2SD 型）中也有工作频率很高的管子，例如，2SD355 的特征频率是 100 MHz。不要错误认为 2SB 和 2SD 都只能用在低频电路中，其实特征频率很高的管子也可以用作高频管。

（7）日本通常习惯把 P_{CM} 等于或大于 1 W 的管子称为大功率管。

例如，2SA495 型表示：三极管（2），EIAJ 注册产品（S），PNP 型高频管（A），EIAJ 登记顺序号为 495；2SC502A 型表示：三极管（2），EIAJ 注册产品（S），NPN 型高频管（C），EIAJ 登记顺序号为 502，2SC502 的改进产品（A）。

二、二极管的识别与简单测试

1. 普通二极管的识别与简单测试

普通二极管一般分为玻璃封装和塑料封装两种。它们的外壳上均印有型号和标记，标记箭头所指向为阴极。有的二极管只有一个色点，有色点的一端为阳极。

若遇到型号记不清楚时，可以借助万用表的欧姆挡来做简单判别。我们知道，万用表正端（＋）红笔接表内电池的负极，而负端（－）黑笔接表内电池的正极。可根据 PN 结单向导通电阻值小、反向截止电阻值大的原理，来简单确定二极管的好坏和极性。方法是：将万用表欧姆挡置 "R×1 k" 或 "R×100" 处，将红、黑两表笔对调分别接触二极管两端，表头将有两次指示。若两次指示的阻值相差很大，说明该二极管单向导电性好，并且阻值大（几百千欧以上）的那次红笔所接为二极管的阳极；若两次指示的阻值相差很小，说明该二极管已失去单向导电性；若两次指示的阻值均很大，则说明该二极管已开路。

2. 特殊二极管的识别与简单测试

特殊二极管的种类较多，在此只介绍四种常用的特殊二极管。

1）发光二极管（LED）

发光二极管通常是用砷化镓、磷化镓等制成的一种新型器件。它具有工作电压低、耗电少、响应速度快、抗冲击、耐振动、性能好及轻而小的特点，被广泛应用于单个显示电路或做成七段矩阵式显示器。在数字电路实验中，发光二极管常用作逻辑显示器。发光二极管的电路符号如图 5.7（a）所示。

发光二极管和普通二极管一样具有单向导电性，正向导通时才能发光。发光二极管形状有圆形和长方形等，发出的光的颜色有红、绿、黄等多种。发光二极管出厂时，一根引线做得比另一根引线长，通常较长的引线表示阳极（＋），另一根为阴极（－），如图 5.7（b）所示。若辨别不出引线的长短，则可以用辨别普通二极管管脚的方法来辨别其阳极、阴极。发光二极管正向工作电压一般在 1.5～3 V，允许通过的电流为 2～20 mA，电流的大小决定发光的亮度。

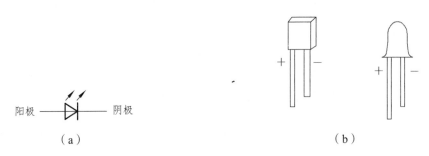

图 5.7　发光二极管的符号和外形

2）稳压管

稳压管有玻璃、塑料封装和金属外壳封装两种。前者外形与普通二极管相似，如 2CW7；后者外形与小功率三极管相似，但内部为双稳压二极管，其本身具有温度补偿作用，如 2CW231。稳压二极管的电路符号和外形如图 5.8 所示。

稳压管在电路中是反向连接的，它能使稳压管所接电路两端的电压稳定在一个规定的电压范围内，称为稳压值。确定稳压管稳压值的方法有三种：根据稳压管的型号查阅手册得知；在 JT-1 型晶体管测试仪上测出其伏安特性曲线获得；通过简单的实验测得。

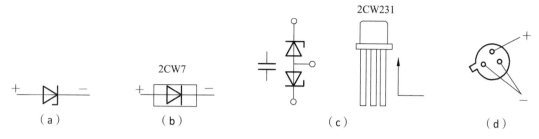

图 5.8　稳压二极管的电路符号和外形

3）光电二极管

光电二极管是一种将光信号转换成电信号的半导体器件，其符号如图 5.9 所示。

在光电二极管的管壳上有一个玻璃口，以便于接受光。当有光照时，其反向电流随光照强度增加而正比上升。

光电二极管可用于光的测量。当制成大面积的光电二极管时，可作为一种能源，称为光电池。

4）变容二极管

变容二极管在电路中能起到可变电容的作用，其结电容随反向电压的增加而减小。变容二极管的符号如图 5.10 所示。变容二极管主要用于高频电路中，如变容二极管调频电路。

图 5.9　光电二极管的符号　　　　　　　　图 5.10　变容二极管的符号

三、三极管的识别与简单测试

三极管主要有 NPN 型和 PNP 型两大类。一般可以根据命名法从三极管管壳上的符号识别出它的型号和类型。例如，三极管管壳上印的是 3DG6，表明它是 NPN 型高频小功率硅三极管。另外，还可以从管壳上色点的颜色来判断出管子的电流放大系数 β 值的大致范围。以 3DG6 为例，色点为黄色，表示 β 值为 30～60；绿色表示 β 为 50～110；蓝色表示 β 值为 90～160；白色表示 β 值为 140～200。但是也有的厂家并非按此规定，使用时要注意。

当从管壳上知道了三极管的类型和型号以及 β 值后，还应进一步辨别它们的三个电极。对于小功率三极管来说，有金属外壳封装和塑料外壳封装两种。金属外壳封装的小功率三极管，如果管壳上带有定位销，那么将管底朝上，从定位销起，按顺时针方向，三根电极分别为 e、b、c；如果管壳上无定位销，且三根电极在半圆内，则将有三根电极的半圆置于上方，按顺时针方向，三根电极依次为 e、b、c，如图 5.11（a）所示。

对于塑料外壳封装的小功率三极管，我们面对平面，将三根电极置于下方，则从左到右，三根电极依次为 e、b、c，如图 5.11（b）所示。

对于大功率三极管，外形一般分为 F 型和 G 型两种。F 型管从外形上只能看到两根电极，若将管底朝上，两根电极置于左侧，则上为 e、下为 b、底座为 c。G 型管的三个电极一般在管壳的顶部，若将管底朝下，三根电极置于左方，则从最下电极起，按顺时针方向，依次为 e、b、c。

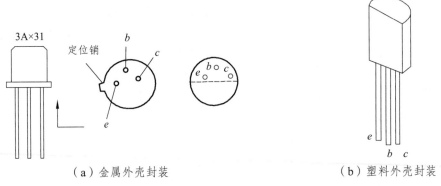

（a）金属外壳封装　　　　　　　　　　　（b）塑料外壳封装

图 5.11　三极管电极的识别

三极管的管脚必须确认是否正确，否则，接入电路不但不能正常工作，还可能烧坏管子。

当一个三极管没有任何标记时，我们可以用万用表来初步确定该三极管的好坏及其类型（NPN 型还是 PNP 型），并辨别出 e、b、c 三个电极。具体方法如下：

（1）先判断基极 b 和三极管类型。将万用表欧姆挡置 "R×1k" 或 "R×100" 处，先假设三极管的某极为基极，并将黑表笔接在假设的基极上，再将红表笔先后接到其余两个电极上，如果两次测得的电阻值都很大（或者都很小），约为几千欧至几十千欧（或约为几百欧至几千欧），而对换表笔后测得两个电阻值都很小（或都很大），则可确定假设的基极是正确的。

如果两次测得的电阻值是一大一小，则可肯定原假设的基极是错误的，这时就必须重新假设另一电极为基极，再重复上述的测试。最多重复两次就可找出真正的基极。

当基极确定以后，将黑表笔接基极，红表笔分别接其他两极。此时，若测得的电阻值都很小，则该三极管为 NPN 型管；反之，则为 PNP 型管。

（2）再判断集电极 c 和发射极 e。以 NPN 型管为例，把黑表笔接到假设的集电极 c 上，红表笔接到假设的发射极上，并且用手捏住 b 和 c 极（不能使 b、c 直接接触），如图 5.12 所示。通过人体，相当于在 b、c 之间接入偏置电阻。读出表头所示 c、e 间的电阻值，然后将红、黑两表笔反接重测。若第一次测得的电阻值比第二次的小，说明原假设成立，黑表笔所接为三极管集电极 c，红表笔所接为三极管发射极 e，因为 c、e 间电阻值小正说明通过万用表的电流大，偏置正常。

以上介绍的是比较简单的测试方法，要想进一步精确测试，可以借助 JT-1 型晶体管图示仪，它能十分清晰地显示出三极管的输入特性曲线以及电流放大系数 β 等。

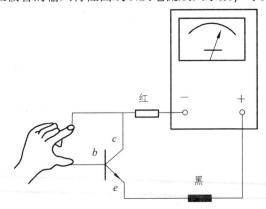

图 5.12　判别三极管 c、e 电极的原理图

第五节　半导体集成电路

一、半导体集成电路的型号命名法

1. 国产集成电路的命名方法

常用的国产半导体集成电路的命名方法如表 5.11 所示。

表 5.11　国产集成电路型号的组成及命名方法

第一部分		第二部分		第三部分	第四部分		第五部分	
用字母表示器件 符合国家标准		用字母表示 器件的类型		用阿拉伯数字 表示器件的系 列和品种代号	用字母表示 工作温度范围/℃		用字母表示 器件的封装	
符号	意义	符号	意义		符号	意义	符号	意义
C	中国制造	T	TTL		C	$0 \sim 70$	W	陶瓷扁平
		H	HTL		E	$-40 \sim 85$	B	塑料扁平
		E	ECL		R	$-55 \sim 85$	F	全封闭扁平
		C	CMOS		M	$-55 \sim 125$	D	陶瓷直插
		F	线性放大器				P	塑料直插
		D	音响、电视电路				J	黑陶瓷直插
		W	稳压器				K	金属菱形
		J	接口电路				T	金属圆形

例如，国产集成电路 CF741CP 型号命名各部分的意义说明如下：
① 第一部分——C，表示中国国家标准；
② 第二部分——F，表示线性放大器；
③ 第三部分——741，表示器件代号；
④ 第四部分——C，表示器件的工作温度范围为 $0 \sim 70$ ℃；
⑤ 第五部分——P，表示塑料直插封装。
国产集成电路 CC4066MF 型号命名各部分的意义说明如下：
① 第一部分——C，表示国家标准；
② 第二部分——C，表示 CMOS 电路；
③ 第三部分——4，表示低功耗肖特基系列；066 表示品种代号，同国际一致；
④ 第四部分——M，表示器件的工作温度范围为 $-55 \sim 125$ ℃。
⑤ 第五部分——F，表示全封闭扁平封装。

2. 国际半导体集成电路的命名方法

常用 TTL 及 CMOS 半导体集成电路国际与国产型号命名方法如表 5.12 和表 5.13 所示。

表 5.12　TTL 数字集成电路的命名方法

类　　别	器　件　名　称	国产型号	国外型号（TEXAS）
逻辑门	六反相器	CT1004	SN5404/SN7404
	双 4 输入与非门	CT1020	SN5420/SN7420
	四 2 输入与非门	CT1000	SN5400/SN7400
	四 2 输入或非门	CT1002	SN5402/SN7402
	四 2 输入或门	CT1032	SN5432/SN7432
	四 2 输入与门	CT1008	SN5408/SN7408
	四 2 输入异或门	CT1086	SN5486/SN7486
触发器	双上升沿 D 型触发器（预置、清除）	CT1074	SN5474/SN7474
	双下降沿 JK 型触发器（预置、清除）	CT1112	SN54112/SN74112
多谐振荡器	555 定时器	NE555	
运算电路	4 位二进制超前进位全加器	CT14283	SN54283/SN74283
码制转换	8 线-3 线优先编码器	CT1148	SN54148/SN74148
译码器	4 线-16 线译码器	CT1154	SN54154/SN74154
	4 线-7 段译码器	CT1048	SN5448/SN7448

表 5.13　CMOS 数字集成电路的命名方法

类　　别	器　件　名　称	国产型号	国外型号（TEXAS）
逻辑门	六反相器	CC4069	CD4069
	四 2 输入与非门	CC 4011	CD 4011
	四 2 输入或门	CC 4071	CD 4071
触发器	双主-从 D 型触发器	CC 4013	CD 4013
	双 JK 型触发	CC 4027	CD 4027
运算电路	4 位超前进位全加器	CC 4008	CD 4008
	4 位数值比较器	CC 14585	CD 14585
译码器	BCD-七段译码器	CC 4055	CD 4055
	BCD-十进制译码器	CC 4026	CD 4026
数据选择器	八路数据选择器	CC 4012	CD 4012
	双四路数据选择器	CC 14539	MC 14539
计数器	可预置 4 位二进制同步加/减计数器	CC 4516	CD 4516
寄存器	4 位并入/串入-并出/串出移位寄存器（左移-右移）	CC 40194	CD 40194

例如，（美国）得克萨斯公司（TEXAS）生产的 SN74LS195N 系列半导体集成电路型号命名各部分的意义说明如下：

① SN 表示得克萨斯公司标准电路。

② 74 表示工作温度范围为 0 ~ 70 ℃，54 表示工作温度范围为 − 55 ~ 125 ℃。

③ LS 表示系列。

ALS：先进的低功耗肖特基系列；AS：先进的肖特基系列；（空白）：标准系列；

H：高速系列；L：低功耗系列；LS：低功耗肖特基系列；S：肖特基系列。

④ 195 表示品种代号。

⑤ N 表示封装形式。

J：陶瓷双列直插；N：塑料双列直插；T：金属扁平；W：陶瓷扁平

（美国）摩托罗拉公司（MOTOROLA）生产的 MC74196P 系列集成电路型号命名各部分的意义说明如下：

① MC 表示摩托罗拉公司封装的集成电路。

② 74 表示工作温度范围。

4、20、40、74、83：0 ~ + 75 ℃。

5、21、33、43、82、54、93：− 55 ~ + 125 ℃。

③ 196 表示品种代号。

④ P 表示封装形式。

F：陶瓷扁平；L：陶瓷双列直插；P：塑料双列直插。

（日本）日立公司（HITACHI）生产的 HD74LS191P 系列集成电路型号命名各部分的意义说明如下：

① HD 表示日立公司数字集成电路。

② 74 表示工作温度范围为 − 20 ~ + 75 ℃。

③ LS 表示系列。

（空白）：标准系列；LS：低功耗肖特基系列；S：肖特基系列。

④ 191 表示品种代号。

⑤ P 表示封装形式。

（空白）：玻璃陶瓷双列直插；P：塑料双列直插。

二、集成电路的分类

集成电路是现代电子电路的重要组成部分，它具有体积小、耗电少、工作性能好等优点。

概括来说，集成电路按制造工艺不同，可分为半导体集成电路、薄膜集成电路和由二者组合而成的混合集成电路。

按功能不同，可分为模拟集成电路和数字集成电路。

按集成度不同，可分为小规模集成电路（SSI，集成度小于 10 个门电路）、中规漠集成电路（MSI，集成度为 10 ~ 100 个门电路）、大规模集成电路（LSI，集成度为 100 ~ 1 000 个门电路）以及超大规模集成电路（VLSI，集成度大于 1 000 个门电路）。

按外形不同，又可分为圆型（金属外壳晶体管封装型，适用于大功率电路）、扁平型（稳定性好，体积小）和双列直插型（有利于采用大规模生产技术进行焊接，因此获得广泛的应用）。

目前，已经成熟的集成逻辑技术主要有三种：TTL 逻辑（晶体管-晶体管逻辑）、CMOS 逻辑（互补金属-氧化物-半导体逻辑）和 ECL 逻辑（发射极耦合逻辑）。

1. TTL 逻辑

TTL 逻辑于 1964 年由美国得克萨斯仪器公司生产，其发展速度快，系列产品多，有速度及功耗折中的标准型，有改进型、高速的标准肖特基型，有改进型、高速及低功耗的低功耗肖特基型。所有 TTL 电路的输出、输入电平均是兼容的。该系列有两个常用的系列化产品，如表 5.14 所示。

表 5.14　常用 TTL 系列产品参数

TTL 系列	工作环境温度/°C	电源电压范围/V
军用 54×××	−55 ~ +125	+4.5 ~ +5.5
工业用 74×××	0 ~ +75	+4.75 ~ +5.25

2. CMOS 逻辑

CMOS 逻辑的特点是功耗低，工作电源电压范围较宽，速度快（可达 7 MHz）。CMOS 逻辑的 CC4000 系列有两种类型产品，如表 5.15 所示。

表 5.15　CC4000 系列产品参数

CMOS 系列	封装	温度范围/°C	电源电压范围/V
CC4000	陶瓷	−55 ~ +125	3 ~ 12
CC4000	塑料	40 ~ +85	3 ~ 12

3. ECL 逻辑

ECL 逻辑的最大特点是工作速度高。由于在 ECL 电路中数字逻辑电路形式采用非饱和型，因而消除了三极管的存储时间，大大加快了工作速度。MECL Ⅰ 系列产品是由美国摩托罗拉公司于 1962 年生产的，后来又生产了改进型的 MECL Ⅱ 型、MECL Ⅲ 型及 MECL10000 型。

以上几种逻辑电路的有关参数如表 5.16 所示。

表 5.16　几种逻辑电路的参数比较

电路种类	工作电压/V	每个门的功耗/mW	门延时/ns	扇出系数
TTL 标准	+5	100	10	10
TTL 标准肖特基	+5	20	3	10
TTL 低功耗肖特基	+5	2	10	10
BCL 标准	−5.2	25	2	10
ECL 高速	−5.2	40	0.75	10
CMOS	5 ~ 15	μW 级	ns 级	50

三、集成电路外引线的识别

使用集成电路前，必须认真查对集成电路的引脚，确认电源、地、输入、输出、控制等端的引脚号，以免因错接而损坏器件。

1. 圆型集成电路的外引线识别

识别时，面向引脚正视，从定位销开始按顺时针方向依次为 1，2，3，4，…，如图 5.13（a）所示。圆型多用于模拟集成电路中。

2. 圆型、扁平和双列直插型集成电路的外引线识别

识别时，将文字符号标记正放（一般集成电路上有一圆点或有一缺口，将缺口或圆点置于左方），由顶部俯视，从左下脚起，按逆时针方向数，依次为 1，2，3，4，…，如图 5.13（b）所示。扁平型多用于数字集成电路，双列直插型广泛应用于模拟和数字集成电路，如图 5.13（c）所示。

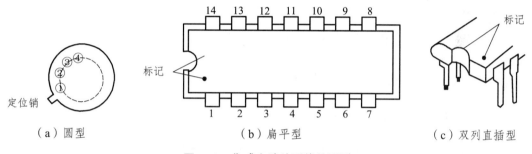

（a）圆型　　　　　　　　　（b）扁平型　　　　　　　（c）双列直插型

图 5.13　集成电路外引线的识别

第六章 Multisim10 的使用与仿真实验

第一节 Multisim10 概述和基本操作

一、概 述

Multisim10 是一种在电子类技术广泛应用的优秀计算机仿真设计软件。它可以实现原理图的捕获、电路分析、交互式仿真、电路板设计、仿真仪器测试、集成测试、射频分析、单片机等高级应用。其数量众多的元器件数据库、标准化的仿真仪器、直观的捕获界面、更加简洁明了的操作、强大的分析测试功能、可信的测试结果，将虚拟仪器技术的灵活性扩展到了电子设计者的工作平台。弥补了测试与设计功能之间的缺口，强化了电子实验教学，进一步培养学生的综合分析能力和开发创新能力。特别适合于高校电子电路类课程的教学和实验应用。下面以Multisim10（汉化版）为例，简单介绍其用法。

二、Multisim10 的主界面及菜单介绍

启动 Multisim10，屏幕上出现如图 6.1 所示的 Multisim10 工作界面。工作界面主要由主菜单、工具栏、元件组、设计管理器、主设计窗口、状态栏、仿真开关等部分组成。

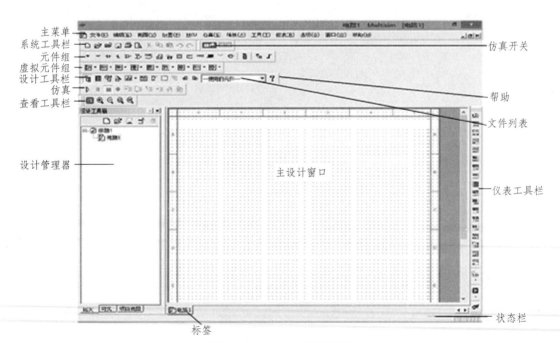

图 6.1　Multisim10 工作界面

1. 系统主菜单命令

主菜单中各命令意义如表 6.1 至表 6.12 所示。

表 6.1　文件（File）命令

命令名称	所执行操作
New	新建文件
Open （Ctrl+O）	打开一个已存在的文件
Open Samples	打开已存在的 Multisim 例子的文件
Close	关闭当前电路文件
Close All	关闭所有已打开的电路
Save （Ctrl+S）	保存当前文件
Save As	将当前文件另存为其他文件名
Save All	保存当前所有打开有文件
New Project	建立一个新的项目（仅在专业版出现，教育版中无此功能）
Open Project	打开原有的项目（仅在专业版出现，教育版中无此功能）
Save Project	保存当前项目（仅在专业版出现，教育版中无此功能）
Close Project	关闭当前的项目（仅在专业版出现，教育版中无此功能）
Version Control	版本控制（仅在专业版出现，教育版中无此功能）
Print （Ctrl+P）	打印电路工作区内的电路原理图
Print Preview	打印预览
Print Options	包括 Print Setup（打印设置）和 Print Instruments（打印电路工作区内仪表）命令
Recent Designs	选择打开最近打开过的文件
Recent Project	选择打开最近打开过的项目
Exit	退出并关闭 Multisim 程序

表 6.2　编辑（Edit）菜单命令

命令名称	所执行操作
Undo （Ctrl+Z）	取消前一次操作
Redo （Ctrl+Y）	重复前一次操作
Cut （Ctrl+X）	剪切所选择的元器件，放在剪贴板中
Copy （Ctrl+C）	将所选择的元器件复制到剪贴板中
Paste （Ctrl+V）	将剪贴板中的元器件粘贴到指定的位置
Delete	删除所选择的元器件
Select All	选择电路中所有的元器件、导线和仪器仪表
Delete Multi-Page	删除多页面电路文件中的某一页电路文件

命令名称	所执行操作
Paste as Subcircuit	将剪贴板中的子电路粘贴到指定的位置
Find （Ctrl＋F）	查找电原理图中的元器件
Graphic Annotation	图形注释选项
Order	改变电路图所选元器件和注释的叠放顺序
Assign to Layer	指定所选的图层为注释层
Layer Settings	图层设置
Orientation	旋转方向选择。包括 Flip Horizontal（将所选择的元器件左右旋转）Flip Vertical（将所选择的元器件上下旋转），90Clockwise（将所选择的元器件顺时旋转 90°），90CounterCW（将所选择的元器件逆时旋转 90°）
Title Block Position	设置电路图标题栏位置
Edit Symbol/Title Block	编辑元器件符号/标题栏
Font	字体设置
Comment	表单编辑
Forms/Questions	表单编辑/编辑与电路有关的问题
Properties （Ctrl＋M）	打开属性对话框

表 6.3 视图（View）菜单命令

命令名称	所执行操作
Full Screen	全屏显示电路窗口
Parent Sheet	显示子电路或分层电路的父节点
Zoom In （F8）	放大电路原理图
Zoom Out （F9）	缩小电路原理图
Zoom Area （F10）	放大所选电路图的区域
Zoom Fit to Page （F7）	放大到适合的页面
Zoom to magnification （F11）	按比例放大到适合的页面
Zoom Selection （F12）	放大选择
Show Grid	显示栅格
Show Border	显示电路的边界
Show Page Bounds	显示页边界
Ruler Bars	显示标尺栏
Status Bar	显示状态栏
Design Toolbox	显示设计工具栏
Spreadsheet View	显示数据表格栏
Circuit Description Box （Ctrl＋D）	显示或者关闭电路描述工具箱
Toolbars	显示或者关闭工具箱
Show Comment/Probe	显示或者关闭注释/探针显示
Grapher	显示或者关闭仿真结果的图表

表 6.4 放置（Place）菜单命令

命令名称	所执行操作
Component （Ctrl+W）	放置元器件
Junction （Ctrl+J）	放置节点
Wire （Ctrl+Q）	放置导线
Bus （Ctrl+U）	放置总线
Connectors	放置输入/输出端口连接器
New Hierarchical Block	放置一个新的层次电路模块
Replace by Hierarchical Block	用层次电路模块替换所选电路模块
Hierarchical Block form File	来自文件的层次模块
New Subcircuit （Ctrl+B）	创建子电路
Replace by Subcircuit	子电路替换所选电路
Multi-Page	产生多层电路
Merge Bus	合并总线
Bus Vector Connect	总线矢量连接
Comment	放置提示注释
Text （Ctrl+T）	放置文本
Graphics	放置图形
Title Block	放置工程的标题栏

表 6.5 MCU（微控制器）菜单命令

命令名称	所执行操作
No MCU Component Found	没有创建 MCU 器件
Debug View Format	调试视图格式
MCU Window	微控制器窗口
Show Line Numbers	显示线路数目
Pause	暂停
Step into	单步步入
Step over	单步步过
Step out	离开
Run to cursor	运行到指针
Toggle breakpoint	设置断点
Remove all breakpoints	移出所有的断点

表 6.6 仿真（Simulate）菜单命令

命令名称	所执行操作
Run （F5）	开始仿真
Pause （F6）	暂停仿真
Stop	停止仿真
Instruments	选择仪器仪表
Interactive Simulation Settings	交互式仿真设置
Digital Simulation Settings	数字仿真设置
Analysis	对当前电路进行各种分析
Postprocessor	对电路分析启动后处理器
Simulation Error Log/Audit Trail	仿真误差记录/查询索引
XSpice Command Line Interface	XSpice 命令界面
Load Simulation Settings	导入仿真设置
Save Simulation Settings	保存仿真设置
Auto Fault Option	自动设置电路故障选择
VHDL Simulation	运行 VHDL 仿真
Dynamic Probe Properties	动态探针属性
Reverse Probe Direction	探针极性反向
Clear Instrument Data	清除仪器数据
Use Tolerances	允许误差

表 6.7 转换（Transfer）菜单命令

命令名称	所执行操作
Transfer to Ultiboard 10	将电路图传送到 Ultiboard 10
Transfer to Ultiboard 9 or earlier	将电路图传送到 Ultiboard 9 或者其他早期版本
Export to PCB Layout	输出 PCB 设计图
Forward Annotate to Ultiboard 10	创建 Ultiboard 10 注释文件
Forward Annotate to Ultiboard 9 or earlier	创建 Ultiboard 9 或者其他早期版本注释文件
Back Annotate for Ultiboard	修改 Ultiboard 注释文件
Highlight Selection in Ultiboard	加亮所选择的 Ultiboard
Export Netlist	输出网表

表 6.8　工具（Tools）菜单命令

命令名称	所执行操作
Component Wizard	元件编辑器
Database	数据库对元件库进行管理、保存、转换和合并
Variant Manager	变量管理器
Set Active Variant	设置动态变量
Circuit Wizards	电路编辑器为 555 定时器、滤波器、运算放大电路和 BJT 共射电路提供设计向导
Rename /Renumber Components	元件重新命名/编号
Replace Components	元件替换
Update Circuit Components	更新电路元件
Update HB/SC Symbols	更新 HB/SC 符号
Electrical Rules Check	电气规则检验
Clear ERC Marker	清除 ERC 标志
Toggle NC Marker	设置 NC 标志
Symbol Editor	符号编辑器
Title Block Editor	标题块编辑器
Description Box Editor	电路描述编辑器
Edit Labels	编辑标签
Capture Screen Area	抓图范围

表 6.9　报告（Reports）菜单命令

命令名称	所执行操作
Bill of Materials	产生当前电路图的元件清单
Component Detail Report	元件详细报告
Netlist Report	网络表报告
Cross Reference Report	参数表报告
Schematic Statistics	统计信息报告
Spare Gates Report	空闲门电路报告

表 6.10　选项（Option）菜单命令

命令名称	所执行操作
Global Preferences	全部参数设置
Sheet Properties	电路或子电路的参数设置
Customize User Interface	用户界面设置

表 6.11　窗口（Window）菜单命令

命令名称	所执行操作
New Window	建立新窗口
Close	关闭窗口
Close All	关闭所有窗口
Cascade	窗口层叠
Tile Horizontal	窗口水平平铺
Tile Vertical	窗口垂直平铺
1 circuit	电路 1
Window…	显示所有窗口列表，并选择激活窗口

表 6.12　帮助（Help）菜单命令

命令名称	所执行操作
Multisim Help（F1）	帮助主题目录
Component Reference	元件索引
Release Notes	版本注释
Check For Updates…	检查软件更新
File Information …	文件信息
Patents	专利权
About Multisim…	有关 Multisim10 的说明

2. Multisim10 工具栏

Multisim10 常用工具栏和名称如图 6.2 所示，其具体功能如下：

图 6.2　工具栏

新建：清除电路工作区，准备生成新电路文件。

打开：打开已存在的电路文件。

保存：保存当前活动的电路文件。

打印：打印电路文件。

剪切：剪切至剪贴板。

复制：复制到剪贴板。

旋转：旋转元器件。

全屏：电路工作区全屏。

放大：将电路图放大一定比例。

缩小：将电路图缩小一定比例。

放大面积：放大电路工作区面积。

适当放大：放大到适合的页面。

文件列表：显示电路文件列表。

电子表：显示电子数据表。

数据库管理：元器件数据库管理。

元件编辑器：元器件创建向导。

图形编辑/分析：图形编辑器和电路分析方法选择。

后处理器：对仿真结果进一步操作。

电气规则校验：校验电气规则。

区域选择：选择电路工作区区域。

第二节　元器件库及仪器仪表库

一、Multisim10 的元器件库

Multisim10 提供了丰富的元器件库，元器件库栏的图标和名称如图 6.3 所示。

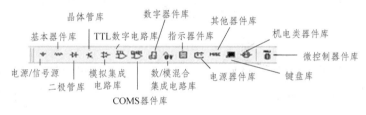

图 6.3　元器件库

用鼠标左键单击元器件库栏的某一个图标即可打开元器件库。元器件库中含有 15 个元件大类。每一类下面有许多具体的元器件供选择。关于这些元器件的功能和使用方法将在后面介绍，读者还可以使用在线帮助功能查阅有关的内容。

1. 电源/信号源

电源/信号源库包含有接地端、直流电压源（电池）、正弦交流电压源、时钟电压源、压控电压源等多种电源与信号源，电源/信号源如图 6.4 所示。

图 6.4　电源/信号源库

2. 基本器件库

基本器件库包含电阻、电容、开关、变压器等多种元件。基本器件库的虚拟元器件的参数是可以任意设置的，非虚拟元器件的参数是固定的，但可以选择的。基本器件库如图 6.5 所示。

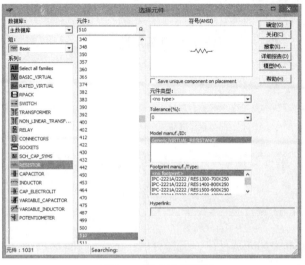

图 6.5　基本器件库

3. 二极管库

二极管库包含有普通二极管、发光二极管、可控硅整流器等多种器件。其虚拟元器件的参数是可以任意设置的，非虚拟元器件的参数是固定的，但是可以选择的。二极管库如图 6.6 所示。

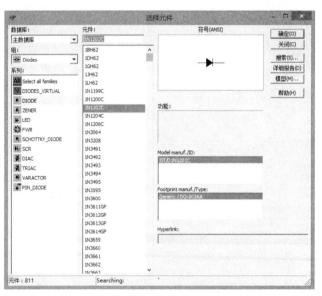

图 6.6　二极管库

4. 晶体管库

晶体管包含有晶体管、MOS 管、FET 等。其虚拟元器件的参数是可以任意设置的，非虚拟元器件的参数是固定的，但是可以选择的。晶体管库如图 6.7 所示。

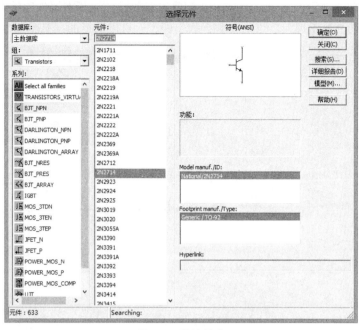

图 6.7　晶体管库

5. 模拟集成电路库

模拟集成电路库包含有多种运算放大器、比较器等。其虚拟元器件的参数是可以任意设置的，非虚拟元器件的参数是固定的，但是可以选择的。模拟集成电路库如图 6.8 所示。

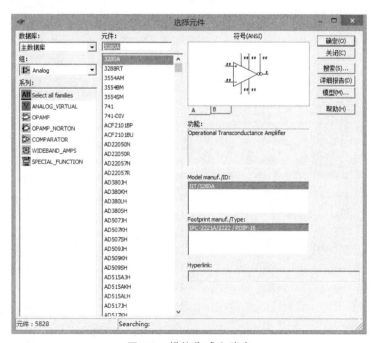

图 6.8　模拟集成电路库

6. TTL 数字集成电路库

TTL 数字集成电路库包含 74ASXX 系列 74LSXX 系列等 74 系列数字电路器件。TTL 数字集成电路库如图 6.9 所示。

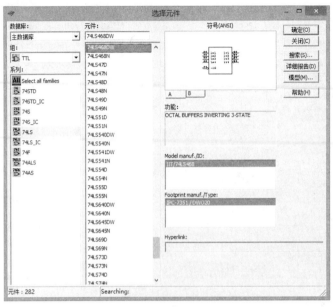

图 6.9　TTL 数字集成电路库

7. CMOS 数字集成电路库

CMOS 数字集成电路库包含有 40XX 系列和 74HCXX 系列多种 CMOS 数字集成电路系列器件。CMOS 数字集成电路库如图 6.10 所示。

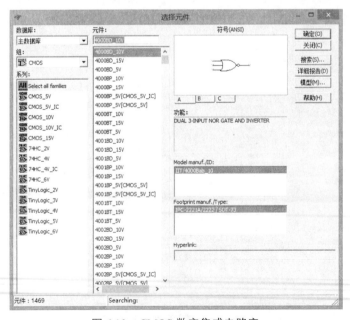

图 6.10　CMOS 数字集成电路库

8. 数字器件库

数字器件库包含 DSP、FPGA、PLD、VHDL、MEMORY 等多种器件。数字器件库如图 6.11 所示。

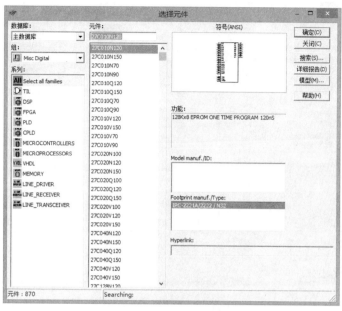

图 6.11　数字器件库

9. 数/模混合集成电路

数/模混合集成电路库包含有 555 定时器、ADC/DAC 等多种数/模混合集成电路器件。数/模混合储存电路库如图 6.12 所示。

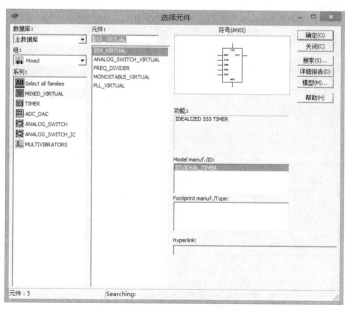

图 6.12　数/模混合集成电路库

10. 指示器件库

指示器件库包含有电压表、七段数码管、蜂鸣器等多种器件。指示器件库如图 6.13 所示。

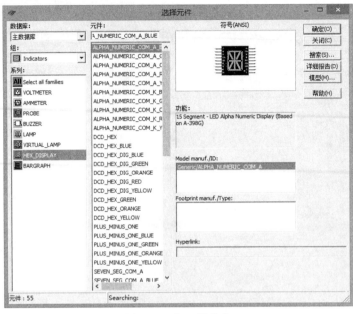

图 6.13　指示器件库

11. 电源器件库

电源器件库包含有保险丝、三端稳压器、PWM 控制器等多种电源器件。电源器件库如图 6.14 所示。

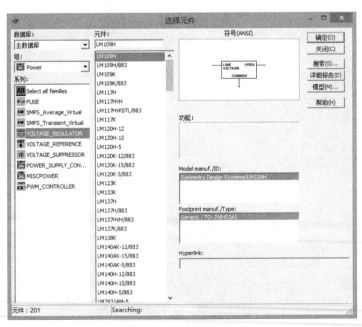

图 6.14　电源器件库

12. 其他器件库

其他器件库包含有晶体、光耦合器等多种器件。其他器件库如图 6.15 所示。

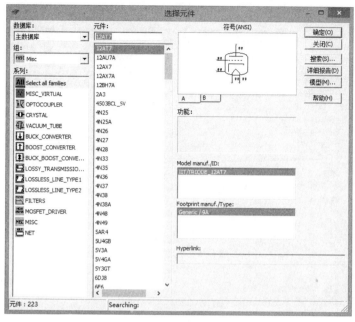

图 6.15 其他器件库

13. 键盘显示器件库

键盘显示器件库包含有键盘、LCD 等多种器件。键盘显示器件库如图 6.16 所示。

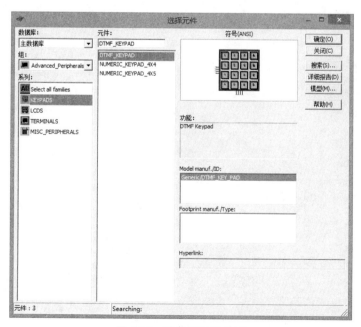

图 6.16 键盘显示器件库

14. 机电类器件库

机电类器件库包含有开关、继电器、输出装置等多种机电类器件。机电类器件库如图 6.17 所示。

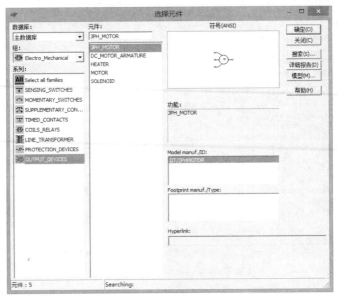

图 6.17　机电类器件库

15. 微控制器件库

微控制器件包含有 PIC、RAM、ROM 等多种微控制器件。微控制器件库如图 6.18 所示。

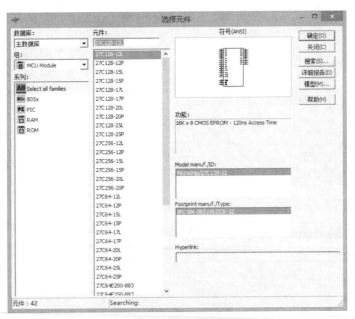

图 6.18　微控制器件库

二、Multisim10 仪器仪表库

Multisim10 的虚拟仪器、仪表工具条中共有虚拟仪器、仪表 18 台，电流检测探针 1 个，4 种 LabVIEW 采样仪器和动态测量探针各 1 个，仪器仪表库图及功能如图 6.19 所示。下面对数字电路测试中几种常用仪器仪表进行简介。

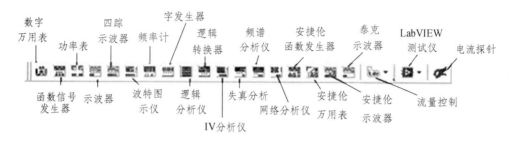

图 6.19　仪器仪表库的图标及功能

1. 数字万用表（Multimeter）

数字万用表可用来测量电路两点之间的交流或直流电压、电流、阻抗和衰减。量程可以自动切换，不需要对量程进行设置。内阻和内部电流预置接近理想值，也可以通过设置来进行改变。虚拟数字万用表的外观与实际仪表基本相同，其连接方法与真实万用表也基本类似，都是通过"＋""－"两个端子连接电路的测试点。其符号图与操作面板如图 6.20 所示。

点击设置（set）按钮，弹出如图 6.21 所示万用表设置（Multimeter Settings）对话框根据需要选择相应的设置单击确定（Accept）按钮，设置即可完成。

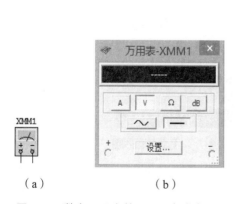

图 6.20　数字万用表符号图及操作板面

图 6.21　万用表设置对话框

2. 函数信号发生器（Function Generator）

函数信号发生器能够产生正弦波、三角波和方波 3 种常用的波形，可提供方便、真实的激励信号源。输出信号的频率范围大，它不仅可以为电路提供常规的交流信号源，并且可以调节输出的信号的频率、振幅、占空比和偏移等参数。其符号图与操作面板如图 6.22 所示。

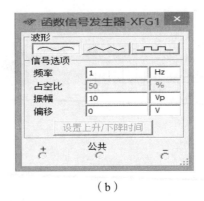

（a）　　　　　　　　　（b）

图 6.22　函数信号发生器符号图及操作面板

函数信号发生器共有 3 个接线端，其中"＋"和"－"输出端分别产生两路相位相反的输出信号；公共（common）端为输出信号的参考电位端，通常用来接地。波形选择：在波形选择栏中从左起依次为正弦波、三角波和方波按钮，单击不同按钮，即可输出相应的波形；信号选项（Signal Options）：设置波形参数，频率（Frequency），其范围为 1 Hz～999 GHz；占空比（Duty Cycle）：用来设置三角波和方波的占空比，其范围为 1%～99%；振幅（Amplitude）：设置输出波形的峰-峰值，其范围 1 fV～1 TV；偏移（Offset）：用来设置叠加在交流信号上的直流分量值的大小；设置上升/下降时间（Set Rise/Fall Time）按钮：用来设定所要产生信号的上升时间与下降时间，而该按钮只有在产生方波时才能使用。

3. 功率表（Power Meter）

功率表用来测量电路的交流、直流功率，功率的大小是流过电路的电流和电压的乘积，量纲为瓦特。功率表有 4 个接线端：电压"＋"和"－"、电流"＋"和"－"。功率表中有两组端子，左边两个端子为电压输入端子，与所要测试的电路并联；右边两个端子为电流输入端子，与所要测试的电路串联。功率表也能测量功率因数。功率因数是电压与电流相位差角的余弦值。如图 6.23 所示为功率表符号图及操作面板。

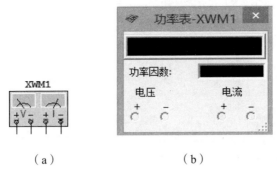

（a）　　　　　　　　　（b）

图 6.23　功率表符号图及操作面板

如图 6.24 所示是功率表在电路中连接方式，显示的功率因数为 1，因为流过电阻的电流与电压的相位差为零。

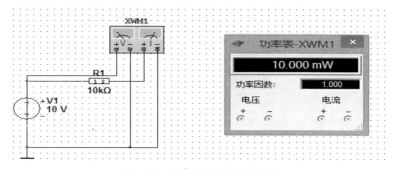

图 6.24　功率表在电路中连接

4. 示波器（Oscilloscope）

示波器是实验中常见的一种仪器，它不仅用来显示信号的波形，而且可以用来测量信号的频率、幅度和周期等参数。双击示波器图标，其符号图及操作面板如图 6.25 所示。

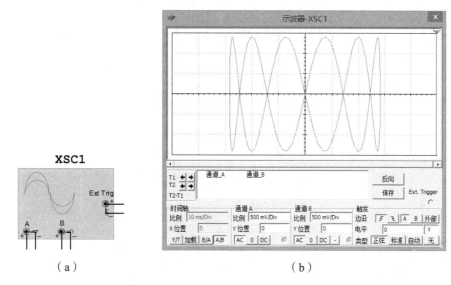

（a）　　　　　　　　　　　　　　（b）

图 6.25　示波器符号图及操作面板

双通道示波器包括通道 A 和 B 以及外触发端 3 对接线端。虚拟的示波器的连接与实际示波器稍有不同：一是 A、B 两通道可以只用一根线与被测点连接，测量的是该点与地之间的波形；二是示波器的每个通道的"–"端接地时，测量的是该点与地之间的波形；三是可以将示波器的每个通道的"＋"和"–"端接在某两点上，示波器显示的是这两点之间的电压波形。

双通道示波器的面板主要由波形显示区、波形参数测量区、时间轴（Timebase）控制区、通道（Channel A、Channel B）控制区和触发（Trigger）控制区 5 个部分组成。时间轴用来设置 X 轴的时间基准扫描时间；通道 A 区用来设置 A 通道的输入信号在 Y 轴上的显示刻度，通道 B 区用来设置 B 通道的输入信号在 Y 轴上的显示刻度；触发控制区用来设置示波器的触发方式；波形参数测量区是用来显示两个游标所测得的显示波形的数据。

5. 频率计（Frequency Counter）

频率计是测量信号频率和周期的主要测量仪器，还可以测量脉冲的信号的特性（如脉冲宽度、上升沿和下降沿时间）。其符号图和操作面板如图 6.26 所示。

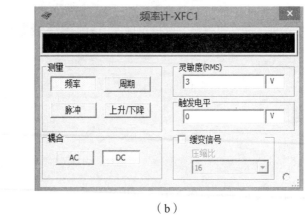

（a）　　　　　　　　　　　（b）

图 6.26　频率计符号图及操作面板

频率计符号图只有一个接线端，为被测信号的输入端。其操作面板主要由测量（Measurement）结果显示区、测量选项区、耦合（Coupling）方式选择区、灵敏度（Sensitivity RMS）设置区和触发电平（Trigger Level）设置区 5 部分组成。

6. 字（数字信号）发生器（word Generator）

字发生器是一个可编辑的通用数字激励源，产生并提供 32 位的二进制数，输入到要测试的数字电路中去，与函数发生器功能相似。其符号图与操作面板如图 6.27 所示。

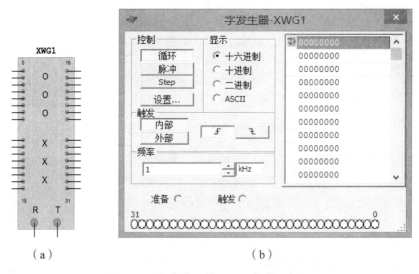

（a）　　　　　　　　　　　（b）

图 6.27　字发生器符号图及操作面板

字发生器符号图左右两边各有 16 个端子，这 32 个端子是该字组产生器所产生的信号输出端，下面还有 R 和 T 两个端子，其中 R 端为数据准备好信号的输出端（Ready），T 端为外部触发信号输入端（Trigger）。

字发生器操作面板右侧是字发生器的 32 路信号编辑窗口，左侧由控制（Controls）区、显示（Display）区、触发区、频率设置区和缓冲（Buffer）区 5 部分组成。控制区用来设定字组输出方式，单击"设置"按钮，弹出如图 6.28 所示字产生模式设置对话框，显示区用来设置信号编辑窗口的信号类型的显示方式；触发区设定触发方式，频率设置区设定输出的频率（速度）；缓冲区用来对字序列进行编辑与显示。

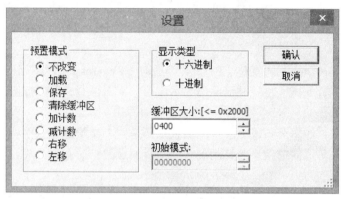

图 6.28　字产生模式设置对话框

7. 逻辑分析仪（Logic Analyzer）

逻辑分析仪广泛用于数字电子系统的调试、故障查找、性能分析等，是数字电子系统中对数据进行分析所必备的测量仪器。其符号图与操作面板如图 6.29 所示。

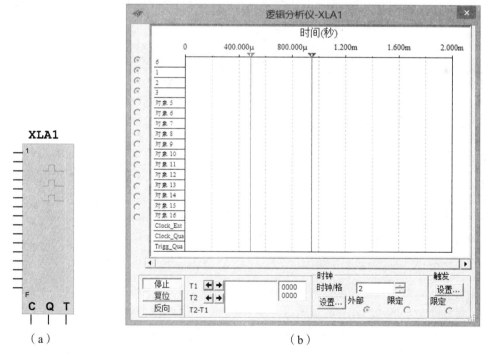

图 6.29　逻辑分析仪符号图及操作面板

逻辑分析仪符号图左边有 16 个测试信号输入端，其下面也有 3 个信号端，"C"端为外接时钟输入端、"Q"为时钟限制输入端、"T"为触发输入端；逻辑分析仪操作面板主要上部分从左

135

至右有 16 个通道信号输入端、显示区；下部功能区从左至右分别是控制区、游标测量显示区、时钟设置区和触发设置区。

如图 6.29（a）所示符号左边的 16 个接线端对应操作面板上 16 个接线柱。当接线符号的接线端口与电路某一点相连时，面板左边的接线柱圆环中间就会显示一个黑点，并同时显示出些边线的编号，此编号是按边线的时间先后顺序排列。如图 6.29（b）所示，操作面板 6、1~3 接线柱上，圆环中间有黑点，说明已与外电路相接；其他中间没有黑点，说明与外电路不相接。

控制区有"停止（Stop）""复位（Reset）""反向（Reveres）"3 个按钮。停止按钮为停止仿真；复位按钮为逻辑分析仪复位并清除已显示波形，重新仿真；反向按钮改变逻辑分析仪仿真背景色。

游标测量显示区：逻辑分析仪显示屏有两根顶部是倒三角形的垂直游标，当仿真停止时，可用鼠标单击该倒三角形并按住不放移动到需要测量的位置，时间框内将自动显示游标所在位置的 T1 与 T2 的时间，以及（T1－T2）的时间差值。

时钟设置：逻辑分析仪在采样特殊信号时，需作一些特殊设置。单击时钟设置的设置（Set）按钮弹出时钟控制对话框，如图 6.30 所示。在对话框中，波形采集的控制时钟可以选择同时钟或外时钟，上升沿有效或下降沿有效。如果选择内时钟，内时钟频率可以设置。此外，对时钟限制（Clock qualifier）的设置决定时钟控制输入对时钟的控制方式。若该位设置为"1"，表示时钟控制输入为"1"开放时钟，逻辑分析仪可以进行波形采集；该位设置为"0"，表示时钟控制输入为"0"开放时钟；若该位设置为"X"，表示时钟总是开放，不受时钟控制输入的限制。

图 6.30　时钟设置对话框

图 6.31　触发设置对话框

触发设置区：单击触发区的设置（Set）按钮，弹出如图 6.31 所示的触发方式对话框。对话框是选择数据流窗口的数据字，即逻辑分析仪采集数据前必须比较输入与设定触发字是否一致，若一致逻辑分析仪开始采集数据，否则不予采集。设置逻辑分析仪触发方式，选择时钟信号触发边沿（Trigger Clock Edge）条件；对触发的限制（Trigger qualifier）目的是为了过滤不满足测试条件的触发信号所采集的输入信号，对触发模式（Pattern Trigger）3 个触发字进行设定，或逻辑组合设定。

8. 逻辑转换仪（Logic Converter）

逻辑转换仪是 Multisim 特有的虚拟仪器，没有真实仪器与其对应。它可以将电路、真值表及逻辑表达式相互转换。该仪器最多支持 8 个输入变量单输出的组合逻辑电路的分析。其符号图及操作面板如图 6.32 所示。该符号图左侧 8 个端可用来连接逻辑电路的输入端，而右侧的端子用来连接电路的输出端。操作面板主要由左侧真值表区、右侧转换功能区[转换功能解释如图 6.32（b）功能区右侧文字所述]、下端逻辑函数区构成。

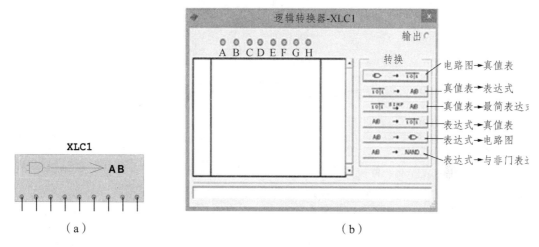

图 6.32　逻辑转换器的符号图及操作面板

第三节　Multisim10 的分析功能及操作方法

一、Multisim10 的分析功能

Multisim10 有一个突出特点，即是它的分析功能。点击设计工具栏中的分析（Analyses）按钮或通过系统菜单的仿真 - 分析（Simulate-Analyses）命令，就可以打开分析功能选择菜单，如图 6.33 所示。单击设计工具栏中图标，打开菜单，选择所需的分析方法。

二、Multism10 应用实例

本节以 555 定时器组成的单稳态触发器电路为例，简单介绍 Multisim10 仿真过程。这其中包括电路窗口的设置、元器件的调用、电路的连接、虚拟仪表的使用和电路分析方法等内容。

如图 6.34 所示，这是一个 555 定时器组成的单稳态触发器电路，从图中可以看出该电路由 1 个 555 定时器、1 个电阻、2 个电容以及 5 V 直流电源和函数信号器产生 1 kHz 的信号源组成。

图 6.33　分析工具栏

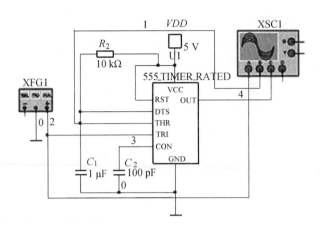

图 6.34 555 定时器组成的单稳态触发器电路

1．编辑原理图

1）建立电路元件

单击工具栏中文件的新建按钮（或者使用快捷键 Ctrl + N），打开一个空白的电路文件，系统自动命名为"电路 1"，在再次保存时可重新命名电路文件。电路图绘图区的窗口颜色、尺寸和显示模式均采用默认设置。

2）放置元件

现在可以在电路窗口中放置元件了。放置元件的方法一般包括：利用元件工具栏放置元件；通过"放置（Place）"→"元件（Component）"菜单项放置元件；在绘图区右击，利用弹出菜单"放置元件"放置元件以及利用快捷键"Ctrl + W"放置元件 4 种途径。第 1 种方法适合已知元件在元件库的哪一类中，其他 3 种方式须打开元件库对话框，然后进行分类查找。

放置电阻。在元件工具栏中单击"基本器件库"按钮，弹出"选择元件"窗口，在"系列"列表框中选择"RESISTOR"电阻，在元件下拉列表中选择 10 kΩ电阻。单击确定按钮，在电路窗口出现一个电阻符号，将鼠标指针移至适当的位置后，单击，即可将该电阻放置于当前位置。右击可取消本次操作。若需要改变电阻的移动、旋转、删除或修改参数等，右击电阻，弹出快捷菜单进行操作，如图 6.35 所示。下面简单介绍元件的一些基本操作。

移动：单击并按住要移动的元件不放，拖动到目标地后松开鼠标即可。

旋转：单击"水平翻转（Flip Horizontal）""垂直翻转（Flip Vertical）""顺时针方向旋转 90°（90 Clockwise）""逆时针方向旋转 90°（90 CounterCW）"分别进行水平对称方向旋转 180°，垂直对称方向旋转 180°，顺时针方向旋转 90°，逆时针方向旋转 90°。

删除：选中要删除的元件，按 Delete 键即可，或右击，从弹出的菜单中删除（Delete）菜单项。

复制、剪切和粘贴：选中要编辑的元件，右击，从弹出的菜单中单击菜单项。

替换：双击元件打开相应的元件"属性（Properties）"对话框，单击"替换（Replace）"弹出"选择元件"窗口，选择要替换的元件，单击"确定（OK）"即可。

放置其他元件（电容、电源、接地端和 555 定时器）的步骤按以上所述放置，并单击仪器仪表库中示波器、函数发生器放置在如图 6.36 所示位置。

✂ 剪切(T)		Ctrl+X
📋 复制(C)		Ctrl+C
📋 粘贴(P)		Ctrl+V
✕ 删除(D)		Delete
水平镜像(H)		Alt+X
垂直镜像(V)		Alt+Y
顺时针旋转90°(W)		Ctrl+R
逆时针旋转90°(O)		Ctrl+Shift+R
Bus Vector Connect...		
以层次块替换		Ctrl+Shift+H
以子电路替换		Ctrl+Shift+B
替换元件...		
Save Component to DB...		
编辑符号/标题栏		
Lock name position		
颠倒探针方向		
改变颜色...		
字体...		
属性(R)		Ctrl+M

图 6.35　元件操作弹出菜单

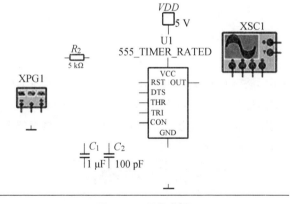

图 6.36　元件布局

3）连接线路

在两个元器件之间，将鼠标指向一个元器件的端点使其出现一个小圆点，按下鼠标左键并拖曳出一根导线，拉住导线并指向另一个元器件的端点使其出现小圆点，释放鼠标左键，则导线连接完成。连接完成后，导线将自动选择合适的走向，不会与其他元器件或仪器发生交叉。

连线的删除与改动。将鼠标指向元器件的连接点则出现一个圆点，按下左键拖曳该圆点使导线离开元器件端点，释放左键，导线自动消失，完成连线的删除。也可以将拖曳移开的导线连至另一个接点，实现连线的改动。

改变导线的颜色。在复杂的电路中，可以将导线设置为不同的颜色。要改变导线的颜色，用鼠标指向该导线，单击右键可以出现菜单，选择改变颜色（Change Color）选项，出现颜色选择框，然后选择合适的颜色即可。

在导线中插入元器件。将元器件直接拖曳放置在导线上，然后释放即可插入元器件在电路中。

从电路删除元器件。选中该元器件，选择编辑（Edit）中删除（Delete）即可，或者单击右键弹出菜单，选择删除命令即可。

"连接点"的使用。连接点是一个小圆点，单击"放置-节点（Place Junction）"可以放置节点。一个连接点最多可以连接来自四个方向的导线。可以直接将"连接点"插入连线中。

节点编号。在连接电路时，Multisim 自动为每个节点分配一个编号。是否显示节点编号可由 options-SheetProperties 对话框的 Circuit 选择设置。选择 RefDes 选项，可以选择是否显示连接线的节点编号。

4）输入/输出端

用鼠标单击"放置"菜单中的 Connectors 选项即可取出所需的一个输入/输出端。输入/输出端菜单如图 6.37 所示。在电路控制区中，输入/输出端可以看做是只有一个引脚的元器件，所有操作方法与元器件相同，不同的是输入/输出端只有一个连接点。

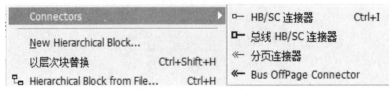

图 6.37　输入/输出菜单

2. 仿真分析

如图 6.34 所示电路组成的单稳态触发器，利用函数信号发生器产生频率为 1 kHZ，占空比为 90%，幅值为 5 V 的矩形波，单击函数信号发生器操作符号图弹出如图 6.38 所示操作面板，并设置相应的参数作为输入信号。仿真输出，单击"仿真（Simulate）"按钮，系统自动显示出运行结果，用 4 通道示波器观察输出波形，如图 6.39 所示，上面的波形为输入波形，中间的波形为 THR 点的波形，下面的波形为输出波形。

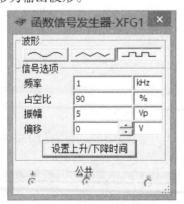

图 6.38　函数发生器参数设置

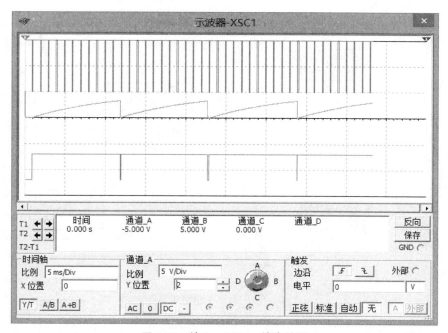

图 6.39 输入、THR、输出波形

第四节 串联谐振电路的仿真实验

一、实验目的

加深对电路发生谐振的条件及特点的理解。

二、实验原理

谐振现象是正弦稳态电路的一种特定的工作状态。当 RLC 串联电路电抗等于零，电流 I 与电源电压 U_S 同相时，称电路发生了串联谐振。这时的频率称为串联谐振频率，用 f_0 表示且有

$$f_0 = \frac{1}{2\pi\sqrt{LC}}$$

当电路发生谐振时，由于电抗 $X = 0$，故电路呈纯阻性，激励电压全部加在电阻上，电阻上的电压达到最大值。

三、实验内容

（1）建立如图 6.40 所示电路，把信号源频率设置为 159 Hz（即谐振点），激活电路，用示波器观察串联谐振电路外加电压 u_1 与谐振电流 i（电阻电压 u_R）的波形，记录此时的 U_R 值。

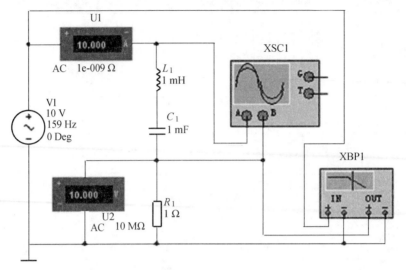

图 6.40　串联谐振仿真电路图

（2）在谐振点两侧，依次各取 6 个测量点（在靠近谐振频率附近多取几点），用示波器观察串联谐振电路外加电压与电流（电阻电压）的波形，逐点测出 U_R 值。

（3）用波特图仪观测谐振曲线，并使用游标指针测量谐振频率（见图 6.41）。

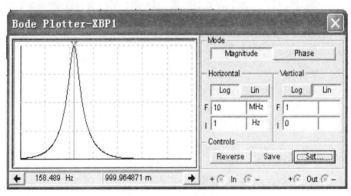

图 6.41　谐振频率图

四、总结报告要求

（1）根据实验内容（2）的测量数据，绘出幅频特性曲线，并与用波特仪所观察的谐振曲线对照。

（2）通过本实验，总结、归纳串联谐振电路的特性。

第五节　单管电压放大器的仿真实验

一、实验目的

（1）学会放大器静态工作点的调试方法，分析静态工作点对放大器性能的影响。

（2）掌握放大器电压放大倍数、输入电阻、输出电阻的测试方法。

二、实验内容

建立如图 6.42 所示电路，将示波器、电压表接入相应的测试点。

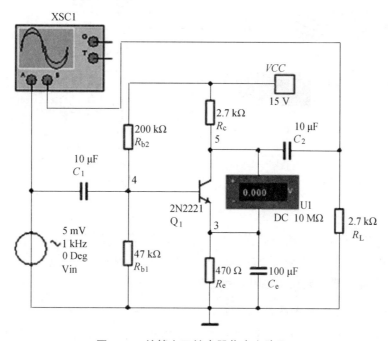

图 6.42　单管电压放大器仿真电路图

1. 静态工作点

（1）调节电阻 R_{b2} 的值（双击 R_{b2}，在弹出的属性对话框中设置 R_{b2} 的值），使 $U_{CE} \approx 1/2V_{CC}$。

注意：由于是静态工作点的测量，应将信号源 V1 设为开路（双击 V1，在弹出的属性对话框的 Fault 页中点击 Open 选项）；并且将电压表设为直流 DC 方式。

（2）直流工作点分析（DC Operating Point Analysis）。

启动 Simulate 菜单中 Analyses 选项下的 DC Operating Point 命令，在弹出的对话框中的将节点 3、4、5 作为仿真分析节点。点击 Simulate 按钮，记录仿真分析结果。

2. 测量电压放大倍数、输入电阻和输出电阻

1）测量电压放大倍数

在如图 6.42 所示电路中，双击示波器图标，从示波器上观测到输入、输出电压值，计算电压放大倍数 $A_u = U_o/U_i$。

2）测量输入电阻

在输入回路中接入电压表和电流表（设置为交流 AC 方式），如图 6.43 所示。激活电路，分别从电压表 U2 和电流表 U1 上读取数据，则输入电阻 $r_i = U_i/I_i$。

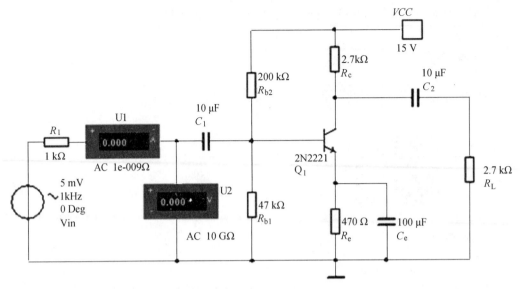

图 6.43　输入电阻测量仿真电路图

3）测量输出电阻

根据输出电阻计算方法，将负载 R_L 开路，信号源短路，输出端外加电压源，在输出回路中接入电压表和电流表（设置为交流 AC 方式），如图 6.44 所示。激活电路，分别从电压表 U2 和电流表 U1 上读取数据，则输出电阻 $r_o = U_o/I_o$。

3. 观察静态工作点对放大器波形的影响

增大输入信号，f 仍为 1 kHz 并调节 R_{b2}，改变静态工作点，把静态工作点的数据 U_{CE} 记入表 6.13 中，用示波器观察 u_o 波形的变化，把在三种情况下的波形画出来，记入表 6.13 中。

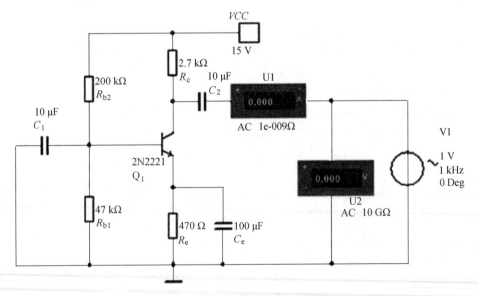

图 6.44　输出电阻测量仿真电路图

表 6.13　数据记录（$R_L = \infty$，$U_i =$　　mV）

U_{CE} /V	u_o 波形	失真情况及管子工作状态

三、总结报告要求

（1）列表整理测量结果，并把仿真结果与理论计算值相比较。

（2）讨论静态工作点的变化对放大器输出波形的影响。

第六节　集成计数器的应用电路仿真实验

一、实验目的

（1）熟悉集成计数器逻辑功能和其各控制端的作用。

（2）掌握构成任意 N 进制计数器的方法。

二、实验原理

二进制计数器是构成其他各种计数器的基础。74LS161D 是常见的二进制同步加法计数器，其功能如表 6.14 所示。74LS161 二进制同步加法计数器的仿真电路如图 6.45 所示，在图 6.45 中，利用 J1～J4 四个单刀双掷开关可以切换 74LS161D 第 7、10、9、1 脚（控制端 ENP、ENT、LOAD、CLR）输入的高低电平状态。74LS161D 第 3、4、5、6 脚（4 位二进制置数输入端）同时接高电平，第 15 脚（进位输出端）接探测器 X1。V1 为时钟信号。利用逻辑分析仪观察四位二进制输出端（第 11、12、13、14 脚）、进位输出端（第 15 脚）和时钟信号端（第 2 脚）的波形。利用数码管 U2 显示计数器的计数情况。

表 6.14　74LS161 二进制同步加法计数器的功能表

输　入									输　出			
~CLR	~LOAD	ENT	ENP	CLK	A	B	C	D	Q_A	Q_B	Q_C	Q_D
0	X	X	X	X	X	X	X	X	0	0	0	0
1	0	X	X	↑	Da	Db	Dc	Dd	Da	Db	Dc	Dd
1	1	1	1	↑	X	X	X	X	计数			
1	1	0	X	X	X	X	X	X	保持			
1	1	X	0	X	X	X	X	X	保持			

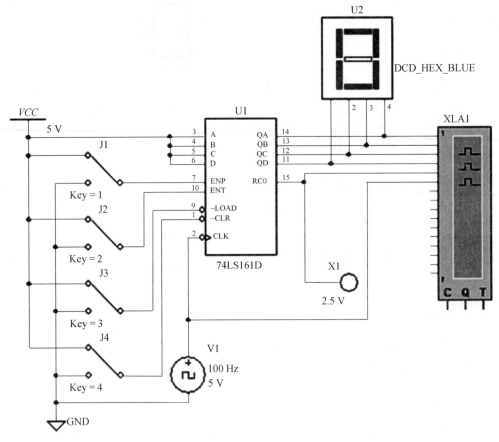

图 6.45　74LS161D 仿真电路

目前常用的计数器主要是二进制和十进制，当需要任意一种进制的计数器时，只能将现有的计数器改接而得。改接方法主要有以下两种。

1. 清零法

设 M 进制计数器的初始状态为 S_0，开始计数后，经过 N 个脉冲，计数状态达到 S_N，通过辅助门电路将 S_N 状态译码，产生一个清零信号加至计数器的清零端，使计数器返回到 S_0 状态，这样就跳跃了 $(M-N)$ 个状态，从而构成 N 进制计数器。利用这种方法可以构成任意进制（小于 M）的计数器。如图 6.46 所示，利用现有的二进制同步加法计数器 74LS161D 和一个非门 74LS05D 构成八进制（模 8）计数器。

2. 置数法

该方法与清零法不同，它是利用集成计数器的置数端，以置入某一固定二进制数值的方法，从而使计数器跳跃 $(M-N)$ 个状态，实现模值为 N 的计数器。如图 6.47 所示，利用 74LS161D 和一个与非门 74LS10D 构成八进制（模 8）计数器。

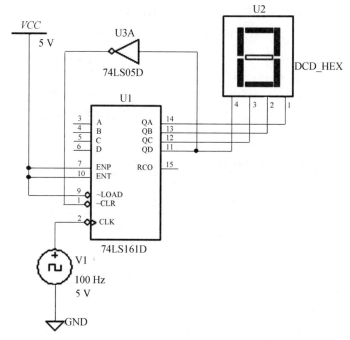

图 6.46　清零法构成的八进制计数器

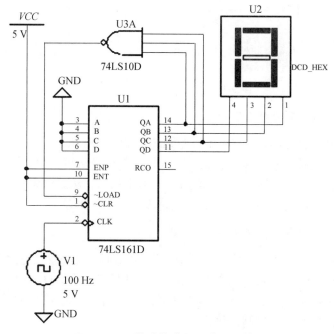

图 6.47　置数法构成的八进制计数器

三、实验内容

1. 验证二进制同步加法计数器 74LS161D 的逻辑功能

（1）按如图 6.45 所示连接电路。

（2）利用 J1～J4 四个单刀双掷开关切换 74LS161D 第 7、10、9、1 脚（控制端 *ENP*、*ENT*、*LOAD*、*CLR*）输入的高低电平状态，同时观察数码管 U2 显示的输出信号，验证实际结果是否与表 6.14 给定的 74LS161D 功能一致。

（3）观察探测器 X1，发现当该计数器计满（计到数码管 U2 显示"F"）时，探测器 X1 亮，表明进位输出端有进位输出且高电平有效。

（4）逻辑分析仪观察的结果如图 6.48 所示，验证其结果是否与表 6.14 给定的 74LS161D 功能一致。

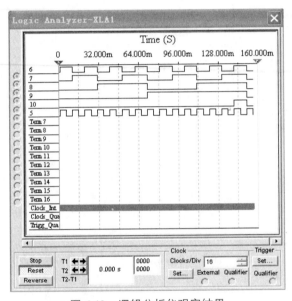

图 6.48　逻辑分析仪观察结果

2. 清零法构成的八进制计数器实验

按如图 6.46 所示连接电路，当计数器计数到"7"状态时，*CLK* 再来一次上升沿本应该计数到"8"状态，就在此时刻 $Q_D = \mathbf{1}$，令非门 U3A 输出低电平送给 ～*CLR*，使计数器从"8"强行返回到"0"状态，这样就跳跃了"8"至"F"共 8 个状态，从而构成八进制计数器。

通过观察实验结果和分析实验电路深入领悟清零法的工作原理。

3. 置数法构成的八进制计数器实验

按如图 6.47 所示连接电路，当计数器计数到"7"状态时，$Q_A = Q_B = Q_C = \mathbf{1}$，令与非门 U3A 输出低电平送给 ～*LOAD*，*CLK* 再来一次上升沿，立即使计数器输出 Q_A、Q_B、Q_C、Q_D 状态与输入 *A*、*B*、*C*、*D* 状态相同（输入 *A*、*B*、*C*、*D* 都接地，表明状态为 **0**）。这样就跳跃了"8"至"F"共 8 个状态，从而构成八进制计数器。

通过观察实验结果和分析实验电路深入领悟置数法的工作原理，以及与清零法的区别。

四、思考题

（1）利用清零法将二进制同步加法计数器 74LS161D 和辅助门电路构成五进制（模 5）计数器。

（2）利用置数法将二进制同步加法计数器 74LS161D 和辅助门电路构成六进制（模 6）计数器。

第七章 常规实验

实验一 设计简易电压表

一、实验目的

（1）学习直流电压表、电流表、欧姆表的基本原理及相关参数计算。
（2）学习校验电工仪表的基本方法。

二、实验仪表及设备

表 7.1 实验仪器及设备

序 号	名 称
1	直流稳压电源
2	标准表头
3	标准直流电压表（或数字万用表）
4	标准直流电流表
5	可变电阻器

三、原理说明

1. 欧姆表原理

电路如图 7.1 所示，其中被测电阻为 R_X，表头内阻为 R_g，根据表头的参数，由公式

$$I_X = \frac{E}{R_g + R + R_X} \tag{7.1}$$

当电阻 $R_X = 0\,\Omega$ 时，调节电阻 R 的大小，使电流 I_X 为满偏电流。而当被测电阻 $R_X = R_g + R$ 时，电流 I_X 为满偏电流的一半，此时的电阻 R_X 就是欧姆表的中心标称值。

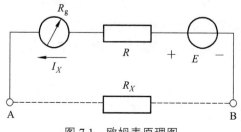

图 7.1 欧姆表原理图

2. 直流电流表

电路如图 7.2 所示，其中 I_A 为直流电流表的量程，I_g 为表头的满偏电流，表头内阻为 R_g，利用电阻 R 的分流，使电流的测量范围增大。

例如，当 $I_A = 5\text{ mA}$ 时，表头电流 $I_g = 100\ \mu\text{A}$，由公式 $I_g \times R_g = I_R \times R$ 可算出分流电阻 R。

3. 直流电压表

电路如图 7.3 所示，其中 I_g 为表头的满偏电流，利用电阻 R 的分压，使电压的测量范围增大。

当 $I_X = I_g$ 时，U_V 为电压表的量程，由公式 $I_g \times (R_g + R) = U_V$，可算出分压电阻 R。

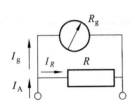

图 7.2　直流电流表原理图

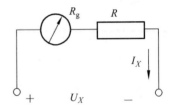

图 7.3　直流电压表原理图

四、实验注意事项

（1）注意数字万用表的量程及挡位的选择。
（2）校验电路时要注意仪表指针的转向。

五、预习要求

表头满偏电流 $I_g = 100\ \mu\text{A}$（指针指向最大刻度时所需电流），表头内阻为 $2\text{ k}\Omega$。根据实验要求计算相关参数。

六、实验内容与步骤

已知表头满偏电流 $I_g = 100\ \mu\text{A}$（指针指向最大刻度时所需电流），表头内阻为 $2\text{ k}\Omega$。

1. 欧姆表设计及校验

1）设计

要求欧姆表的中心标称值为 $15\text{ k}\Omega$。按照原理图，自行计算相关参数。

2）欧姆表的校验

调零：将两个测量表笔短路，即 $R_X = 0\ \Omega$，使表针指在 0。

测量中心阻值相对误差：用所装欧姆表测量可变电阻 R_X，调节电阻 R_X 的阻值使表针在中心阻值处，记录 R_{AB}

$$中心阻值相对误差 = \frac{被校表标称中心阻值 - R_{AB}}{R_{AB}}$$

2．直流电压表的设计及校验

1）设计

要求电压表的量程为 10 V。按照原理图，自行计算相关参数。

2）电压表的校验

按图 7.4 所示进行接线。其中 U_O 为 0.5 级标准表，U_X 为被校表。

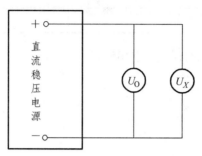

图 7.4　直流电压表校验电路图

调节直流稳压电源输出电压，使被校表读数如表 7.2 所示，同时记录 U_O 的读数。

表 7.2　直流电压表相关数据

U_X/ V	2	4	6	8	10
U_O/ V					
$\Delta\gamma$					

表 7.2 中，$\Delta\gamma$ 为满刻度相对误差（引用误差）

$$\Delta\gamma = \frac{U_X - U_O}{被校表量程} \times 100\% \tag{7.2}$$

3．直流电流表的设计及校验

1）设计

要求电流表的量程为 5 mA。按照原理图，自行计算相关参数。

2）电流表的校验

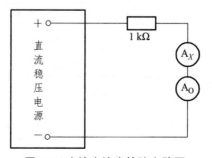

图 7.5　直流电流表校验电路图

按图 7.5 所示接线。其中 A_O 为标准表，A_X 为被校表。完成下列表格测量及计算。调节直流稳压电源输出电压为 5 V 左右，使被校表读数如表 7.3 所示，同时记录 I_O 的读数。

表 7.3　直流电流表相关数据

I_X/mA	1	2	3	4	5
I_O/mA					
$\Delta\gamma$					

表 7.3 中，$\Delta\gamma$ 为满刻度相对误差（引用误差）

$$\Delta\gamma = \frac{I_X - I_O}{被校表量程} \times 100\% \tag{7.3}$$

七、实验报告

（1）根据实验数据，完成各项数据表格的计算并进行误差分析。

（2）心得体会及其他。

实验二　戴维宁定理验证

一、实验目的

（1）验证戴维宁定理，加深对该定理的理解。

（2）掌握测量有源二端网络等效参数的一般方法。

二、实验仪器及设备

表 7.4　实验仪器及设备

序号	名　　称
1	直流电压表
2	直流电流表
3	直流电压源
4	直流电流源
5	二端口网络

三、原理说明

1. 戴维宁定理

戴维宁定理指出：任何一个线性有源二端网络[见图 7.6（a）]，都可以用一个理想电压源

U_S 和一个电阻 R_S 串联组成的实际电压源来代替[见图 7.6（b）]。

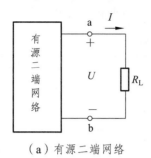
（a）有源二端网络

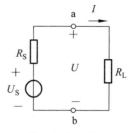
（b）戴维宁定理等效电路

图 7.6   戴维宁定理

其中，电压源 U_S 等于这个线性有源二端网络的开路电压 U_{OC}，内阻 R_S 等于该网络中所有独立电源均置零（理想电压源短接，理想电流源开路）后的等效电阻 R_O。U_S、R_S 称为线性有源二端网络的等效参数。

2. 有源二端网络等效参数的测量方法

1）开路电压、短路电流法

在有源二端网络输出端开路时，用电压表直接测其输出端的开路电压 U_{OC}，然后再将其输出端短路，测其短路电流 I_{SC}，则内阻为

$$R_S = \frac{U_{OC}}{I_{SC}}\tag{7.4}$$

若有源二端网络的内阻值很低时，则不宜测其短路电流。

2）伏安法

用电压表、电流表测出有源二端网络的外特性曲线，如图 7.7 所示。

开路电压为 U_{OC}，根据外特性曲线求出斜率 $\mathrm{tg}\phi$，则内阻为

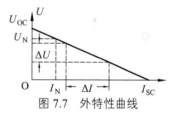

图 7.7   外特性曲线

$$R_S = \mathrm{tg}\phi = \frac{\Delta U}{\Delta I}\tag{7.5}$$

四、实验注意事项

（1）测量时，注意各表量程的更换。
（2）改接线路时，要关掉电路电源。

五、预习要求

（1）如何测量有源二端网络的开路电压和短路电流，在什么情况下不能直接测量开路电压和短路电流？
（2）说明戴维宁定理的应用场合。

（3）了解测有源二端网络等效内阻的几种方法，并比较其优缺点。

六、实验内容与步骤

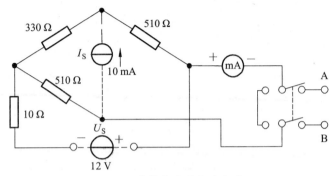

图 7.8　戴维宁定理实验电路

1. 测量有源二端网络等效电阻 R_S

（1）按图 7.8 所示接入直流稳压电源 $U_S = 12\ \text{V}$ 和恒流源 $I_S = 10\ \text{mA}$。先断开 R_L 测开路电压 U_{OC}，再短接 R_L 测短路电流 I_{SC}，则 $R_s = U_{OC}/I_{sc}$，并填入表 7.5。

表 7.5　测试表

U_{oc}/V	I_{sc}/mA	$R_s = U_{oc}/I_{sc}$

（2）负载实验
调整电阻箱中的阻值按照表 7.6 选取合适的 R_L 值，测量有源二端网络的外特性。

表 7.6　测试表

$R_L（\Omega）$	900	700	500	300	100
$U（V）$					
$I（mA）$					

利用 $R_S = \text{tg}\phi = \dfrac{\Delta U}{\Delta I}$，计算出 $R_s = \qquad （\Omega）$

（3）测量有源二端网络等效电阻：将被测有源网络内的所有独立源置零（将电流源 I_s 断开，电压源也去除，并把原电压源所接的两点短路），然后直接用万用表的欧姆挡去测量负载 R_L 开路后 A、B 两点间的电阻，此电阻即为被测网络的等效内阻 R_s。

$$R_s = \qquad （\Omega）$$

2. 验证戴维宁定理

利用电阻箱中的不同阻值，将其阻值调整为等效电阻 R_s 值，然后令其与直流稳压电源[调到步骤 1（1）时所测得的开路电压 U_{OC} 之值]相串联，电路如图 7.9 所示，仿照步骤 1（2）

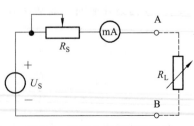

图 7.9　戴维宁定理实验电路

154

测其特性，对戴维宁定理进行验证，数据填入表 7.7 中。

表 7.7　测试表

R_{L}/Ω	900	700	500	300	100
U/V					
I/mA					

七、实验报告

（1）根据步骤 1（2）和步骤 2 分别绘出曲线，验证戴维南定理的正确性，并分析误差原因。

（2）根据实验步骤中 1～3 的方法测得的 R_{s} 与预习时电路计算的结果作比较，能得出什么结论。

实验三　交流电路等效参数的测量

一、实验目的

（1）学习用交流电压表、交流电流表和功率表测量交流电路的等效参数。

（2）熟练掌握功率表的接法和使用方法。

二、实验仪器及设备

表 7.8　实验仪器及设备

序号	名　称
1	自耦调压器
2	交流电压表
3	交流电流表
4	单相功率表
5	电容器、电感器、白炽灯

三、原理说明

1. 三表法测电路元件的参数

正弦交流电源下的元件值或阻抗值，可以用图 7.10 所示的方法来测量计算。分别测量出元件两端的电压 U，流过该元件的电流 I 和它所消耗的功率 P，然后通过计算得到所求的值，这种方法称为三表法，是用来测量 50 Hz 交流电路参数的基本方法。

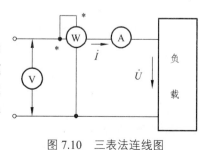

图 7.10　三表法连线图

2. 功率表的使用

一般单相功率表（又称为瓦特表）是一种动圈式仪表，它有两个测量线圈，其中一个是电流线圈，测量时应与负载串联；另一个是电压线圈，测量时应与负载并联。

为了不使功率表指针反向偏转，在电流线圈和电压线圈的一个端钮上都标有"*"标记。正确的连接方法是：必须将标有"*"标记的两个端钮接在电源的同一端，电流线圈的另一端接至负载端，电压线圈的另一端则接至负载的另一端。如图 7.11 所示是功率表在电路中的连接线路示意图。

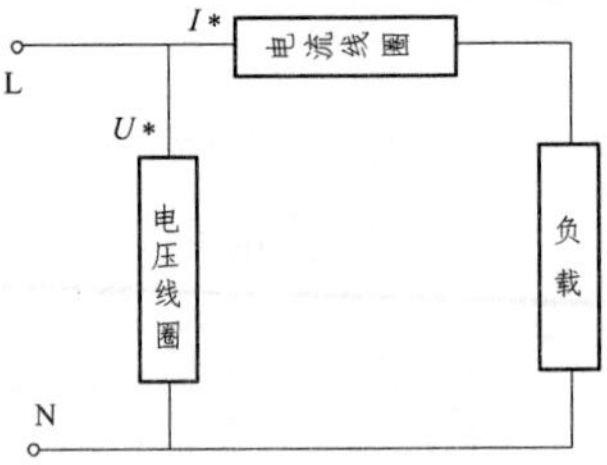

图 7.11 功率表在电路中的连接线路示意图

四、实验注意事项

（1）本实验直接用市电 220 V 交流电源供电，经过调压器调压，实验中要特别注意人身安全，必须严格遵守安全用电操作规程，不可用手直接触摸通电线路的裸露部分，以免触电。

（2）自耦调压器在接通电源前，应将其手柄置在零位上，输出电压从零开始逐渐升高。每次改接实验线路或实验完毕，都必须先将其旋柄慢慢调回零位，再断电源。

（3）功率表要正确接入电路，并且要有电压表和电流表监测，使两表的读数不超过功率表电压和电流的量限。

五、预习要求

（1）在 50 Hz 的交流电路中，测得一电路的 P、I 和 U，如何计算它的复阻抗？
（2）如何连接功率表。

六、实验内容与步骤

1. 测量单一元件的等效参数

电路如图 7.12 所示，电源电压取自实验台上的可调电压输出端，经指导教师检查后，方可接通电源。

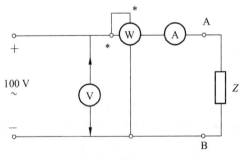

图 7.12 单一参数连接线路示意图

分别将 20 W 白炽灯（R）、4.7 μF 电容器（C）、800 mH 电感器（L）接入电路，用交流电压表监测电源电压调到 100 V，相关数据记入表 7.9 中。

156

表 7.9 单一元件等效参数

被测阻抗	测 量 值			计算电路等效参数		
	U	I	P	R	X_C	X_L
20 W 白炽灯					/	/
电容器 C				/		/
电感器 L				/	/	

2. 测量 RC 串联电路的等效参数

按照图 7.13 所示连接电路,测量 RC 串联线路对应的数据,相关数据记入表 7.10 中。

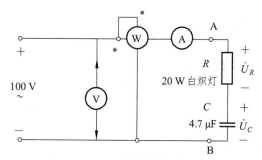

图 7.13 RC 串联连接线路示意图

表 7.10 测量串联电路的等效参数

被测阻抗	测 量 值					计算电路等效参数	
	U	I	P	U_R	U_C	$Z(\Omega)$	$\cos\phi$
RC 串联							

3. 测量 RL 并联电路的等效参数

按照图 7.14 所示连接电路,测量 RL 并联线路对应的数据,相关数据记入表 7.11 中。

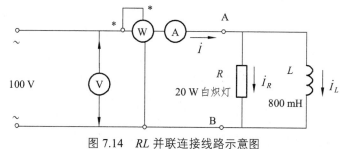

图 7.14 RL 并联连接线路示意图

表 7.11 测量并联电路的等效参数

被测阻抗	测 量 值					计算电路等效参数	
	U	I	P	I_R	I_L	$Z(\Omega)$	$\cos\phi$
LR 并联							

（1）根据实验数据，完成各项数据表格的计算。

（2）画相量图分析串联交流电路中的分电压和总电压的关系及并联电路中总电流和分电流的关系。

实验四 日光灯电路

一、实验目的

（1）熟悉日光灯电路各元件的作用。

（2）研究串联交流电路中总电压与分电压的关系。

（3）研究并联交流电路中总电流与分电流的关系。

（4）测量电路的电流、电压与功率，计算该电路的等效阻抗。

（5）研究电感性负载的功率因数以及提高电感性负载功率因数的方法。

二、实验仪器及设备

表 7.12　实验仪器及设备

序号	名　称
1	日光灯电路
2	交流电压表（或数字万用表）
3	交流电流表
4	单相功率表

三、原理说明

日光灯电路主要由启辉器、日光灯和镇流器组成。启辉器是一个充有氖气的小氖泡，里面装有两个电极，一个是静触片，另一个是由两个膨胀系数不同的金属制成的 U 型动触片。因为内层膨胀系数比外层膨胀系数高，所以动触片在受热后会向外伸展，与静触片接触。镇流器是一个自感系数很大的带铁心的自感线圈，主要作用是在启动时产生较高电压，使日光灯发光，并且在日光灯正常工作时稳定日光灯电流。

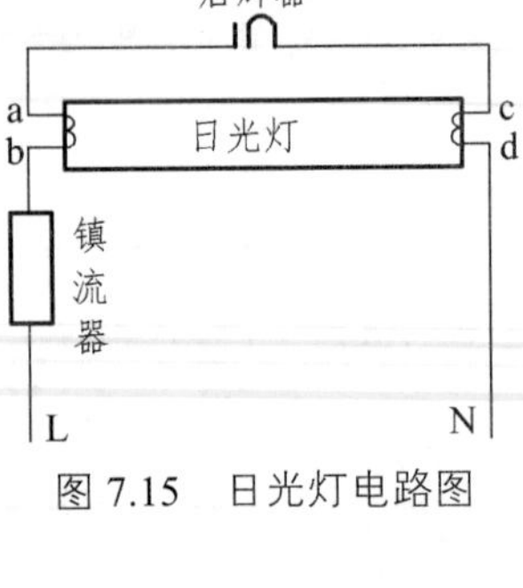

在图 7.15 所示的电路中，当电源接通时，220 V 电压立即通过镇流器和灯管灯丝加到启辉器的两极，使启辉器的惰性气体电离，产生辉光放电。于是镇流器线圈和灯管中的灯丝就有电流通过。电流通过镇流器、启辉器和两端灯丝构成通路，灯丝被电流加热，发射出大量电子。辉光放电的热量使启辉器双金属片受热膨胀，U 型动触片膨胀伸长，跟静触片接通，启辉器两极闭合，两极间电压为

图 7.15　日光灯电路图

零，辉光放电消失，管内温度降低，双金属片自动复位，两极断开。在两极断开的瞬间，电路电流突然切断，镇流器产生很大的自感电动势，与电源电压叠加后作用于日光灯管两端。日光灯灯丝受热时发射出来的大量电子，在灯管两端高电压作用下，以极大的速度加速运动。在加速运动的过程中，碰撞管内氩气分子，使之迅速电离。氩气电离生热，热量使水银产生蒸气，随之水银蒸气也被电离，并发出强烈的紫外线。在紫外线的激发下，管壁内的荧光粉发出近乎白色的可见光。

四、实验注意事项

（1）本实验直接用市电 220 V 交流电源供电，实验中要特别注意人身安全，必须严格遵守安全用电操作规程，不可用手直接触摸通电线路的裸露部分，以免触电。

（2）每次改接实验线路或实验完毕，都必须先断电源。

（3）功率表要正确接入电路，并且要有电压表和电流表监测，使两表的读数不超过功率表电压和电流的量限。

五、预习要求

（1）熟悉日光灯的工作原理。

（2）了解电感性负载提高功率因数的方法。

（3）注意各支路电流的变化及相互关系。

六、实验内容与步骤

（1）电路如图 7.16 所示，经指导教师检查后再通电。

（2）不接入电容，测量灯管电压 U_R，镇流器端电压 U_{RL}，电源电压 U，电流 I，电路功率 P，并记入表 7.13 中。

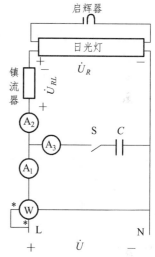

图 7.16　日光灯实验电路图

表 7.13　测试表

测量值				
U	U_{RL}	U_R	I	P

（3）接入电容，并逐步增加电容，测量总电流 I，电容电流 I_C，镇流器电流 I_{RL}，及总功率 P，并填入表 7.14 中，注意找出 I 最小时的电容量 C。

表 7.14　测试表

测量次序	电容量/μF）	U/V	I/A	I_{RL}/A	I_C/A	P/W	计算 $\cos\phi$
1	1						
2	2.2						
3	4.7						
4	6.9						

七、实验报告

（1）根据实验数据，完成各项数据表格的计算。
（2）画相量图解释说明总电流和各分电流的关系。
（3）画相量图解释说明总电压和各分电压的关系。
（4）总结感性负载提高功率因数的方法。

实验五 R、L、C 串联谐振电路

一、实验目的

（1）理解电路发生谐振的条件、特点，掌握电路品质因数（电路 Q 值）物理意义及其测定方法。
（2）熟练使用信号源、频率计和晶体管毫伏表。

二、实验仪器及设备

表 7.15 实验仪器及设备

序号	名　称
1	信号发生器
2	晶体管毫伏表
3	电容器、电感器、电阻

三、原理说明

在图 7.17 所示的 R、L、C 串联电路中，电路复阻抗 $Z = R + \mathrm{j}\left(\omega L - \dfrac{1}{\omega C}\right)$，当 $\omega L = \dfrac{1}{\omega C}$ 时，

$Z = R$，$\dot{U}$ 与 $\dot{I}$ 同相，电路发生串联谐振，谐振角频率 $\omega_0 = \dfrac{1}{\sqrt{LC}}$，谐振频率 $f_0 = \dfrac{1}{2\pi\sqrt{LC}}$。

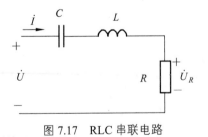

图 7.17 RLC 串联电路

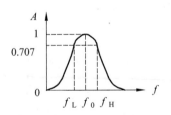

图 7.18 幅频特性曲线

在图 7.17 电路中，若 $\dot{U}$ 为激励信号，$\dot{U}_R$ 为响应信号，其幅频特性曲线如图 7.18 所示，令 $A = U_R/U$，在 $f = f_0$ 时，$A = 1$；$f \neq f_0$ 时，$A < 1$，呈带通特性。当 $A = 0.707$ 时，对应的两个频率

f_L 和 f_H 为下限频率和上限频率，$f_H - f_L$ 为通频带。

电路发生串联谐振时，$U_R = U$，$U_L = U_C = QU$，Q 称为品质因数，与电路的参数 R、L、C 有关。Q 值越大，幅频特性曲线越尖锐，通频带越窄，说明电路的选择性越好。

四、实验注意事项

（1）在改变频率时，应调节信号发生器输出电压，使其维持在 1 V 不变。
（2）在测量 U_L 和 U_C 数值前，注意晶体管毫伏表的量程选择。

五、预习要求

（1）根据元件参数，估算电路的谐振频率。
（2）改变电路的哪些参数可以使电路发生谐振，电路中 R 的数值是否影响谐振频率？
（3）如何判别电路是否发生谐振？
（4）要提高 R、L、C 串联电路的品质因数，电路参数应如何改变？

六、实验内容与步骤

（1）按图 7.19 所示组成实验电路，调节信号发生器输出正弦交流电压 $U = 1$ V，并保持不变。

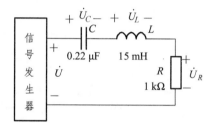

图 7.19 RLC 串联电路实验电路图

（2）信号发生器输出频率由小逐渐变大（注意要维持输出幅度不变），逐点测出 U_R、U_L、U_C 之值，并将数据记入表格 7.16 中。

表 7.16 测试表

f/Hz	50	100	150	200	250	300	350	400	450	500	550	600	650
U_R/V													
U_L/V													
U_C/V													

七、实验报告

（1）电路谐振时，比较输出电压 U_R 与输入电压 U 是否相等？U_L 和 U_C 是否相等？试分析原因。

（2）根据测量数据，绘出三条幅频特性曲线：

$$U_R = f(f), \quad U_L = f(f), \quad U_C = f(f)$$

实验六　三相异步电动机的启动与控制

一、实验目的

（1）了解三相异步电动机的构造和额定值的意义。
（2）用开关控制异步电动机的启动、停止。
（3）掌握按钮、交流接触器、热继电器的动作原理及其使用方法。
（4）学习异步电动机基本控制电路。
（5）学习使用万用表检查线路。

二、实验仪器及设备

表 7.17　实验仪器及设备

序号	名　称
1	三相鼠笼式异步电动机
2	交流接触器
3	按　钮
4	热继电器

三、原理说明

1. 三相鼠笼式异步电动机的结构

异步电动机是基于电磁原理把交流电能转换为机械能的一种旋转电机。三相鼠笼式异步电动机的基本结构分定子和转子两大部分。

定子主要由定子铁心、三相对称定子绕组和机座等组成，是电动机的静止部分。三相定子绕组（AX、BY、CZ）一般有六根引出线，出线端装在机座外面的接线盒内，如图 7.20（a）所示，根据三相电源电压的不同，三相定子绕组可以按图 7.20（b）接成星形（Y）或按图 7.20（c）接成三角形（Δ），然后与三相交流电源相连。

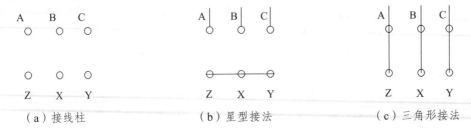

（a）接线柱　　　　　　　（b）星型接法　　　　　　　（c）三角形接法

图 7.20　三相鼠笼式异步电动机定子绕组接线盒及接法

转子主要由转子铁心、转轴、鼠笼式转子绕组等组成，是电动机的旋转部分。小容量鼠笼式异步电动机的转子绕组大都采用铝浇铸而成。

三相异步电动机的转向由电源的相序决定，一般正相序正转，负相序反转。如果需要电动机实现正反转控制，其本质就是改变供电相序。

2. 常见控制电器

（1）交流接触器是主要的控制电器。其主要构造为：电磁系统（铁心、吸引线圈和短路环），主要产生电磁吸力使触头动作；触点系统（主触点和辅助触点），按吸引线圈得电前后触点的动作状态，分常开、常闭两类；当需切断大电流时接触器还需有灭弧罩，可以迅速切断电弧。在控制电路中，交流接触器用 KM 来表示，只画出线圈和触点，同一个接触器的不同触点可以分开画，但同一个接触器必须用同一个文字符号，如图 7.21 所示。

（a）常开主触点　　（b）常闭主触点　　（c）常开辅助触点　　（d）常闭辅助触点　　（e）接触器线圈

图 7.21　交流接触器的图形符号

（2）按钮通断电流比较小，一般在控制电路中，文字符号为 SB，分为常开按钮、常闭按钮、复合按钮等，如图 7.22 所示。

（a）常开按钮　　　（b）常闭按钮

图 7.22　按钮的图形符号

四、实验注意事项

（1）本实验直接用 380 V 交流电源供电，实验中要特别注意人身安全，必须严格遵守安全用电操作规程，不可用手直接触摸通电线路的裸露部分，以免触电。

（2）改接线路时，把电源先断开，接好线经老师检查后方可通电。

五、预习要求

（1）复习异步电动机的使用及铭牌各项数据意义。

（2）复习按钮、热继电器、交流接触器的动作原理及接线方法。

（3）缺相是三相电动机运行中的一大故障，在启动或运转时发生缺相，会出现什么现象？有何后果？

六、实验内容与步骤

1. 异步电动机单方向点动控制和连续控制

（1）自行设计点动控制电路，接好线路，用万用表自行检查线路的正误，经教师许可后方可通电，进行合闸操作，观察接触器和电动机动作情况。

（2）在点动控制电路基础上，接入自锁触头及停止按钮，组成电动机的连续控制线路，接好线路，用万用表自行检查线路的正误，经教师许可后方可通电，合闸进行"启动—停止"操作，观察电路的自锁情况及电动机运行、停止情况。

2. 异步电动机的正反转控制

按图 7.23 所示接线，经检查无误后通电，观察联锁作用。接线时为了不出错误，可按"先串后并"的原则进行。

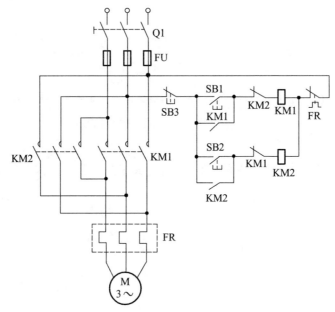

图 7.23　异步电动机的正反转控制电路

七、实验报告

对各控制电路的工作原理作简要说明。

实验七　单管电压放大器

一、实验目的

（1）学习调整放大器的静态工作点，了解静态工作点对输出波形的影响。

（2）学习测量电压放大倍数，观察 u_i 和 u_o 的波形和相位关系。

（3）了解 R_S 和 R_L 对 A_u 的影响。

二、实验仪器及设备

表 7.18　实验仪器及设备

序号	名　　称
1	晶体管共射极单管放大器
2	数字万用表
3	示波器
4	信号发生器
5	晶体管毫伏表

三、原理说明

1. 放大原理

放大电路如图 7.24 所示，它的偏置电路采用 R_{B1} 和 R_{B2} 组成的分压电路，并在发射极中接有电阻 R_E，以稳定放大器的静态工作点。当在放大器的输入端输入信号 u_i 后，在放大器的输出端便可得到一个与 u_i 相位相反，幅值被放大了的输出信号 u_o，从而实现了电压放大。

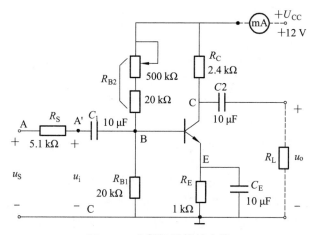

图 7.24　共射极单管放大器

当输入交流小信号 u_i 时，电路中各电流、电压的波形图如图 7.25 所示。

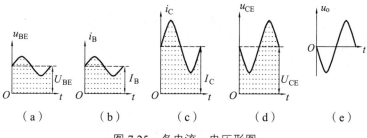

（a）　　　（b）　　　（c）　　　（d）　　　（e）

图 7.25　各电流、电压形图

165

在图 7.24 电路中，如果忽略静态电流 I_B 的分流影响，静态工作点可用下式估算

$$V_B \approx \frac{R_{B2}}{R_{B1}+R_{B2}}U_{cc} \tag{7.6}$$

$$I_E \approx \frac{V_B-U_{BE}}{R_E} \approx I_C \tag{7.7}$$

$$U_{CE} = U_{CC} - I_C R_C - I_E R_E \tag{7.8}$$

电压放大倍数为

$$A_u = -\beta \frac{R_C \| R_L}{r_{be}} \tag{7.9}$$

2. 静态工作点的作用

静态工作点是否合适，对放大器的性能和输出波形都有很大影响。如工作点偏高，放大器在加入交流信号以后易产生饱和失真，此时 u_o 的负半周将被削底，如图 7.26（a）所示；如工作点偏低则易产生截止失真，即 u_o 的正半周被缩顶，如图 7.26（b）所示。这些情况都不符合不失真放大的要求。所以在选定工作点以后还必须进行动态调试，即在放大器的输入端加入一定的 u_i，检查输出电压 u_o 的大小和波形是否满足要求。如不满足，则应调节静态工作点的位置。

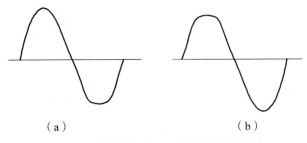

（a）   （b）

图 7.26　静态工作点对 u_o 波形失真的影响

最后还要说明的是，上面所说的静态工作点"偏高"或"偏低"不是绝对的，应该是相对信号的幅度而言。如信号幅度很小，即使工作点较高或较低也不一定会出现失真。所以确切地说，产生波形失真是信号幅度与静态工作点设置配合不当所致。如需较大输出信号，静态工作点最好尽量靠近交流负载线的中点。

四、实验注意事项

（1）实验时注意把示波器、信号发生器、晶体管毫伏表等仪器的黑色探头（或屏蔽线）与电路共地端相连。

（2）输入信号 u_i 较小，用晶体管毫伏表测量可以减小误差。

五、预习要求

（1）熟悉单管电压放大器的工作原理及电路中各元件的作用。

（2）熟悉示波器、晶体管毫伏表、信号发生器的正确使用方法。

（3）在放大电路中的测试中，哪些测试需用直流表？哪些测试需用交流表？

（4）接负载电阻 R_L 或接信号源内阻 R_S 后，A_u 会如何变化？列出 A_u、A_{us} 的表达式。

（5）在三种（工作点过高、适中、过低）情形下，估算相应的 I_C、V_E、V_B、R_{B2} 的值。

六、实验内容与步骤

1. 调试静态工作点

接通直流电源前，先把 R_{B2} 调至最大。接通电源 12 V 后，调节电位器 R_{B2} 使 $I_C = 2$ mA，用数字万用表测出相应的值填入表 7.19。

表 7.19　测试表

V_B（V）	V_E（V）	V_C（V）	R_{B2}（断电测量）

2. 测量电压放大倍数，观察负载及信号源内阻对放大倍数的影响以及 u_i 和 u_o 的相位关系

（1）在放大器的输入端 AC 之间的信号 u_s 为 1 kHz 的正弦波，调节信号发生器，使放大电路的 $u_i = 2$mV 左右。将负载电阻 R_L 断开，用晶体管毫伏表测量电压 u_o 与 u_i，他们之比即为空载电压放大倍数，记下数据填入表 7.20。

表 7.20　测试表

R_L	U_i	U_s	U_o	A_u	A_{us}
∞					
2.4 kΩ					

（2）接入 $R_L = 2.4$ kΩ重复上述步骤，测得负载为 2.4 kΩ时的电压放大倍数 A_u。

（3）观察静态工作点对放大器波形的影响。

适当增大输入信号，f 仍为 1 kHz 并调节 R_{B2}，改变静态工作点，使 u_o 的波形分别出现饱和失真和截止失真，把相关数据计入下表。

把静态工作点的数据 U_{CE} 记入表中，用示波器观察 u_o 波形的变化，把在三种情况下的波形画出来，记入表 7.21 中。

表 7.21　测试表

	U_{CE}	U_o 的波形
截止失真		
饱和失真		
波形正常		

七、实验报告

（1）列表整理数据，包括静态工作点和电压放大倍数，与理论分析进行对照，分析误差原因。

（2）讨论静态工作点变化对放大器输出波形的影响。

实验八 集成运算放大器的应用

一、实验目的

（1）学习集成运算放大器的基本使用方法。

（2）掌握运算放大电路的基本运算电路。

二、实验仪器及设备

表 7.22 实验仪器及设备

序号	名　　称
1	运算放大器电路
2	直流电源（±12 V）
3	示波器
4	信号发生器

三、实验原理

集成运算放大器简称集成运放。集成运放产品型号很多，内部电路也不尽相同，但大体结构相似。集成运放有两个输入端，一个输出端。图 7.27 中 u_- 为反相输入端，u_+ 为同相输入端，u_o 为输出端。A_o 为开环放大倍数。在实际上为了降低分析集成运放的难度，通常对实际运放进行理想化处理，如图 7.28 所示。

<table>
<tr><td align="center">图 7.27 运放符号</td><td align="center">图 7.28 理想运放符号</td></tr>
</table>

集成运放的基本应用一般分为两类：线性应用和非线性应用。

理想运放工作在线性区时，为线性应用，可构成各种模拟信号运算放大电路等。此时输入电压 $u_+ = u_-$（虚短）；$i_+ = i_- = 0$（虚断）。

如图 7.29 所示为最基本的反相比例运算电路。为了使集成运放的两输入端电阻对称，同相

输入端的平衡电阻 $R_2 = R_1 \parallel R_F$。

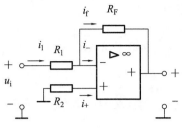

图 7.29　反相比例运算电路

在理想集成运放的条件下有

$$i_+ = i_- = 0 \qquad u_+ = u_- = 0$$

所以

$$i_1 = i_f$$

其中

$$i_1 = \frac{u_i - u_-}{R_1} \qquad i_f = \frac{u_- - u_o}{R_F}$$

经化简得

$$u_o = -\frac{R_F}{R_1} u_i$$

也就是运算电路电压放大倍数为

$$A_{uf} = \frac{u_o}{u_i} = -\frac{R_F}{R_1}$$

利用类似的分析方法，还可以设计同相比例运算电路、加法运算电路、积分电路等。

理想运放工作在饱和区时，为非线性应用，可构成电压比较电路等。此时当 $u_+ > u_-$ 时，$u_o = +U_o(sat)$，当 $u_+ < u_-$ 时，$u_o = -U_o(sat)$。

四、实验注意事项

（1）运算放大器的电源电压要求 ±12 V。输出端不要短路。

（2）分压电路的电阻大小及功率需要自己估算。

五、预习要求

（1）复习集成运算放大器的有关内容，了解集成运算放大器的使用知识。

（2）熟悉集成运算放大器的几种基本运算电路。

（3）按实验要求设计电路，自拟表格，并计算理论值。

六、实验内容与步骤

1. 反相比例运算

（1）自行设计电路。要求输出与输入的电压的比 $K = -10$。

（2）u_i 取自分压电路（见图 7.30）的电位器 W，缓慢调节 W，取正负不同的 5 个电压值作为 u_i（包含 $u_i = 0$ V，注意 u_i 的取值范围），分别测出相应的 u_o，记入表中（表格自拟）。

2. 同相比例运算

（1）自行设计电路。要求输出与输入的电压的比 $K = 11$。

（2）步骤同前（表格自拟）。

3. 减法运算

（1）设计运算电路，实现运算关系式 $u_o = 2u_{i1} - u_{i2}$，计算各电阻的阻值。

（2）步骤同前（表格自拟）。

4. 积分运算

设计一积分运算电路，其中电阻 $R = 10$ kΩ，电容 $C = 0.1$ μF。将频率为 100 Hz，幅值为 2 V 的方波信号转换为三角波信号，用示波器观察 u_i、u_o 的波形，记录下来。

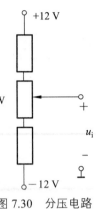

图 7.30 分压电路

七、实验报告

整理实验结果，与理论值进行比较，得出相关结论。

实验九 直流稳压电源

一、实验目的

（1）熟悉直流稳压电源的电路组成及各部分电路的作用。
（2）验证直流稳压电源的性能。
（3）学会使用三端集成稳压器。

二、实验仪器及设备

表 7.23 实验仪器及设备

序号	名　称
1	直流稳压电源电路
2	示波器
3	数字万用表
4	直流电流表

三、实验原理

电源一般由四个部分组成：变压器、整流电路、滤波电路、稳压电路，如图 7.31 所示。变压器负责把常见的交流电（市电）220 V 变为几伏到十几伏的交流电，频率不变；整流电路负责把小的交流电变为直流电（电压方向不变，大小可变）；滤波电路把波动性大的直流电压转变为波动小的直流电压；稳压电路主要是进一步去掉电压中的谐波，提高输出稳定性。

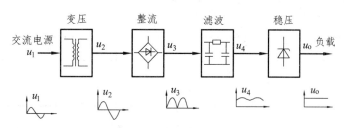

图 7.31　直流稳压电源示意图及电压波形

三端集成稳压器是一种单片集成稳压电源，具有体积小、可靠性高、使用灵活、价格低廉等优点，最典型的芯片是 78XX。输出电压由最后两位数字标识，这些数字可以是 05，06，08，10，12，15，18 或 24。78LXX 是小功率的稳压器，同时还有 79XX 系列是输出为负电压的芯片。

四、实验注意事项

（1）测量输出电压时，万用表应处于直流电压挡，读数为平均值。
（2）画输出波形图时，注意图形的起点，同时所有的测量都是在加了负载的情况下进行。

五、预习要求

（1）熟悉单相桥式整流电容滤波电路的工作原理，以及三端集成稳压器的应用。
（2）画出单相桥式整流电路图。给定电源变压器额定电压为 220 V/14 V，计算负载电压的平均值 U_o。

六、实验内容与步骤

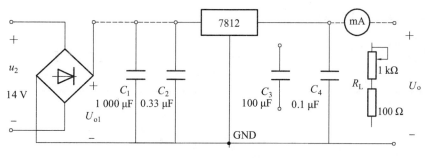

图 7.32　实验电路图

（1）测量单相桥式整流电路的输出平均电压 U_{o1} 的值，观察 U_{o1} 的波形并记录（需加负载）。

（2）测量单相桥式整流电容滤波电路当电容 $C_1 = 100\ \mu F$ 和 $C_1 = 1\ 000\ \mu F$ 时的 U_{o1} 的值，观察 U_{o1} 的波形并记录（需加负载）。

3. 稳压性能测试

（1）输入交流电压不变，连接成带滤波电容的直流稳压电路，改变 R_L，使负载电流 I_L 在 $20 \sim 50\ mA$ 变化，测量 U_{o1}、U_o 的值填入表 7.24 中。

表 7.24　测试表

I_o	20 mA	30 mA	40 mA	50 mA
U_{o1}				
U_o				

（2）连接成带滤波电容的直流稳压电路，改变输入交流电压，使 U_2 分别为 10 V 和 17 V，改变 R_L，使负载电流 I_L 在 50 mA 不变，测量 U_{o1}、U_o 的值填入表 7.25 中。

表 7.25　测试表

$I_o = 50\ mA$	$U_2 = 10\ V$	$U_2 = 17\ V$
U_{o1}		
U_o		

七、实验报告

（1）将相应电路的计算值与实验结果比较，并做误差分析。

（2）用实验数据和波形说明负载电压 U_o 的平均值主要取决于什么参数。

（3）根据实验数据，总结 CW7812 的稳压电路的稳压性能。

实验十　组合逻辑电路的设计

一、实验目的

（1）掌握组合逻辑电路的分析和设计方法。

（2）通过电路的设计，进一步掌握组合逻辑电路，并提高应用知识的能力。

二、实验仪器及设备

表 7.26　实验仪器及设备

序号	名　称
1	综合电子实验台
2	数字万用表
3	数字集成电路

三、实验原理

数字集成电路产品的种类很多，若按电路结构来分，可分成 TTL 和 CMOS 两大系列。常用的 TTL 为 74 系列，CMOS 为 4000 系列，具体管脚和功能需查集成电路手册。例如 74LS00 四 2 输入与非门，74LS02 四 2 输入或非门，74LS20 二 4 输入与非门，74LS08 四 2 输入与门等，CC4001 四 2 输入或非门，CC4011 四 2 输入与非门等。本实验相关芯片的管脚排列如图 7.33 所示。

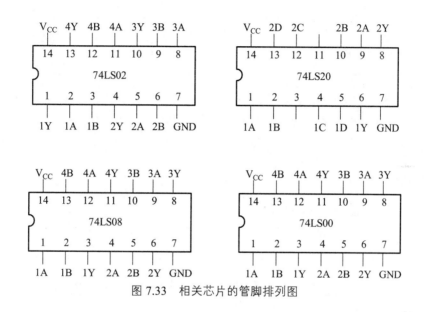

图 7.33　相关芯片的管脚排列图

四、实验注意事项

（1）所用芯片均需单独接电源和接地。芯片需要 5 V 电源供电，换线时电路应断电。

（2）芯片的输出端不能接"1"或"0"。输入端尽量根据需要接确定的逻辑电平。

五、预习要求

（1）预习组合逻辑电路的分析及设计方法，写出已知逻辑图的逻辑式，化简，根据简化式列出逻辑状态表，并说明其逻辑功能。

（2）自拟测试表格。

（3）明确如何输入高、低电平和测试输出电平。

六、实验内容与步骤

（1）验证 74LS00、74LS02、74LS20、74LS08 的功能。

（2）根据逻辑状态表（见表 7.27），用与非门设计电路实现逻辑功能。

表 7.27　逻辑状态表

A	B	C	Y
0	0	0	0
0	0	1	0
0	1	0	0
0	1	1	1
1	0	0	0
1	0	1	1
1	1	0	1
1	1	1	1

（3）某同学参加 4 门课程考试，规定如下：课程 A 及格得 1 分，课程 B 及格得 2 分，课程 C 及格得 4 分，课程 D 及格得 5 分，如果课程不及格得 0 分。若总得分≥8 分，就可结业。根据已有的芯片，设计一个逻辑电路满足上述要求。

七、实验报告

（1）画出对应的电路图。
（2）将实验结果与理论分析对照。

实验十一　简易数字计时（数）器

一、实验目的

（1）掌握脉冲计数及译码显示的原理。
（2）能够设计出简易计时（数）器电路，掌握不同计时器的设计方法，并能分析实验中所遇到的问题。

二、实验仪器及设备

表 7.28　实验仪器及设备

序号	名　称
1	综合电子实验台
2	数字万用表
3	数字集成电路

三、实验原理

74LS160 为同步可预置十进制计数器，74LS161 为同步可预置二进制计数器。两者进制不同，其他功能相似。管脚图（见图 7.34）和功能表（见表 7.29）如下所示。

图 7.34　74LS160 管脚图

表 7.29　74LS160 功能表

CP	$\overline{R_D}$	$\overline{LD}$	EP　ET	工作状态
X	0	X	X　　X	置零（异步）
⎍	1	0	X　　X	预置数（同步）
X	1	1	0　　1	保持
X	1	1	X　　0	保持
⎍	1	1	1　　1	计数

四、实验注意事项

（1）所用芯片均需单独接电源和接地。芯片需要 5 V 电源供电，换线时电路应断电。

（2）芯片的输出端不能接"1"或"0"。输入端尽量根据需要接确定的逻辑电平。

五、预习要求

（1）了解计数器的用途，查阅有关资料，熟悉计数芯片各输入、输出引脚的作用，尤其注意 RCO 进位端的工作。

（2）设计二十四、三十进制电路，做好实验前准备工作。

（3）实验台可提供译码器（CD4511）及显示电路，注意和计数部分电路的衔接问题。

六、实验内容与步骤

（1）用一片 74LS160 同步十进制计数器和一片 74LS161 同步二进制计数器，连接成二十四进制的计时电路，输入信号为数字脉冲信号。

（2）用一片 74LS160 同步十进制计数器和一片 74LS161 同步二进制计数器，连接成三十进制的计时电路，输入信号为数字脉冲信号。

七、实验报告

（1）画出逻辑电路并说明二十四进制简易计时电路的工作原理。

（2）画出逻辑电路并说明三十进制秒计时电路的工作原理。

实验十二　555 集成定时器及其应用

一、实验目的

（1）熟悉 555 集成定时器的组成及工作原理。
（2）掌握 555 定时器电路的基本应用。

二、实验仪器及设备

表 7.30　实验仪器及设备

序号	名　称
1	示波器
2	数字万用表
3	555 定时器

三、实验原理

555 定时器是一种广泛使用的中规模集成电路，具有结构简单、使用电压范围宽、工作速度快、定时精度高、驱动能力强等优点。555 定时器配以外部元件，可以构成多种实际应用电路。广泛应用于产生多种波形的脉冲振荡器、检测电路、自动控制电路、家用电器以及通信产品等电子设备中。

555 定时器内部电路如图 7.35 所示，一般由分压器、电压比较器、基本 RS 触发器和放电管等四部分组成。

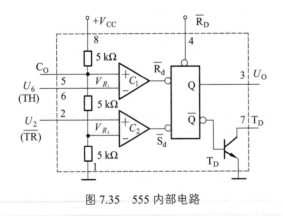

图 7.35　555 内部电路

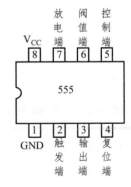

图 7.36　555 集成定时器引脚图

555 定时器的功能如图 7.36，表 7.31 所示。

表 7.31　555 集成定时器功能表

输　入			输　出	
阀值输入⑥	触发输入②	复位④	输出③	放电管 T⑦
X	X	0	0	导通
$<2/3V_{cc}$	$<1/3V_{cc}$	1	1	截止
$>2/3V_{cc}$	$>1/3V_{cc}$	1	0	导通
$<2/3V_{cc}$	$>1/3V_{cc}$	1	不变	不变

四、实验注意事项

（1）所用芯片均需单独接电源和接地。芯片需要 5 V 电源供电，换线时电路应断电。

（2）芯片的输出端不能接"1"或"0"。

五、预习要求

（1）查阅相关资料，进一步熟悉 555 集成定时器的结构、功能和使用方法。

（2）熟悉单稳态触发器、多振荡器电路的工作原理。

（3）事先做好必要的理论计算（由单稳态触发器电路给定的参数确定脉冲的宽度 T_W，和多谐振荡器电路给定的参数确定脉冲的频率和宽度）。

（4）做好观察记录有关现象和数据的准备工作。

六、实验内容与步骤

（1）自拟电路，验证 555 集成定时器的功能。

（2）555 集成定时器构成的多谐振荡器

按照图 7.37 所示多谐振荡器的接线，用示波器观察输出端的波形，并测量出波形的频率，与理论估算值相比较，算出它的相对误差值。

（3）555 集成定时器构成单稳态触发器。

按照图 7.38 所示单稳态触发器的接线，图 7.37 中的 u_{o1} 连接到图 7.38 中的 u_i 上（也可以由

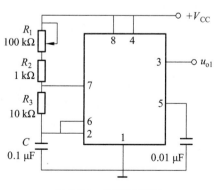

图 7.37　多谐振荡器

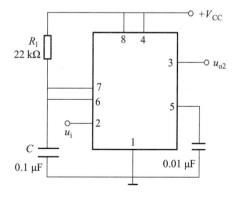

图 7.38　单稳态触发器

信号发生器输出数字脉冲接在图 7.38 中的 u_i 上）作为单稳的触发信号。用示波器观察 u_{o2} 输出波形，并测出输出脉冲的宽度 T_W，与理论估算值相比较，算出相对误差值。

七、实验报告

（1）描绘实验测得的曲线波形（用方格纸）。
（2）分析实验结果。

第八章　开放性实验

实验一　照明电路的安装

一、实验目的

（1）掌握常用的照明电路的组成和接线。

（2）学会使用电度表测量电能以及检查电度表和误差估算的方法。

（3）了解单相电度表以及民用触电保安开关的组成、原理和应用。

二、实验仪器及设备

实验所用仪器及设备如表 8.1 所示。

表 8.1　实验仪器及设备

序号	名　　称
1	电工实验台
2	单相电度表
3	触电保安器开关
4	闸刀开关
5	交流电压表
6	数字万用表
7	交流电流表
8	单相三相插座
9	带灯泡的灯座

三、预习内容

（1）熟悉有关家庭照明电路的组成和接线。

（2）掌握电度表的工作原理；了解有关电度表及触电保安开关的组成、原理及其应用。

（3）掌握日常生活中，常用的电器器件（如熔断器、触电保护器、单联或多联开关、三相插座）的使用和作用。

四、实验要求

（1）按照如图 8.1 所示，接入电度表、触电保安器、熔断器、开关或者闸刀开关、灯座。

179

（2）接好电路，经检查无误后接通电源，打开开关 S，灯亮后，按下触电保安器试验按钮，检验触电保安器能否正确工作。

（3）测试电度表的误差。按照图 8.1 接线，调节单相调压器输出电度表的额定电压，改变电路中的电流，改变负载，把功率表的读数和电度表转动 50 转的时间记入表 8.2 中，然后计算转数 N 和误差 γ。电度表的误差计算如下

$$\gamma = \frac{N_H - N}{N} \times 100\%$$

式中，N_H 为电度表铭牌上给出的每千瓦·小时转数。

实际测出的每千瓦小时转数可由下式求得

$$N = \frac{n}{P \cdot t}$$

式中，n 为 50 转；P 为瓦特表读数；t 为计时。

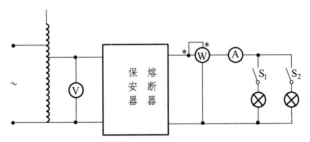

图 8.1　测试电度表误差电路图

经过两个开关的通断测得三组数据填入表 8.2 中并计算出电度表的误差。

表 8.2　测试表

项　目		U	I	P	t	铭牌上给出的 每千瓦·小时转数 N_H	实际测出的 每千瓦·小时转数 N	误差 γ
单　位								
顺 序	1							
	2							
	3							

五、总结报告要求

（1）分析触电保安器的工作原理，安装方式。

（2）分析电度表误差的原因。

六、思考题

（1）有一只电度表，月初读数为 597 度，月底读数为 630 度，若电度表常数为 1 250 转/千

瓦小时，每度电费为 0.55 元，求这个月的电费和盘转数。

（2）简述选择熔断器的依据。

实验二　三相异步电动机的使用

一、实验目的

（1）了解三相异步电动机结构及铭牌数据的意义。

（2）学习判别电动机定子绕组始、末端的方法。

（3）学习异步电动机的接线方法，直接启动及反转的操作。

二、实验仪器及设备

实验所用仪器及设备如表 8.3 所示。

表 8.3　实验仪器及设备

序号	名　　称
1	电工实验台
2	三相鼠笼式异步电动机
3	按钮实验板
4	熔断器实验板
5	热继电器
6	交流接触继电器
7	钳形电流表
8	数字万用表
9	兆欧表

三、预习内容

（1）提前在开放实验室进行调研，了解实验室所用电动机及各种仪表的型号。

（2）拟定各项内容的测试方法、步骤及注意事项。

（3）重点熟悉兆欧表、钳形电流表和转速表的使用方法。

四、实验内容

1. 定子绕组接线方法

三相异步电动机出线盒有六个引出端钮，标有 U_1、V_1、W_1 和 U_2、V_2、W_2，若 U_1、V_1、W_1 为三相绕组的始端，则 U_2、V_2、W_2 是相应的末端。根据电动机的额定电压应与电网电压相一致的原则，若电动机铭牌上标明"电压 220/380，接法 △/Y"，而电网电压为三相 380 V，则电动机三相定子绕组应接成星形，如图 8.2（a）所示；若电网电压为三相 220 V，则电动机三相定子绕组应接成三角形，如图 8.2（b）所示。

（a）Y 形连接   （b）△ 形连接

图 8.2   电动机定子绕组接线方法

2. 定子绕组始末端的测定

先任意假定一相绕组的始末端，并标上 U_1、U_2，然后按如图 8.3 所示方法依次确定第二、第三相绕组的始末端。如第二相绕组按如图 8.3（a）所示与第一相绕组相连，当在 U_1、V_1 间加 220 V 交流电压时，由于两相绕组产生的合磁通不穿过第三相绕组的线圈平面，因此磁通变化不会在第三相绕组中产生感应电动势。这时用交流电压表测量第三相绕组两端电压时，读数应为零或极少。当连成如图 8.3（b）所示情况时，由于合成磁通穿过了第三相绕组的线圈平面，故磁通变化时会在第三相绕组中产生感应电动势。这时第三相绕组两端电压为一较大数值（ > 10 V）。可以根据对三相绕组交流电压测量结果来判定与 U_2 相连的是 V_2 还是 V_1，由此确定出第二相绕组的始端 V_1 和末端 V_2，按同法再判断出第三相绕组的始末端，并做出标记。

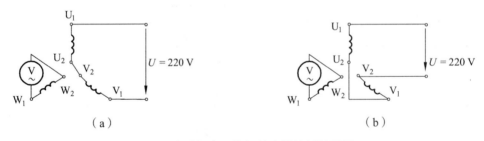

（a）   （b）

图 8.3   电动机定子绕组始末端的判别原理

3. 绝缘电阻的测量

使用兆欧表测量各绕组之间的绝缘电阻和每相绕组与机壳之间的绝缘电阻，其值应不小于 1 MΩ。

4. 电动机的直接启动

（1）把三相异步电动机定子绕组接成 △ 形，三条引出线接到线电压为 220 V 的三相电源上，闭合开关，观察电动机的启动，并用钳形电流表测量启动电流，将测试数据记入自拟表格中。

（2）三相定子绕组改接成 Y 形，接到线电压为 380 V 的三相电源上，重新启动电动机，测量并记录启动电流。

（3）观察电动机的正反转，将电动机与三相电源连接的任意两条线对调接好、通电，观察电动机的转向。

五、总结报告要求

（1）分析电动机三相绕组的测量的论理依据。

（2）分析电动机转速与电源频率的关系。

（3）分析 Y 接法和 △ 接法对电动机的影响。

（4）对实验中遇到的问题进行分析，并提出解决的方法。

注意：通电前一定要通过老师同意。使用万用表电阻挡检查线路时，一定要事先断开电源，电路不能带电。

实验三　三相异步电动机的综合控制

一、实验目的

（1）了解三相异步电动机的构造和铭牌及使用方法。

（2）掌握各种按钮和各种继电器的结构、动作原理、使用方法及其在线路中的作用。

（3）熟练掌握各种继电器、接触器的原理及接线方法，掌握调试各种控制电器的方法及故障排除的技能。

（4）了解时间继电器的工作原理及其延时时间的整定方法。

二、实验仪器及设备

实验所用仪器及设备如表 8.4 所示。

表 8.4　实验仪器及设备

序号	名　　称
1	电工实验台
2	三相鼠笼式异步电动机
3	电子转速表
4	按钮实验板
5	熔断器实验板
6	热继电器
7	交流接触继电器
8	星三角启动器
9	钳形电流表
10	数字万用表
11	时间继电器

三、预习内容

（1）熟练掌握电动机的使用方法及其铭牌数据的含义；掌握各种按钮、继电器、接触器的动作原理和接线方法。

（2）复习异步电动机的基本控制电路，掌握电动机各种保护环节原理和功能。

（3）设计上述各种控制电路图。

四、实验内容

1. 异步电动机正反转控制

根据异步电动机铭牌及使用方法选择电动机的接线方式，熟练掌握按钮联锁的使用方法，并自行设计异步电动机的正反转控制电路图。接好电路后，首先要用数字万用表检查线路的连接是否正确，经指导老师许可后方可进行通电、合闸操作，并记录异步电动机的启动电流值和正常工作电流值；记录异步电动机的正常转速。

2. 异步电动机的 Y-△ 启动控制

由于异步电动机的启动电流比正常工作电流大，在实际应用中，常常采用 Y-△ 启动。利用时间继电器，控制异步电动机绕组的连接方法来实现异步电动机的 Y-△ 启动。自行设计控制电路图，接好后，用数字万用表检查线路的是否正确，经指导老师许可后方可通电、合闸操作，并记录异步电动机的启动电流值和正常工作电流值；记录异步电动机的正常转速。实验参考电路如图 8.4 所示。

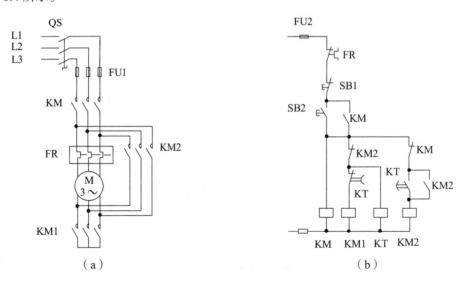

图 8.4 异步电动机的 Y-△ 启动接线图

五、总结报告要求

（1）解释改变电动机旋转方向的原理，分析电动机各种保护功能的作用。

（2）比较电动机启动电流和正常工作电流的大小，并说明大小不等的原因。

（3）分析异步电动机正反转控制原理。

（4）分析时间继电器在 Y-△ 启动控制中的作用，简述 Y-△ 启动控制的原理。

（5）对实验中遇到的问题进行分析，并提出解决的方法。

注意：通电前一定要通过老师同意，使用万用表电阻挡检查线路时，一定要事先断开电源，电路不能带电。

实验四　三相异步电动机的断相保护

一、实验目的

（1）熟悉三相异步电动机的工作原理和三相电源。能够在三相电源电路断相时，给出一个控制信号，去切断电动机的电源。

（2）利用学过的电工和电子技术的知识，设计一个电路，对三相异步电动机正常运行过程中出现断相故障时进行保护。

（3）通过本实验，提高对电工基础、电子技术、电机及控制线路的综合分析和应用能力。

二、实验仪器及设备

实验所用仪器及设备如表 8.5 所示。

表 8.5　实验仪器及设备

序号	名　称
1	电工实验台
2	三相鼠笼式异步电动机
3	按钮实验板
4	熔断器实验板
5	热继电器
6	交流接触继电器
7	数字万用表
8	直流电源板
9	其他电子元器件自选

三、预习内容

（1）熟练掌握电动机的主路联结控制方式；掌握三相电源正常工作形式。

（2）复习异步电动机的基本控制电路，掌握电工电子技术的比较放大、信号放大和驱动继电器的方式。

（3）设计上述各种控制电路图，并给出各种元器件的型号参数。

四、实验内容

1. 异步电动机主回路控制

根据异步电动机铭牌及使用方法选择电动机的接线方式，自行设计异步电动机的主回路控制电路图（含各种保护电路）。设计出控制回路，使得电动机能够正常运行。

2. 断相保护电路设计

三相异步电动机断相运行时，会引起过大的电路电流，这是不允许的。现在有许多种类的三相异步电动机断相保护电路。如图8.5所示的电路是其中的一种，仅供参考。

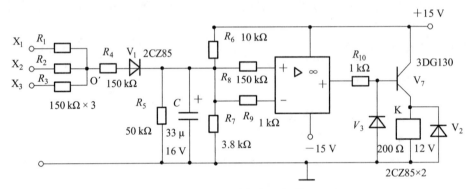

图 8.5　三相异步电动机断相保护原理图

五、总结报告要求

（1）分析电气控制系统的工作原理。

（2）对实验中遇到的问题进行分析，并提出解决的方法。

注意：通电前一定要通过老师同意，使用万用表电阻挡检查线路时，一定要事先断开电源，电路不能带电。

实验五　波形发生器电路

一、实验目的

（1）掌握波形发生器的特点和分析方法。

（2）用运算放大器来实现方波、三角波和锯齿波发生电路的设计方法和调试方法。

二、实验仪器及设备

实验所用仪器及设备如表 8.6 所示。

图 8.6　实验仪器及设备

序号	名　称
1	电工实验台
2	运算放大器实验板
3	电源板
4	双踪示波器
5	数字万用表
6	元件实验板

三、预习内容

（1）分析各个电路图的功能和工作原理，并从理论上画出输出的各个波形。
（2）分析输出波形频率变化的条件和原理。

四、实验内容

1. 方波发生电路

（1）按照如图 8.6 所示接线，调节电位器 R_P，使输出波形从无到有，用双踪示波器观察 u_C，u_o 的波形及其频率。

（2）分别测出当 $R = 10\ \text{k}\Omega$ 及 $R = 110\ \text{k}\Omega$ 时，输出波形的幅度和频率。

（3）调节电位器 R_P，使输出电压 u_o 的输出幅度最大且不失真，用晶体管毫伏表测量输出电压 u_o、反馈电压 u_+ 和 u_-，分析产生振荡的条件及振荡的幅度值。

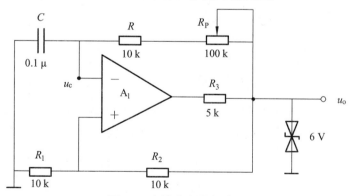

图 8.6　方波发生器电路图

2. 三角波发生电路

（1）按照如图 8.7 所示接线，调节电位器 R_P 到适当的位置，用双踪示波器输出波形，并将输出波描绘出来，分别观测 u_{o1} 和 u_{o2} 的波形并记录。

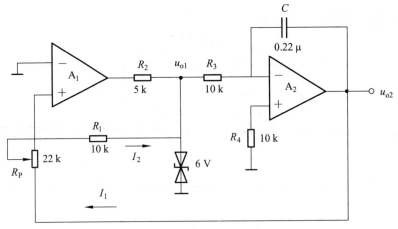

图 8.7 三角波发生器电路图

（2）改变电位器 R_P，用示波器观察输出频率的变化情况，并记录下来。

3. 锯齿波发生电路

锯齿波发生电路如图 8.8 所示。

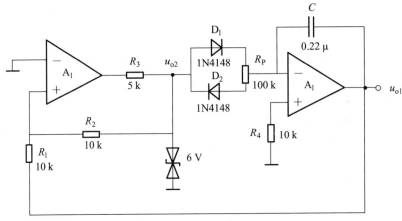

图 8.8 锯齿波发生电路图

（1）按图 8.8 接线，调节电位器 R_P，用双踪示波器输出波形和频率。
（2）改变电位器 R_P 到最大和最小的位置，测量频率变化范围。

五、总结报告要求

（1）对各种输出的波形进行测量并记录，与理论分析的各个波形进行比较。
（2）分析电位器 R_P 对输出波形参数的影响。
（3）对实验误差进行分析。

实验六　OTL 功率放大器

一、实验目的

（1）测量 OTL 最大不失真输出功率和效率。
（2）观测交越失真现象及其消除情况。
（3）测量不同负载下电路的输出功率和效率。

二、实验仪器及设备

实验所用仪器及设备如表 8.7 所示。

表 8.7　实验仪器及设备

序号	名　称
1	电工实验台
2	双踪示波器
3	毫安电流表
4	功率三极管
5	数字万用表
6	直流电源板
7	低频信号发生器
8	失真度测试仪
9	其他电子元器件自选

三、预习内容

（1）熟练掌握功率放大器电路的三种类型，区分三种类型的特点。
（2）掌握 OTL 功率放大器电路的结构特点，分析产生交越失真的原因。
（3）分析负载对电路的输出功率和效率的影响。

四、实验内容

1. 连接实验线路

按图 8.9 所示连接线路，检查无误后接通电源。

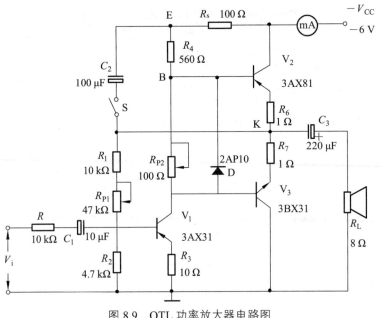

图 8.9　OTL 功率放大器电路图

2. 调整静态工作点

调整 R_{P1}，使中线 K 点的电压为 $\frac{1}{2}U_{CC}$ ；调整 R_{P2}，使电流表的电流为 8～10 mA，由于电路是直接耦合、相互影响，所以要反复调整。

3. 测量电路的最大不失真输出功率 P_{o}、晶体管的消耗 P_{C} 和效率 η

将示波器与毫伏表接到负载两端，低频信号发生器接入电路的输入端。调节低频信号发生器，使之输出信号频率为 1 kHz，逐渐加大其信号幅度直到放大器输出的信号电压（用示波器监测）刚好不失真为止，此时为"满功率"状态。用毫伏表测出此时负载两端的电压 U_{o}，计算放大器的最大不失真输出功率。

$$P_{o}=\frac{U_{o}^{2}}{R_{L}}$$

同时，用万用表测出此时输出管的集电极电流平均值 I_{C}，算出直流电源提供的功率

$$P_{CC}=U_{CC}\cdot I_{C}$$

和输出管的消耗功率

$$P_{C}=P_{CC}-P_{o}$$

及其效率

$$\eta=\frac{P_{o}}{P_{CC}}\times100\%$$

4. 测量失真系数 γ

调整输入信号幅度，保持放大器处于"满功率"工作状态，将失真度测试仪接入负载两端，测出

190

失真系数γ。将双踪示波器的两个输入端分别接在 T_2、T_3 的发射极电阻两端，使电路仍工作于"满功率"状态，分别观察和绘出它们的电流 i_{c2} 和 i_{c3} 波形。注意两个电流的峰值是否相等及其相位的关系。

断开开关 S，观察加自举电路与不加自举电路时，输出信号的变化（保持输入信号幅度不变）。

五、总结报告要求

（1）简述 OTL 功率放大器的工作原理及电路的结构特点。
（2）列表整理实验数据，分析测量值与理论值的误差原因。
（3）绘出所观测的波形图，并作简要的解释。

实验七　555 时基电路的综合应用

一、实验目的

（1）进一步了解 555 集成定时器的电路结构及原理功能。
（2）熟悉 555 集成电路的功能和应用，掌握单稳态触发器和多谐振荡器的工作原理和方式。
（3）利用 555 集成电路的单稳态和多谐振荡来构成各种不同的电子电路。

二、实验仪器及设备

实验所用仪器及设备如表 8.8 所示。

表 8.8　实验仪器及设备

序号	名　称
1	电工实验台
2	直流电源板
3	双踪示波器
4	555 实验板
5	元器件板

三、预习内容

（1）预习 555 电路组成。
（2）熟悉单稳态触发器和多谐振荡器的工作原理和方式。
（3）分析和查阅有关以 555 电路为核心器件组成的电子电路。

四、实验内容

1. 防盗报警电路

（1）按图 8.10 所示连接电路。

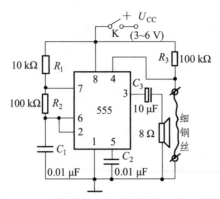

图 8.10 多谐振荡器组成的防盗报警电路图

（2）接通 C_3、扬声器和细铜线，接通电源，用示波器同时观察电容 C_3 两端电压 u_C 和 3 端输出电压 u_o 的波形，并将 u_C、u_o 波形描绘出来。

（3）改变 R_2 阻值（$R_2 = 50\ \text{k}\Omega$），观察 u_C、u_o 波形，将其描绘出来，并与上面的波形进线比较。

（4）断开 C_3、扬声器和细铜丝，接通电源。观察断开细铜丝后的情况。

2. 定时电路

（1）按如图 8.11 所示连接电路。

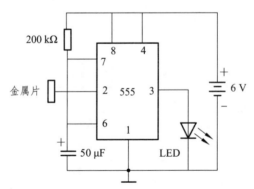

图 8.11 单稳态触发器组成的定时电路图

（2）断开 LED，将 u_C 与 u_o 与示波器的 A、B 输入端连接，用手触摸金属片，使 u_1 作为一个负脉冲，观察 u_C、u_o 的波形，并记录下来。

（3）改变 R 的阻值，重复上述实验，观察并比较前后的波形变化情况。

（4）将 LED 接入，模拟楼梯灯。要求有人上楼梯时候，触摸金属片，LED 亮。验证此电路的功能，并测定 LED 点亮的时间，与理论计算值比较。

3. 模拟警笛声电路

图 8.12 中，前级 555 电路是一个低频振荡器，用其频率输出去控制后级高频振荡器，高频振荡器的频率被低频振荡器调制成两个频率。当前级输出为高电平时，后级振荡频率低；前级输出为低电平时，后级振荡频率高，从而使得喇叭发出类似警笛的声音。合上开关 K，监听声音，调节 R_P，监听声音变化，记录现象。

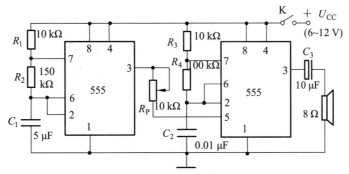

图 8.12　555 接成模拟警笛声电路图

五、总结报告要求

（1）整理实验结果、并加以说明。

（2）分析三个实用电路的工作原理。

（3）实验中遇到哪些问题，说明是如何解决的？

六、思考题

（1）如何用 555 集成电路实现占空比可调脉冲振荡电路？

（2）如何用 555 集成电路来实现光控制路灯？

第九章 电子电路课程设计

电子电路课程设计是在已经完成了电子电路类课程学习之后，集中安排的重要的实践性教学环节，既是一门技术基础课，又是一门实践性、工程性很强的课程。学生运用所学的知识，在教师指导下，结合某一专题独立地开展电子电路的设计与实验，以培养和提高学生的分析、解决实际电路问题的能力。其过程包括选择课题、电子电路设计、仿真、组装、调试及撰写课程设计报告等教学环节，这类实验对提高学生的素质和科学实验能力非常有益。在本章简单介绍课程设计的有关知识。

第一节 电子电路的一般设计方法

一、课程设计的类型

一般地，课程设计类型可分为三种模式。

第一种是纯理论的课程设计模式。在设计完成后画出设计图纸，写成设计报告，但不做实验验证。

第二种是理论设计与虚拟实验相结合的课程设计模式。在设计完成后，通过计算机软件进行仿真实验，以便检查设计中存在的问题，并对存在的问题进行修改，直到达到设计要求为止。

第三种是理论设计与实验验证相结合的课程设计模式。设计完成后，要搭建实验电路进行实验验证，并根据实验中出现的问题对电路进行修改，直到达到设计要求为止。第三种课程设计模式最接近于实际情况，设计和调试难度最大，它不仅要求学生有扎实的理论知识，还要求学生们有较强的动手操作能力，才能解决和克服调试过程中出现的各种问题。

三种课程设计模式各有优点，第一种课程设计模式偏重于理论设计，学生们能够有足够的时间对课程设计中遇到的理论问题进行深入的研究；第三种课程设计模式强调理论与实践并重，由于实验过程会消耗大量的时间，在课程设计时间较短时不要选择难度太大的设计题目，否则在规定的时间内将难以完成；第二种课程设计模式是介于第一种和第三种设计模式之间，能较好地解决理论设计与实验验证的问题。下面主要是针对第三种设计模式介绍设计方法。

二、电子电路课程设计的步骤和方法

在选择教师布置的相应设计课题任务时，首先必须明确设计任务，根据任务进行方案选择，然后对方案中的各部分进行单元电路的设计、参数计算和器件选择，最后将各部分连接在一起，画出一个符合设计要求的完整的电路图，以达到课题任务所提出的要求。

1. 课程设计的主要目的

通过电路设计、组装并调试一个简单的电子电路装置，需要对所学的理论知识和实践相互结交，是对电子电路的一次综合运用。进行课程设计的过程就是从实践出发，通过调查研究、查阅相关资料、进行方案论证比较与选定、设计单元电路及对参数计算并选取合适元器件、组装和调试电路、测试指标及分析讨论，完成设计任务。

课程设计不只停留在理论设计和书面答案上，而是需要通过实验等检测手段，使理论设计逐步完善，做出达到设计指标要求的实际电路。通过这种综合训练，掌握电路设计的基本方法，提高动手能力及组织实验的基本技能，培养解决及分析电路实际问题的本领，为以后的毕业设计或从事电子电路相关工作奠定一定的基础。

电子电路课程设计主要是围绕相关电子类课程的内容所做的综合练习。设计题目源于实际电路，一般没有固定的答案。但由于电路比较简单、定型，又不是真实的生产、科研任务，所以基本上能有章可循，完成起来并不困难。其着眼点是从理论学习的轨道上逐步引向实践方面来，把过去熟悉的定性分析、定量计算和工程估算、实验调试等手段结合起来，掌握工程设计的步骤和方法，了解科学实验的程序和实施方法。通过课程设计树立严肃认真、实事求是的严谨的科学态度，这对今后从事技术工作无疑是个良好的开端。

2. 课程设计的要求

从课程设计的任务出发，通过设计工程的各个环节，达到以下要求：

（1）巩固和加深对电子电路基本知识的理解，提高综合运用相关课程所学知识的能力。

（2）培养根据课题需要选学参考书籍、查阅手册、图表和文献资料的自学能力。通过独立思考，深入钻研有关问题，学会自己分析并解决问题的方法。

（3）通过电路方案的分析、论证和比较，设计和选取元器件，电路组装、调试和检测等环节，初步掌握简单实用电路的分析方法和工程设计方法。

（4）熟悉电子线路仿真软件的使用方法，可通过仿真分析验证电路的可行性。

（5）掌握常用的仪器、仪表等设备的正确使用方法，学会简单电路的实验调试和整机指标的测试方法，提高学生的动手能力和从事电子电路实验的基本技能。

（6）了解与课题有关的电子电路以及元器件的工程技术规范，能按设计任务书的要求，完成设计任务，撰写设计说明书，正确地反映与实验有关的成果，正确地绘制电路图等。

（7）培养严肃认真的工作作风和严谨的科学态度。通过课程设计实践，逐步建立正确的生产观点、经济观点和全局观点。

3. 课程设计的设计过程

电子电路种类很多，设计方法也不尽相同，随着集成电路的迅速发展，各种专用功能的新型器件大量涌现，使电路设计工作发生了巨大的变革。原始的分立元件电路的设计方法，已渐渐被集成模块直接组装所取代。因此要求设计者应把精力从单元电路的设计与计算，转移到整体方案的设计上来，不断熟悉各种集成电路的性能、指标，根据总体要求恰当选取集成器件，合理进行连接实验，完成总体的系统设计。

由于电子电路种类繁多，使得电路的设计过程和步骤也不完全相同。不过多数情况下，还是有共同的规律可循。一般来说，对于简单的电子电路装置的设计步骤大体如图9.1所示。其中包括：选定总体方案与框图；分析单元电路的功能；选择器件与参数计算；画出并设计总体电路图；电路的安装与调试；确定实际的总体电路等。下面简单介绍各个步骤的主要工作。

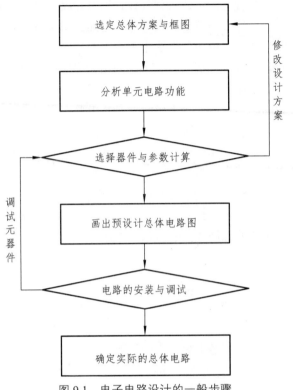

图 9.1 电子电路设计的一般步骤

1）选择总体方案与框图

根据设计任务、指标要求和给定的条件，分析所要设计的电路应该完成的功能，并将总体功能分解成若干单一的功能，分清主次和相互关系，形成由若干单元功能块组成的总体方案。该方案可以有多个，需要通过实际的调查研究、查阅有关资料和集体讨论等方式，着重从方案能否满足要求、构成是否简单、实现是否经济可行等方面，对几个方案进行比较和论证，择优选取。对选取的方案，常以方块图的形式表示出来。注意每个方块尽可能是完成某一种功能的单元电路，特别是关键的功能块的作用与功能一定要表达清楚。另外还要表示出它们各自的作用和相互之间的关系，注明信号的走向和制约关系。

2）分析单元电路的功能

任何复杂的电子电路装置与设备，都是由若干具有简单功能的单元电路组成的。总体方案中的每个方块，往往是由一个主要单元电路组成的，它的性能指标也比较单一。在明确每个单元电路的技术指标前提下，要分析清楚各个单元电路的功能原理，设计出各个单元电路结构形式。要利用过去学过的或熟悉的单元电路，也要善于通过查阅资料、分析研究一些新型电路，开发利用一些新型器件。

各单元电路之间要注意在外部条件、元器件使用、连接关系等方面的相互配合，尽可能减少元件的类型、电子转换和接口电路，以保证电路简单、工作可靠、经济实用。各单元电路拟定之后，应全面地检查一遍，看每个单元各自的功能是否能实现，信息是否能畅通，总体功能是否满足要求。如果存在问题，还要针对问题做局部调整。

3）参数计算

为保证单元电路达到功能指标要求，就需要用电子电路知识对参数进行计算。例如放大电路中各电阻值、放大倍数的计算，多谐振荡器中电阻、电容振荡频率等参数的计算，只有很好地理解电路的工作原理，正确利用计算公式，计算的参数才能满足设计要求。

参数计算时，同一个电路可能有几组数据，注意选择一组能完成电路设计要求的功能，在实践中能真正可行的参数。

计算电路参数时应注意下列问题：

（1）元器件的工作电流、电压、频率和功耗等应能满足电路指标的要求。

（2）元器件的极限参数必须留有足够充裕量，一般应大于额定值的 1.5 倍。

（3）电阻和电容的参数应选计算值附近的标称值。

4）器件选择

（1）阻容元件的选择：电阻和电容种类很多，正确选择电阻和电容是很重要的。不同的电路对电阻和电容性能要求也不同，有些电路对电容的漏电要求很严，还有些电路对电阻、电容的性能和容量要求很高。例如滤波电路中常用大容量（100 μF ~ 3 000 μF）铝电解电容，为滤掉高频通常还需并联小容量（0.01 μF ~ 0.1 μF）瓷片电容。设计时要根据电路的要求选择性能和参数合适的阻容元件，并要注意功耗、容量、频率和耐压范围是否满足要求。

（2）分立元件的选择：分立元件包括二极管、晶体三极管、场效应管、光电二（三）极管、晶闸管等。根据其用途分别进行选择，选择的器件种类不同，注意事项也不同。例如选择晶体三极管时，需要注意是选择 NPN 型还是 PNP 型管，是高频管还是低频管，是大功率管还小功率管，并注意参数 P_{CM}、I_{CM}、BV_{CEO}、β、f_T 和 f_β 是否满足电路设计指标的要求，高频工作时，要求 $f_T = （5 ~ 10）f$，f 为工作频率。

（3）集成电路的选择：由于集成电路可以实现很多单元电路甚至整机电路的功能，所以选用集成电路来设计单元电路和总体电路既方便又灵活，它不仅使系统体积缩小，而且性能可靠，便于调试及运用，在设计电路时颇受欢迎。集成电路有模拟集成电路和数字集成电路两类。国内外已生产出大量集成电路，其器件的型号、原理、功能、特征可查阅有关手册。选择的集成电路不仅要在功能和特性上实现设计方案，而且要满足功耗、电压、速度 、价格等多方面的要求。

5）电路图的绘制

根据单元电路的设计、参数计算与元器件选择的结果，设计的整机电路及各单元电路的连接关系，绘制出总体电路图。总体电路图是组装、调试和维修的依据。绘制电路图时要注意以下几点：

（1）连接线应"横平、竖直"，并且交叉和折弯应最少，互相连通的交叉处用圆点表示，根据需要可以在连接线上加注信号名或其他标记，表示其功能或其去向。电源线和地线尽可能统一，并标出电源电压数值。

（2）总体电路图画出之后，还要进行认真的审核，保证布局合理、排列均匀、图形清晰、便于看图、有利于对图的理解和阅读。

（3）有时一个总电路由几部分组成，绘图时应尽量把总电路画在一张图纸上。如果电路比较复杂，需绘制几张图，则应把主电路画在一张图纸上，而把一些比较独立或次要的部分画在另外的图纸上，并在图的断口两端做上标记，标出信号从一张图到另一张图的引出点和引入点，以此说明各电路边线之间的关系。

（4）注意信号的流向，一般从输入端或信号源画起，由左至右或由上至下按信号的流向依次画出各单元电路，而反馈通路的信号流向则与之相反。

（5）图形符号要标准，图中应加适当的标注。图形符号表示器件的项目或概念。电路图中的中、大规模集成电路器件，一般用方框表示，在方框中标出它的型号，在方框的边线两侧标出每根线的功能名称和管脚号。除中、大规模器件外，其余元器件符号应当标准化。

检查电路是否满足方案的要求，单元电路是否齐备；每个单元电路的工作原理是否正确，能否实现各自的功能；各单元电路之间的连接有无问题，电平和时序是否合适；图中标注的元器件型号、管脚、参数值等是否正确。

设计的电路是否满足设计要求，还必须通过组装、调试进行验证。

6）电子电路的安装

电子电路设计好后，便可进行组装。电子电路课程设计中组装电路通常采用焊接和在实验板插件电路上插接两种方式。焊接组装可提高学生焊接技术，但器件可重复利用率低。在实验板上组装，元器件便于插接且电路便于调试，并可提高器件重复利用率。目前，实验室广泛应用插件面包板进行实验电路安装调试。因此必须掌握实验电路的安装方法。

（1）面包板的使用方法。

一般面包板的结构如图 9.2 所示（注：上半部分是正面，下半部分是内部结构图）。每块插件面包板中央有一凹槽，是为直接插入集成电路元件器件而设置的。凹槽两边各有小孔，每列小孔的 5 个小孔相互连通，插件面包板的横向方向上、下各有两排相互连通的小孔，一般可作为电源线或地线插孔用，注意不同型号的面包板上、下两排的插孔连通方式是不同的，使用时应先用万用表判别其连通方式。

目前面包板有多种规格，但不管哪一种，其结构和使用方法大致相同，即每列五个插孔内均用一个磷铜片相连。这种结构造成相邻两列插孔之间分布电容大，因此，面包板一般不适用于高频电路实验中。

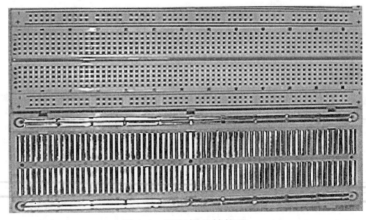

图 9.2　面包板的结构图

使用面包板时要注意清洁。切勿将焊锡或其他异物掉入插孔内，用完要用防护罩包好，以免灰尘进入插孔造成接触不良。

（2）集成电路的装插。

为防止集成电路受损，在面包板上插入或拔出时要非常细心，插入时应首先应认清方向，不要倒插，所有集成电路的插入方向保持一致，一般集成芯片的缺口朝左，使所有管脚均对准面包板上的小孔，均匀用力按下；拔出时，最好用专用拔钳，夹住集成芯片两头，垂直向上拔起，以免其受力不均匀使管脚弯曲或断裂。

（3）元器件的装插。

采用面包板安装电路时，根据电路图的各部分功能确定元器件在的面包板上的位置，并按信号的流向将元器件顺序地连接，以易于调试。一般安装电路时应注意以下几点：

① 通常面包板左端为输入、右端为输出。应按输入级、中间级、输出级的顺序进行安装。

② 同一块面板上的同类元器件应采用同一安装方式，距面包板表面的高度应大体一致。若采用立式安装，元器件型号或标称值应朝同一方向，而卧式安装的元器件型号或标称值应朝上方，集成电路的定位标志方向应一致。

③ 凡具有屏蔽罩的磁性器件，如中频变压器等，其屏蔽罩应接到电路的公共地端。

（4）布线的一般原则。

在实践中，往往元器件虽完好，但由于布线不合理，也可能造成电路工作失常。这种故障不像脱焊、断线、接触不良或器件损坏那样明显，多以寄生干扰形式表现出来，很难排除。

元器件之间的连接均由导线完成，因此合理布线的基础是合理地布件（确定各元器件在面包板上的位置，也称排件）。布件不合理，一般布线也难于合理。

布线的一般原则如下：

① 应按电路原理图中元器件图形符号的排列顺序进行布件，多级实验电路要成一直线布局，不能将电路布置成"L"或"C"字形。如受面包板大小限制，非布成上述字形不可，则必须采取屏蔽措施。

② 布线前，要弄清管脚或集成电路各引出端的功能和作用，尽量使电源线和地线靠近实验电路板的周边，以起一定的屏蔽作用。

③ 信号电流强的与弱的引线要分开，输出与输入信号引线要分开，还要考虑输入、输出引线各自与相邻引线之间的相互影响，输入线应防止邻近引线对它产生干扰，而输出线应防止它对邻近线产生干扰；一般应避免两条或多条引线互相平行；所有引线应尽可能地避免形成圈套状或在空间形成网状，在集成电路上方不得有导线（或元器件）跨接。

④ 导线直经应和插接板的插孔一致，过粗会损插孔，过细则与插孔接触不良。为检查电路的方便，要根据不同用途，导线可以选用不同颜色。一般习惯是正电源用红线，负电源用蓝线，地线用黑线，信号线用其他颜色的线等。连接用的导线要求紧贴在插接板上，避免接触不良。连接不允许跨在集成芯片上，一般从集成电路周围通过，尽量做到横平竖直，这样便于查线和更换器件，但高频电路部分的边线应尽量短。

⑤ 布线应有步骤地进行，一般应先接电源线、地线等固定电平连接线，然后沿信号传输方向依次接线并尽可能使连线贴近实验面板。使用正确的组装方法和合理的布局，不仅使电路整齐美观，而且能提高电路工作的可靠性，便于检查和排队故障。

7）电路的调试

一个电子装置，即使按照设计的电路参数进行安装，往往也难以到达预期的效果。这是因为在设计时，不可能周密地考虑各种复杂的客观因素（如元件值的误差、器件参数的分散性，分布参数的影响等），必须通过安装后的测试和调整，来发现和纠正设计方案得不足和安装得不合理，然后采取措施加以改进，使装置达到预期的技术指标。因此掌握调试电子电路的技能对从事电子技术及其相关领域的工作人员来说也是非常重要的一个环节。

实验和调试的常用仪器仪表有：万用表、示波器、信号发生器等。

电路安装完毕，通常不宜急于通电，先要认真检查连线是否正确，包括错线、少线和多线。

① 元器件引脚之间有无短路，连接处有无接触不良，二极管、三极管、集成芯片和电解电容极性等是否连接有误。

② 电源供电，直流极性是否正确，信号线是否连接正确。

③ 电源端对地是否存在短路，在通电前，断开一根电源线，用万用表检查电源端对地是否存在短路，检查直流稳压电源对地是否短路。

经过上述检查，并确认无误后，就可进行调试。

调试包括测试和调整两个方面。所谓电子电路的调试，是以达到电路设计指标为目的而进行的一系列的"测量→判断→调整→再测量"的反复进行过程。

为了使调试顺利进行，设计的电路图上应当标明各点的电位值，相应的波形图以及其他主要数据。具体的调试步骤如下：

（1）通电观察。

把经过准确测量的电路接入电路。观察有无异常现象，包括有无冒烟，是否有异常气味，手摸元器件是否发烫，电源是否有短路现象等。如果出现异常，应立即切断电源，待排除故障后才能再通电。然后测量各路电源电压和各器件的引脚的电源电压，以保证元器件正常工作。另外，应注意一般电源在开与关瞬间的暂态电压上冲的现象，集成电路最易受过电压的冲击而损坏，所以一定要养成先接电路，后开启电源的习惯，在实验中途不要随意将电源关掉。通过通电观察，认为电路初步工作正常，就可进入正常调试。

（2）静态调试。

交流、直流并存是电子电路工作的一个重要特点。一般情况下，直流为交流服务，直流是电路工作的基础。因此，电子电路的调试分为静态调试和动态调试。静态调试一般是指在没有外加信号的条件下所进行的直流测试和调整过程。例如，通过静态测试模拟电路的静态工作点、数字电路的各输入端和输出端的高、低电平值及逻辑关系等。可以及时发现已经损坏的元器件，判断电路工作情况，并及时调整电路参数，使电路工作状态符合设计要求。对于运算放大器，静态检查除测量正、负电源是否接上外，主要检查在输入为零时，输出端是否接近零电位，调零电路是否起作用。当运放输出直流电位始终接近正电源电压值或负电源电压值时，说明运放处于阻塞状态，可能是外电路没有接好，也可能是运放已经损坏。如果通过调零电位器不能使输出为零，除了运放内部对称性差外，也可能处于振荡状态，所以实验板直流工作状态的调试，最好接上示波器进行监视。

（3）动态调试。

动态调试是在静态调试的基础上进行的。调试的方法是在电路的输入端接入适当频率和幅值的信号，并循着信号的流向逐级检测各有关点的波形、参数和性能指标。发现故障现象，应采取不同的方向缩小故障范围，最后设法排除故障。

8）检查故障的一般方法

故障是我们不希望出现但又是不可避免的电路异常工作状况。分析、查找和排除故障是电子技术类工作人员必备的实际技能。一般故障诊断过程，就是从故障现象出发，通过反复测试、分析判断逐步找出故障过程。

常见的故障现象有：

（1）放大电路没有输入信号，而有输出波形。

（2）放大电路有输入信号，但没有输出波形，或者波形异常。

（3）串联稳压电源无电压输出，或输出电压过高且不能调整，或输出稳压性能差、输出电压不稳定等。

（4）振荡电路不产生振荡。

（5）计数器输出波形不稳，或不能正常计数。

（6）发射机中出现频率不稳，或输出功率小甚至无输出，或反射大、作用距离小等。

以上是常见的一些故障现象，还有很多奇怪异常的现象，在此不一一列举。引起各种故障产生的原因很多，情况也十分复杂，有单一原因引起的简单故障，也有的是多种原因相互作用引起的复杂故障。因此引起故障的原因很难简单分类，在此只能进行一些粗略分析。

（1）对于定型产品使用一段时间后出现故障，故障原因可能是元器件损坏，连线发生短路或断路，或使用条件发生变化（如电压波动、过冷或过热的工作环境变化等）影响电子设备的正常运行。

（2）对新设备安装的电路来说，故障原因可能是：实际电路与设计的原理图不符，元件使用不当或损坏；设计的电路本身就存在某些严重缺点，不满足技术要求；连线发生短路或断路等。

（3）仪器使用不正确引起的故障，如示波器使用不正确而造成的波形异常或无波形，共地问题处理不当而引入的干扰等。

（4）各种干扰引起的故障。

查找故障的顺序可以从输入到输出，也可以从输出到输入。查找故障的一般方法有：

（1）直接观察法。直接观察法是指不用任何仪器，利用人的视、听、嗅、触等作为手段来发现问题，寻找和分析故障。检查仪器的选用和使用是否正确；电源电压的数值和极性是否符合要求；电解电容的极性，二极管和三极管的管脚，集成电路的引脚有无错接、漏接、互碰等情况；布线是否合理；电阻电容有无烧焦和炸裂；通电观察元器件有无发烫、冒烟，变压器有无焦味，有无高压打火等。此法简单也很有效，可作初步检查时用，但对比较隐蔽的故障无能为力。

（2）用万用表检查。电子电路系统的供电系统、电子管或晶体三极管、集成模块的直流工作状态、线路中的电阻值等都可以用万用表测定，当测量值与正常值相差较大时，经过分析可找到故障。

（3）信号寻迹法。对于各种较复杂的电路，可在输入端接入一个一定幅值的信号，用示波器由前级到后级（或相反）逐级观察波形及幅值的变化情况，如哪一级异常，则故障就在该级。

（4）对比法。怀疑某一电路存在问题时，可将电路的参数与工作状态和相同的正常电路中的参数（或理论分析的电流、电压、波形等）进行一一对比，从中找出电路中的不正常的情况，进而分析故障原因，判断故障点。

（5）部件替换法。有时故障比较隐蔽，不能一眼看出，如这时有与故障产品同型号的元器件时，可以将正常的元器件替换有故障产品中相应的部分，以便于缩小故障范围，进一步查找故障。

（6）旁路法。当有寄生振荡现象，可以利用适当容量的电容器，选择适当的检查点，将电容临时跨接在检查点与参考接地点之间，如果振荡消失，就表明振荡是产生在此附近或前级电路，否则就在后面，再移动检查点寻找。应当指出旁路电容要适当，不宜过大，只要能较好地消除有害信号即可。

（7）短路或断路法。采用临时性短接一部分或断开某部分支路来寻找故障的方法，使故障怀疑点逐步缩小范围。

9）课程设计总结报告

编写课程设计的总结报告是对学生除编写科学论文和科研总结报告能力的考察。通过撰写报告，不仅把设计、组装、调试的内容进行全面总结，而且把实践内容上升到理论高度。总结报告一般包括以下几点：

（1）课题名称。

（2）内容摘要。

（3）设计内容及要求。

（4）比较和选写设计的系统方案，画出系统框图。

（5）各单元电路设计、参数计算和器件选择。

（6）画出完整的电路图，并说明电路的工作原理。

（7）组装调试的内容。包括：① 使用的主要仪器和仪表；② 调试电路和方法和技巧；③ 测试的数据和波形并与计算结果比较分析；④ 调试中出现的故障、原因及排除方法。

（8）总结设计电路的特点和方案的优缺点，指出课题的核心及实用价值，提出改进意见和展望。

（9）收获、体会。

（10）列出系统需要的元器件清单，列出参考文献。

第二节　电子电路中常用的单元电路设计

任何复杂的电子电路装置与设备，都是由若干具有简单功能的单元电路相互连接、相互作用组成的具有特定功能的电路整体。本节将介绍电子电路中几种常用的单元电路。

一、三极管放大器

三极管放大器是最基本的放大电路，要保证三极管放大电路工作于线性放大区，必须设置合适的静态工作点，而且使发射结正偏，集电结反偏。

放大器有共射、共基、共集 3 种组态，如表 9.1 所示给出了典型三极管放大单元电路及其静态、动态计算公式，电路图中直接给出元件参数，可作为典型电路来选用。

表 9.1 中单元电路的元件名称和作用是（以工作点稳定电路为例）：R_1、R_2 组成分压器，为放大器提供静态工作点，使其工作于线性放大区；R_e、R_f 为发射极负反馈电阻，R_e 仅提供直流负反馈，R_f 提供交流负反馈，其作用是稳定静态工作点；R_c 为集电极负载电阻，在其上形成交

流输出电压；C_1、C_2 为耦合电容，隔断直流，传输交流，其阻抗 $\left(\dfrac{1}{\omega C}\right)$ 应在几欧姆到几十欧姆之间；C_e 为旁路电容，将交流负反馈短路，其容抗与耦合电容相同。其中 r_{be} 为

$$r_{be} = 200 + (1+\beta)\frac{26(\text{mV})}{I_{EQ}(\text{mA})} \tag{9.1}$$

表 9.1　三极管典型单元放大电路

电路名称	静态工作点	交流参数	特点
简单共发射极电路 （电路图：240 kΩ R_b，3 kΩ R_c，$+U_{CC}$ 12 V，C_1，C_2，u_i，R_L）	$I_{BQ} = \dfrac{U_{CC} - U_{BE}}{R_b}$ $I_{CQ} = \beta I_{BQ}$ $U_{CEQ} = U_{CC} - I_{CQ}R_C$	$A_U = -\beta\dfrac{R_L'}{r_{be}}$ $(R_L' = R_C /\!/ R_L)$ $r_i = R_b /\!/ r_{be}$ $r_o = R_C$	电压与电流放大倍均较高；输入与输出电阻适中，输入输出反相。适应于多级放大电路的中间级
工作点稳定的共发射极电路 （电路图：51 kΩ R_{b1}，2 kΩ R_c，$+U_{CC}$ 12 V，C_1，C_2，u_i，10 kΩ R_{b2}，R_f，R_L，510 Ω R_e，C_e）	$V_B = \dfrac{R_{b2}}{R_{b1} + R_{b2}}U_{CC}$ $I_{CQ} = \dfrac{V_B - U_{BE}}{R_f + R_e}$ $I_{BQ} = \dfrac{I_{CQ}}{\beta}$ $U_{CEQ} = U_{CC} - I_{CQ}(R_C + R_f + R_e)$	$A_U = -\beta\dfrac{R_L'}{r_{be} + (1+\beta)R_f}$ $(R_L' = R_C /\!/ R_L)$ $r_i = R_{b1} /\!/ R_{b2} /\!/ [r_{be} + (1+\beta)(R_f + R_e)]$ $r_o = R_C$	除具有上述特点外，还引入负反馈，使工作点稳定，适应于多级放大电路的中间级
共集电极电路 （电路图：470 kΩ R_b，$+U_{CC}$ 12 V，C_1，C_2，u_i，4.7 kΩ R_e，R_L）	$I_{BQ} = \dfrac{U_{CC} - U_{BE}}{R_b + (1+\beta)R_e}$ $I_{CQ} = \beta I_{BQ}$ $U_{CEQ} = U_{CC} - I_{CQ}R_e)$	$A_U = -\beta\dfrac{(1+\beta)R_L'}{r_{be} + (1+\beta)R_L'}$ $(R_L' = R_e /\!/ R_L)$ $r_i = R_b /\!/ [r_{be} + (1+\beta)R_L']$ $r_o = R_e /\!/ \dfrac{r_{be} + R_S /\!/ R_b}{1+\beta}$ 其中 R_S 是信号源的内阻	输入电阻高，输出电阻低，放大倍数小于 1，输入输出同相，又称射极跟随器。适应于输入级、输出级、缓冲级
共基极电路 （电路图：C_1，C_2，R_e，C_b，R_2，33 kΩ，R_c 2 kΩ，$+U_{CC}$ 12 V，R_1 10 kΩ，R_L，u_i，u_o，R_e 1 kΩ）	$V_B = \dfrac{R_1}{R_1 + R_2}U_{CC}$ $I_{CQ} \approx \dfrac{V_B - U_{BE}}{R_e}$ $I_{BQ} = \dfrac{I_{CQ}}{\beta}$ $U_{CEQ} \approx U_{CC} - I_{CQ}(R_c + R_e)$	$A_U = \beta\dfrac{R_L'}{r_{be} + (1+\beta)R_e}$ $(R_L' = R_C /\!/ R_L)$ $r_i = R_e + \dfrac{r_{be}}{1+\beta}$ $r_o = R_C$	电压放大倍数较高，不能放大电流，输入阻抗低，输出阻抗高，输入输出同相，高频响应好，适应于高频宽带放大、恒流源电路

二、场效应管放大器

场效应管除了与晶体管一样的体积小、寿命长、省电等一系列优点外，还有输入阻抗高、动态范围大、噪声系数小、线性好、抗辐射能力强等优点，对于耗尽型绝缘栅场效应管（又称MOS 管），其栅压的变化范围不受正负的限制，动态范围会更大。因此许多场合，人们都愿意选择场效应管放大器。事实上，场效应管放大器与晶体三极管放大器在设计原则上基本相同，都需要设置合适的静态工作点；需要加合适的输入信号；根据放大器的形式估算放大器的电压增益、输入电阻、输出电阻、带宽等；可设计指标要求，施加一定的负反馈。为方便起见，如表 9.2 所示给出了几款典型的场效应管放大电路，并且给出元件参数及动态指标的计算公式，可作为参考。

表 9.2 典型场效应管放大电路示例

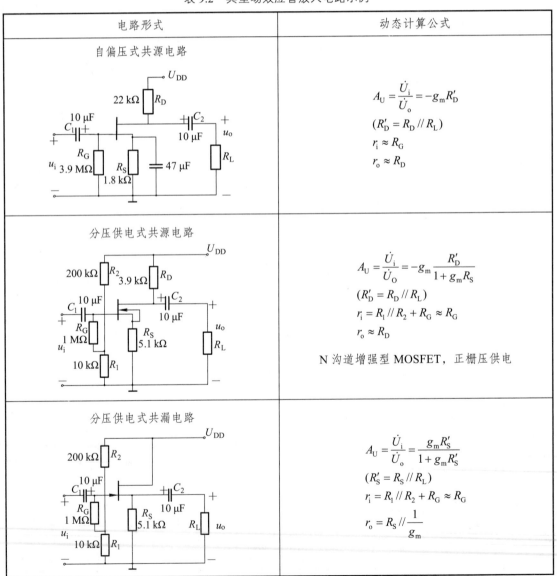

电路形式	动态计算公式
自偏压式共源电路	$A_U = \dfrac{\dot{U}_i}{\dot{U}_o} = -g_m R'_D$ $(R'_D = R_D \mathbin{/\mkern-5mu/} R_L)$ $r_i \approx R_G$ $r_o \approx R_D$
分压供电式共源电路	$A_U = \dfrac{\dot{U}_i}{\dot{U}_o} = -g_m \dfrac{R'_D}{1+g_m R_S}$ $(R'_D = R_D \mathbin{/\mkern-5mu/} R_L)$ $r_i = R_1 \mathbin{/\mkern-5mu/} R_2 + R_G \approx R_G$ $r_o \approx R_D$ N 沟道增强型 MOSFET，正栅压供电
分压供电式共漏电路	$A_U = \dfrac{\dot{U}_i}{\dot{U}_o} = \dfrac{g_m R'_S}{1+g_m R'_S}$ $(R'_S = R_S \mathbin{/\mkern-5mu/} R_L)$ $r_i = R_1 \mathbin{/\mkern-5mu/} R_2 + R_G \approx R_G$ $r_o = R_S \mathbin{/\mkern-5mu/} \dfrac{1}{g_m}$

三、电子开关电路

开关是电子设备中必不可少元件，传统的开关是机械开关，用机械装置来控制触点的闭合与断开。机械开关工作可靠，驱动功率大，但转换速度慢。在电子电路中，广泛采用三极管作为无触点开关，又称电子开关。以 NPN 三极管为例，三极管的集电极 C 和发射极 E 相当机械开关的两个触点。当基极 B 输入一个正脉冲信号，三极管饱和导通，CE 之间电压很小（$U_{CES} \approx 0.3 \text{ V}$），相当于开关闭合；当基极 B 输入为零或输入负脉冲时，三极管截止，相当于开关断开。因此三极管是由输入信号的高、低电平来控制"通"与"断"的，它的开关速度快，无触点磨损，开关寿命长，但驱动功率较小。三极管作开关应用时，管子基极无偏置电路，其饱和与截止完全由输入基极的开关信号控制。

在集成电路中，模拟开关是控制一对互补 MOS 场效应管来实现电路通断的。模拟开关电路非常简单，其电路及图形符号如图 9.3 所示。场效应管 VT_1、VT_2 组成了人们熟知的 CMOS 反相器，VT_3、VT_4 组成了 CMOS 传输门，C 是控制端。当 C 端为高电平"1"时，VT_3、VT_4 两只管子同时导通，传输门开通；当 C 端为低电平"0"时，VT_3、VT_4 同时截止，传输门关闭。传输门的输入、输出是对称的，两端可互换，所以又称双向开关。

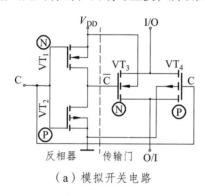

（a）模拟开关电路　　　　　　　　　　（b）模拟开关电路符号

图 9.3　模拟开关

四、部分方波振荡电路的设计

1. 施密特 IC 方波振荡电路设计

在频率稳定要求不高时，可利用具有施密特触发功能集成芯片构成振荡，电路如图 9.4 所示。它的最大优点是简单，可用做超低频率到数兆赫频率的时钟信号与定时信号。但振荡频率的实际值难以准确计算，其数量级为：若反相器为 CMOS 器件，则 $f \approx \dfrac{1.2}{RC}$；若反相器为 TTL 器件，则 $f \approx \dfrac{1}{2.2RC}$。

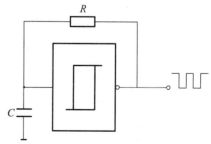

图 9.4　施密特方波振荡电路

2. 三个反相器串联构成的方波振荡器

由三个反相器串联构成的方波振荡器电路如图 9.5 所示。图中 R、C 是决定振荡频率的定时元件；R_1 为保护电阻，用于抑制电容较大时的放电电流。此电路的振荡为

$$f \approx \frac{1}{2.2RC} \tag{9.2}$$

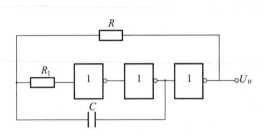

图 9.5　三反相器构成的方波振荡器电路

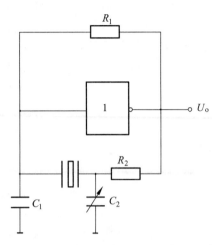

图 9.6　石英晶体构成的方波振荡器电路

3. 石英晶体管构成的方波振荡器

由石英晶体管构成的方波振荡器电路如图 9.6 所示。电路中若反相器为 CMOS 器件，则 R_1 可在（10～30）MΩ 范围内选择，R_2 可在（10～150）kΩ 范围内选择。振荡频率基本上等于石英晶体的谐振频率。改变 C_2 的大小，对振荡频率有微调作用。

4. 集成运算放大电路构成的方波振荡电路

由运放构成的方波振荡电路如图 9.7 所示。图中用运放做比较器，当输出电压达到饱和状态，$U_O = +U_{O(sat)}$ 电容 C 正向充电，当充至 $U_- = U_C$ 达到同相输入端电路 $U_+ = U_{th1} = +U_{O(sat)} [R_1/(R_1 + R_2)]$ 时，输出电压 U_O 由 $+U_{O(sat)}$ 变为 $-U_{O(sat)}$，于是电容 C 放电；当放至 $U_- = U_C$ 达到同相输入端电压 $U_+ = U_{th2} = -U_{O(sat)} [R_1/(R_1 + R_2)]$ 时，输出电压 U_O 由 $-U_{O(sat)}$ 变为 $+U_{O(sat)}$，如此周期性重复，其波形如图 9.8 所示。振荡频率为

$$f = \frac{1}{(R_1 + 2R_2)C\ln 2} \tag{9.3}$$

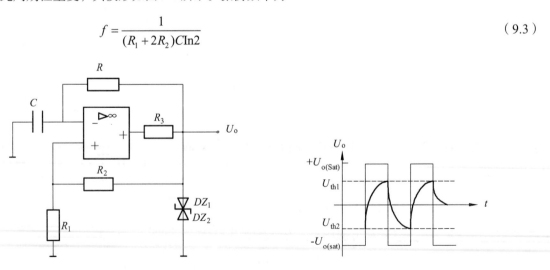

图 9.7　运放构成的方波振荡电路　　　　图 9.8　　振荡波形图

5. 555 定时器构成的方波振荡电路

由 555 定时器构成的方波振荡电路如图 9.9 所示，其中 R_1、R_2 和 C 为定时元件，单电源供电，并容许在 $+5 \sim +15$ V 范围内变化，其工作波形如图 9.10 所示，振荡频率为

$$f = \frac{1}{(R_1 + 2R_2)C \ln 2} \tag{9.4}$$

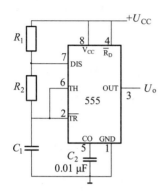

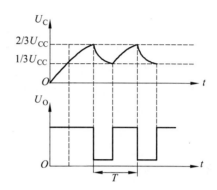

图 9.9　由 555 定时器构成的多谐振荡电路　　　　图 9.10　工作波形图

五、信号放大单元电路

在设计放大电路时，根据放大器的性能要求，恰当地选择集成运算放大器的型号及电路形式。常用的放大电路基本形式有以下几种。

1. 反相比例放大器

反向比例放大器的电路如图 9.11 所示。其电压增益为

$$A_{uf} = -\frac{R_f}{R_1} \tag{9.5}$$

这种电路的优点是电压增益取决于 R_f/R_1，控制起来比较简单；输出电阻趋近于 0，具有较强的带负载能力；输入电阻 $R_i \approx R_1$，为了使该电路的输入电阻不至于过低，R_1 应选择几十千欧至几百千欧数量级；电路中 R_p 为平衡电阻，其值应为 $R_f // R_1$。

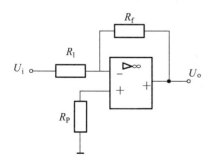

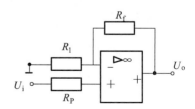

图 9.11　反相比例放大器电路　　　　图 9.12　同相比例放大器电路

2. 同相比例放大器

同向比例放大器电路如图 9.12 所示。其电压增益为

$$A_{uf}=1+\frac{R_f}{R_1} \tag{9.6}$$

这种电路的优点电压增益也取决于 R_f/R_1，输出电阻趋近于 0，具有较强的带负载能力；输入电阻近似等于集成运算放大器的输入电阻，一般都在几十兆欧至几百兆欧。电路中 R_p 为平衡电阻，其值应为 $R_f//R_1$。

这种电路的输出电压与输入电压是同相的，它在系统中常作为缓冲放大器。在许多场合缓冲放大器并不是用来提供增益，而主要用于阻抗变换或电流放大，在这种情况下，可令图 9.12 中电路的 $R_1 = \infty$，$R_f = 0$（或任意值），如图 9.13 所示，称为电压跟随器。在理想情况下，有 $A_{uf} = 1$，$U_o = U_i$，$R_i \approx \infty$，$R_o = 0$。

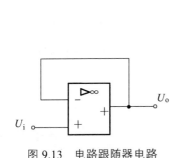

图 9.13　电路跟随器电路　　　　图 9.14　差动输入放大器电路

3. 差动输入放大电路

差动输入放大电路如图 9.14 所示。为了尽可能提高电路的共模抑制比，这种电路在参数选择时通常选择 $R_1 = R_3$，$R_2 = R_4$，在这种条件下，电路的电压增益为

$$A_{uf}=\frac{U_o}{U_2-U_1}=\frac{R_2}{R_1} \tag{9.7}$$

这种电路具有便于调整增益、输入阻抗高、共模抑制比高等优点，在电子电路中应用非常广泛，特别适合于平衡电压信号的放大。$R_1 = R_3$ 的阻值一般选择在数千欧至数十千欧范围。

4. 测量放大电路

测量放大电路如图 9.15 所示。由电路可知

第一级电压增益为

$$A_{U1}=\frac{U_{o1}}{U_i}=\frac{U_{o1}}{U_1-U_2}=1+\frac{2R_2}{R_1}$$

第二级电压增益为

$$A_{U2}=\frac{U_o}{U_{o1}}=-\frac{R_4}{R_3}$$

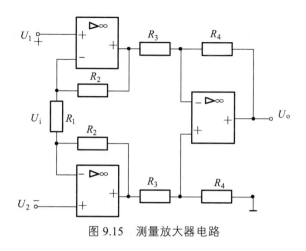

图 9.15　测量放大器电路

电路的总电压增益为

$$A_U = \frac{U_o}{U_i} = A_{U1}A_{U2} = -\left(1 + \frac{2R_2}{R_1}\right)\frac{R_4}{R_3}$$

可见，调整 R_1 的值，即可调整总的电压增益，因此，当 R_1 为可变电阻时，电路就构成了可变增益放大器。

六、固定式三端稳压器的引脚图及典型应用电路

如图 9.16 所示电路是 CW78××、CW79×× 系列的引脚图及应用电路。说明：稳压器输入端的电容 C_i 用来进一步消除纹波，此外，输出端的电容 C_o 与 C_i 起到了频率补偿的作用，能防止自激振荡，从而使电路稳定工作。

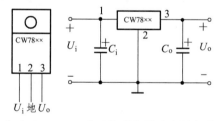

（a）CW78×× 系列的引脚图及应用电路
（其中：$C_i = 0.33\ \mu F$，$C_o = 0.1\ \mu F$，C_1、C_o 采用漏电流小的钽电容）

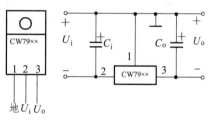

（b）CW79×× 系列的引脚图及应用电路
（其中：$C_i = 2.2\ \mu F$，$C_o = 1\ \mu F$）

图 9.16　固定式三端稳压器的引脚图与应用电路

如图 9.17（a）、（b）所示分别是 CW317 系列、CW337 系列可调式三端稳压器的引脚及应用电路。在图 9.17（a）中，R_1 与 R_w 组成输出电压调节电路，输出电压 $U_o \approx 1.25\ (1 + R_w/R_1)$，$R_1$ 的值为 $120 \sim 240\ \Omega$，流经 R_1 的泄放电流为 $5 \sim 10$ mA。R_w 为精密可调电位器。电容 C_1 可以进一步消除纹波，电容 C_1 与 C_o 还能起到相位补偿作用，以防止电路产生自激振荡。电容 C_2 与 R_w 并联组成滤波电路，电位器 R_w 两端的纹波电压通过电容 C_2 旁路掉，以减小输出电压中的纹波。二极管 D_5 的作用是防止输出端与地短路时，因电容 C_2 上的电压太大而损坏稳压器。

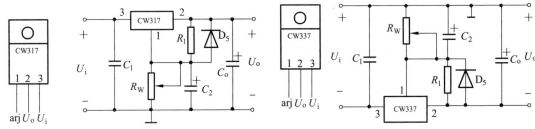

（a）CW317 系列引脚图及应用电路　　　　　（b）CW337 系列引脚图及应用电路

其中：$C_1 = 0.01\ \mu F$，$C_2 = 10\ \mu F$，$C_o = 1\ \mu F$，$R_1 = 200\ \Omega$，　其中：$C_1 = 0.1\ \mu F$，$C_2 = 10\ \mu F$，$C_o = 1\ \mu F$，$R_1 = 200\ \Omega$，

　　　　$R_W = 3\ k\Omega$，D_5 用 IN4001　　　　　　　　　　　　$R_W = 3\ k\Omega$，D_5 用 IN4001

图 9.17　可调三端式集成稳压器

七、LED 数码管显示

在数字测量仪表和各种数字系统中，数字量应该被直观显示出来，以供人们读取结果和监视系统的工作情况，因此，数字显示电路是许多数字设备不可缺少的部分。

数字显示电路通常由代码转换译码器、驱动器和显示器等部分组成，如图9.18所示给出了常见的数字显示电路框图。数字显示器一般可采用发光二极管（LED）数码管、荧光显示管和液晶显示器（LCD），其中 LED 数码管和 LCD 显示器使用非常普遍，这里仅讨论 LED 数码管。

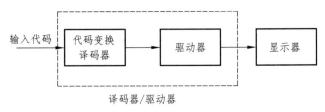

图 9.18　数字显示电路框图

发光二极管数码管常称为 LED 数字管，或简称为数码管。它的引脚图见如图 9.19（a）、（b）所示，分别为共阴极数码管和共阳极数码管。LED 数码管分为两种：一种共阴极数码管，发光二极管的阴极都接在公共电极（GND）上；一种是共阳极数码管，发光二极管的阳极都接在公共电极（V_{CC}）上。如图 9.20（a）、（b）所示，分别给出两种数码管的内部电路结构。

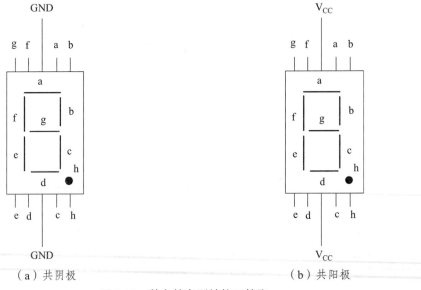

（a）共阴极　　　　　　　　　　　　　　（b）共阳极

图 9.19　数字管字形结构及管脚

LED 数码管要显示 BCD 码所表示的十进制数字往往需要有一个专门的译码器,该译码器不但要有代码译码功能,还要有一定的驱动能力。

（a）共阴极　　　　　　　　　　　　（b）共阳极

图 9.20　数码管两种接法内部电路结构

常用的 LED 数码管有译码器 74LS48（共阴极译码驱动器）、74LS248（共阴极译码驱动器）、74LS47（共阳极译码驱动器）、74LS247（共阳极译码驱动器）、CD4511（共阴极译码驱动器）等,它们的引脚排列可以查阅相关的电子手册。74LS248 的功能和使用方法与 74LS48 几乎相同,两者之间的细微差别只是在显示 6 与 9 这两个数上。CD4511 的使用方法、功能、引脚和显示效果与 74LS48 基本相同,二者的区别在于 CD4511 的输入超过 1001（即大于 9）时,它的输出全为 "0",数码管熄灭。74LS47 的引脚排列与 74LS48 相同,两者的功能也差不多。使用时要注意 74LS47 是用来驱动共阳极显示器的。这些驱动驱动器的驱动电流较大,使用时,输出端与数码管之间一般要串入限流电阻,或在公共端（COM）串入一个限流电阻。

如图 9.21 所示是 74LS47 译码器与共阳极数码管的连接图。

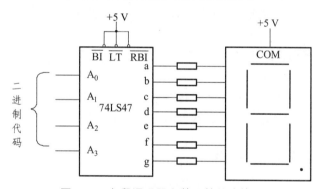

图 9.21　七段译码器和数码管的连接图

八、单元电路之间的级联

单元电路之间经级联后才能构成总体电路,在级联时中,有些问题必须仔细考虑,如两个电路的电气特性匹配、信号耦合方式、时序配合以及相互干扰等问题。

1. 电气特性匹配

电气特性主要是指阻抗、线性范围、负载能力、高低电平等。阻抗匹配和线性范围主要是针对模拟电路,高低电平匹配主要是针对数字电路,负载能力匹配则数字电路和模拟电路都存在。两级电路级联时,实际上后级就是前级的负载,必然存在着前级的负载能力问题。负载能力问题实质是前级提供的电流应能大于后级所需的电路,如果不够则应增加驱动单元电路。

2. 常用的连接方式

常用的连接方式有直接耦合、阻容耦合、变压器耦合、光电耦合和接口电路耦合。

1）阻容耦合

阻容耦合的连接方框图如图 9.22 所示。其特点如下：

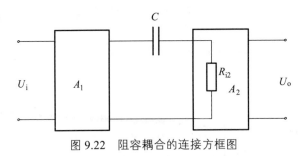

图 9.22　阻容耦合的连接方框图

（1）由于电容器隔直流而通交流，所以各级直流工作点相互独立，前级交流能完整地传送到后级。

（2）阻容耦合放大电路的低频特性差，不能放大变化缓慢的信号。这是因为耦合电容对这类信号呈现很大的容抗，信号的部分甚至全部几乎衰减在耦合电容上。

2）直接耦合

直接耦合是把前级的输出端直接或通过恒压器件接到下级输入端。其特点为：

（1）两级直接相连，除将前级输出的交流信号送到后级外，也会将前级输出的直流信号送到后级。

（2）会导致零点漂移，即前级工作点随温度的变化会向后级传递并逐级放大，使得输出端产生很大的漂移电压。

（3）要考虑前后级的电位匹配，这是因为由于前后级之间的直流连通，使各级工作点互相影响，不能独立。因此，必须考虑各级间直流电平的配置问题，以使每一级都有合适的工作点。

如图 9.23 所示，给出了几种电平配置的实例。

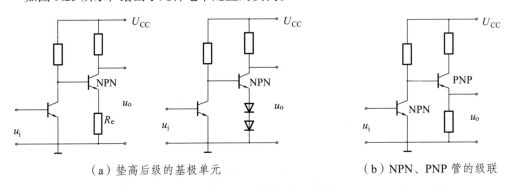

（a）垫高后级的基极单元　　　　　　（b）NPN、PNP 管的级联

图 9.23　直接耦合示例图

3）光电耦合

如图 9.24 所示，光电耦合是以光信号为媒介来实现电信号的耦合和传递的。实现光电耦合的基本器件是光电耦合器，其基本原理为：输出端电信号，发光器件由电→光，受光器件由光→电，输出电信号，实现了从电到光、光再到电的传输。其特点为：

（1）光是传输的媒介，从而使输入和输出两端实现电气上的绝缘和隔离，输出端对输入端无反馈作用。

（2）由于光传输的单向性，所以信号从光源单向传输到光接收器时不会出现反馈现象，其输出信号悖逆会影响输入端。

（3）响应速度快，光电耦合器的时间常数在微秒甚至毫微秒级。

（4）抗干扰能力强，工作稳定可靠。

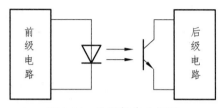

图 9.24　光电耦合方框图

光电隔离放大器的前、后级之间不能有任何电的连接。即使是"地线"也不能连接在一起，前、后级也不能共用电源，否则就失去了隔离的意义。一般前级放大器可以采用电池供电，或采用 DC/DC 变换器供电。

4）变压器耦合

将放大电路前级的输出端通过变压器接到后级的输入端或负载电阻上，称为变压器耦合，变压器耦合的特点为：

（1）由于变压器是靠磁路耦合的，所以它的各级放大电路的静态工作点相互独立。

（2）电路效率较高，功耗较小，静态功耗近似为零。

（3）可以实现阻抗变换，因而在分立元件功率放大电路中得到广泛应用。

（4）变压器有损耗，且体积大、笨重、频带窄，不适用于制作集成电路。

第三节　课题设计举例

一、直流稳压电源设计

1. 设计任务和要求

（1）设计一个输出电压连续可调的稳压电源。性能指标为：

① 输出电压 U_O =（ +3 ~ +12 V ）；最大输出电流 $I_{O\max} = 100$ mA ；

② 负载电流 $I_O = 80$ mA ；

③ 纹波电压 $\Delta U_{op\text{-}p} \leqslant 5$ mV ；

④ 稳压系数 $S_V \leqslant 5 \times 10^{-3}$ 。

（2）设计满足以上性能指标的稳压电源，计算出稳压电源中各元件的参数，安装和调试电路。

（3）在保证电路正常工作后，测出稳压电源的性能参数 $U_{O\min}$ 、$U_{O\max}$ 、$I_{O\max}$ 、S_V 、R_O $\Delta U_{op\text{-}p}$ 和 γ 。

2. 方案设计

小功率稳压电源由电源变压器、整流电路、滤波电路和稳压电路四个部分组成，其组成框图如图 9.25（a）所示，各工作过程输出波形如图 9.25（b）所示。

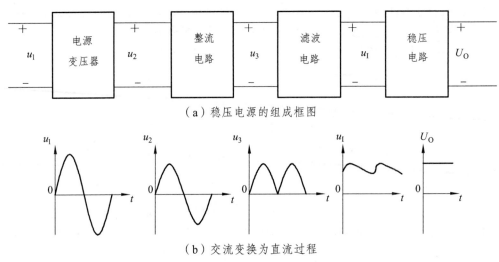

（a）稳压电源的组成框图

（b）交流变换为直流过程

图 9.25　稳压电源的组成框图及交流变换为直流过程

1）电源变压器

电源变压器的作用是将来自电网的 220 V 交流电压 u_1 变换为整流电路所需的交流电压 u_2。电源变压器的效率为

$$\eta = \frac{P_2}{P_1} \tag{9.8}$$

其中，P_2 是变压器副边的功率；P_1 是变压器原边的功率。一般小型变压器的效率如表 9.3 所示。

表 9.3　小型变压器的效率

副边功率 P_2	<10 VA	10 ~ 30 VA	30 ~ 80 VA	80 ~ 200 VA
效率 η	0.6	0.7	0.8	0.85

因此，当算出了副边功率 P_2 后，就可以根据上表算出原边功率 P_1。

2）整流和滤波电路

在稳压电源中一般用四个二极管组成桥式整流电路，整流电路的作用是将交流电压 u_2 变换成脉动的直流电压 u_3。滤波电路一般由电容组成，其作用是把脉动直流电压 u_3 中的大部分纹波加以滤除，以得到较平滑的直流电压 U_I。U_I 与交流电压 u_2 的有效值 U_2 的关系为

$$U_I = (1.1 \sim 1.2)U_2 \tag{9.9}$$

在整流电路中，每只二极管所承受的最大反向电压为：

$$U_{RM} = \sqrt{2}U_2 \tag{9.10}$$

流过每只二极管的平均电流为

$$I_D = \frac{I_R}{2} = \frac{0.45U_2}{R} \quad\quad （9.11）$$

其中，R 为整流滤波电路的负载电阻，它为电容 C 提供放电通路，放电时间常数 RC 应满足

$$RC > \frac{(3 \sim 5)T}{2} \quad\quad （9.12）$$

其中，$T = 20$ ms 是 50 Hz 交流电压的周期。

3）稳压电路

由于输入电压 u_1 发生波动、负载和温度发生变化时，滤波电路输出的直流电压 U_o 会随着变化。因此，为了维持输出电压 U_o 稳定不变，还需加一级稳压电路。稳压电路的作用是当外界因素（电网电压、负载、环境温度）发生变化时，能使输出直流电压不受影响，而维持稳定的输出。稳压电路一般采用集成稳压器和一些外围元件所组成。采用集成稳压器设计的稳压电源具有性能稳定、结构简单等优点。

集成稳压器的类型很多，在小功率稳压电源中，普遍使用的是三端稳压器。按输出电压类型可分为固定式和可调式，此外又可分为正电压输出或负电压输出两种类型。

（1）固定电压输出稳压器。

常见的有 CW78××（LM78××）系列三端固定式正电压输出集成稳压器；CW79××（LM79××）系列三端固定式负电压输出集成稳压器。三端是指稳压电路只有输入、输出和接地三个接地端子。型号中最后两位数字表示输出电压的稳定值，有 5 V、6 V、9 V、15 V、18 V 和 24 V。稳压器使用时，要求输入电压 U_I 与输出电压 U_o 的电压差 $U_I - U_o \geqslant 2$ V。稳压器的静态电流 $I_O = 8$ mA。当 $U_O = 5 \sim 18$ V 时，U_I 的最大值 $U_{Imax} = 35$ V；当 $U_O = 18 \sim 24$ V 时，U_I 的最大值 $U_{Imax} = 40$ V。它们的引脚功能及组成的典型稳压电路可参见图 9.16 所示。

（2）可调式三端集成稳压器。

可调式三端集成稳压器是指输出电压可以连续调节的稳压器，有输出正电压的 CW317 系列（LM317）三端稳压器；有输出负电压的 CW337 系列（LM337）三端稳压器。在可调式三端集成稳压器中，稳压器的三个端是指输入端、输出端和调节端。稳压器输出电压的可调范围为 $U_O = 1.2 \sim 37$ V，最大输出电流 $I_{Omax} = 1.5$ A。输入电压与输出电压差的允许范围为：$U_I - U_O = 3 \sim 0$ V。三端可调式集成稳压器的引脚及其应用电路可参见图 9.17 所示。

3. 电路设计

稳压电源的设计是根据稳压电源的输出电压 U_O、输出电流 I_O、输出纹波电压 ΔU_{op-p} 等性能指标要求，正确地确定出变压器、集成稳压器、整流二极管和滤波电路中所用元器件的性能参数，从而合理地选择这些器件。

稳压电源的设计可以分为以下三个步骤：

（1）根据稳压电源的输出电压 U_O、最大输出电流 I_{Omax}，确定稳压器的型号及电路形式。

（2）根据稳压器的输入电压 U_I，确定电源变压器副边电压 u_2 的有效值 U_2；根据稳压电源的最大输出电流 I_{Omax}，确定流过电源变压器副边的电流 I_2 和电源变压器副边的功率 P_2；根据 P_2，从表 9.3 查出变压器的效率 η，从而确定电源变压器原边的功率 P_1。然后根据所确定的参数，选择电源变压器。

（3）确定整流二极管的正向平均电流 I_D、整流二极管的最大反向电压 U_{RM} 和滤波电容的电容值和耐压值。根据所确定的参数，选择整流二极管和滤波电容。

设计举例：

设计一个直流稳压电源，性能指标要求为：

$U_O = +3 \sim +9\,\text{V}$，$I_{Omax} = 800\,\text{mA}$ 纹波电压的有效值 $\Delta U_O \leqslant 5\,\text{mV}$，稳压系数 $S_V \leqslant 3 \times 10^{-3}$。

设计步骤：

（1）选择集成稳压器，确定电路形式。

集成稳压器选用 CW317，其输出电压范围为 $U_O = 1.2 \sim 37\,\text{V}$，最大输出电流 I_{Omax} 为 1.5 A。所确定的稳压电源电路如图 9.26 所示。

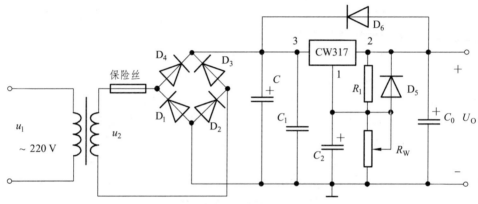

图 9.26　输出电压可调的稳压电源

图 9.26 中，取 $C_1 = 0.01\,\mu\text{F}$，$C_2 = 10\,\mu\text{F}$，$C_0 = 1\,\mu\text{F}$，$R_1 = 200\,\Omega$，$R_w = 2\,\text{k}\Omega$，二极管用 IN4001。

在图 9.26 电路中，R_1 和 R_w 组成输出电压调节电路，输出电压 $U_O \approx 1.25(1 + R_w/R_1)$，$R_1$ 取 $120 \sim 240\,\Omega$，流过 R_1 的电流为 $5 \sim 10\,\text{mA}$。取 $R_1 = 240\,\Omega$，则由 $U_O = 1.25(1 + R_w/R_1)$，可求得 $R_{wmin} = 210\,\Omega$，$R_{wmax} = 930\,\Omega$，故取 R_w 为 $2\,\text{k}\Omega$ 的精密线绕电位器。

（2）选择电源变压器。

由于 CW317 的输入电压与输出电压差的最小值 $(U_I - U_O)_{min} = 3\,\text{V}$，输入电压与输出电压差的最大值 $(U_I - U_O)_{max} = 40\,\text{V}$，故 CW317 的输入电压范围为

$$U_{Omax} + (U_I - U_O)_{min} \leqslant U_I \leqslant U_{Omin} + (U_I - U_O)_{max} \tag{9.13}$$

即

$$9\,\text{V} + 3\,\text{V} \leqslant U_I \leqslant 3\,\text{V} + 40\,\text{V}$$

$$12\,\text{V} \leqslant U_I \leqslant 43\,\text{V}$$

$$U_2 \geqslant \frac{U_{Imin}}{1.1} = \frac{12}{1.1} = 11\,\text{V}，\ \text{取}\ U_2 = 12\,\text{V}$$

变压器副边电流：

$$I_2 > I_{Omax} = 0.8\,\text{A}，\ \text{取}\ I_2 = 1\,\text{A}$$

因此，变压器副边输出功率：

$$P_2 \geqslant I_2 U_2 = 12 \text{ W}$$

由于变压器的效率 $\eta = 0.7$，所以变压器原边输入功率 $P_1 \geqslant P_2 / \eta = 17.1 \text{ W}$，为留有余地，选用功率为 20 W 的变压器。

（3）选用整流二极管和滤波电容。

由于 $U_{RM} > \sqrt{2} U_2 = \sqrt{2} \times 12 = 17 \text{ V}$，$I_{O\max} = 0.8 \text{ A}$。

IN4001 的反向击穿电压 $U_{RM} \geqslant 50 \text{ V}$，额定工作电流 $I_D = 1 \text{ A} > I_{o\max}$，故整流二极管选用 IN4001。

根据 $U_O = 9 \text{ V}$，$U_I = 12 \text{ V}$，$\Delta U_{op\text{-}p} = 5 \text{ mV}$，$S_v = 3 \times 10^{-3}$，和公式

$$S_v = \frac{\Delta U_O}{U_O} \left/ \frac{\Delta U_I}{U_I} \right|_{T=\text{常数}}^{I_o=\text{常数}} \qquad (9.14)$$

可求得

$$\Delta U_I = \frac{\Delta U_{op\text{-}p} U_I}{U_O S_v} = \frac{0.005 \times 12}{9 \times 3 \times 10^{-3}} = 2.2 \text{ V}$$

所以，滤波电容

$$C = \frac{I_c t}{\Delta U_I} = \frac{I_{O\max} \cdot \dfrac{T}{2}}{\Delta U_I} = \frac{0.8 \times \dfrac{1}{50} \times \dfrac{1}{2}}{2.2} = 0.003\,636 \text{ F} = 3\,636 \text{ μF}$$

电容的耐压要大于 $\sqrt{2} U_2 = \sqrt{2} \times 12 = 17 \text{ V}$，故滤波电容 C 取容量为 4 700 μF，耐压为 25 V 的电解电容。

4. 电路制作与调试

按如图 9.27 所示安装集成稳压电路，然后从稳压器的输入端加入直流电压 $U_I \leqslant 12 \text{ V}$，调节 R_W，若输出电压也跟着发生变化，说明稳压电路工作正常。

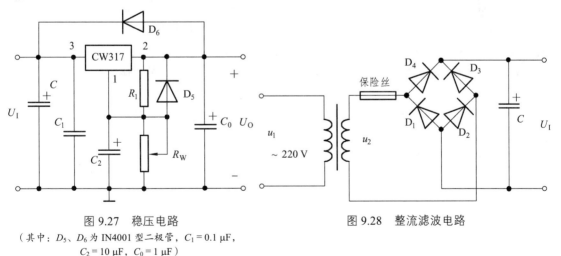

图 9.27　稳压电路　　　　　图 9.28　整流滤波电路

（其中：D_5、D_6 为 IN4001 型二极管，$C_1 = 0.1$ μF，
$C_2 = 10$ μF，$C_0 = 1$ μF）

用万用表测量整流二极管的正、反向电阻，正确判断出二极管的极性后，按如图 9.28 所示先在变压器的副边接上额定电流为 1 A 的保险丝，然后安装整流滤波电路。安装时要注意，二极管和电解电容的极性不要接反。经检查无误后，才将电源变压器与整流滤波电路连接，通电

后，用示波器或万用表检查整流后输出电压 U_1 的极性，若 U_1 的极性为负，则说明整流电路没有接对，此时若接入稳压电路，就会损坏集成稳压器。因此确定 U_1 的极性为正后，断开电源，按如图 9.26 所示将整流滤波电路与稳压电路连接起来。然后接通电源，调节 R_W 的值，若输出电压满足设计指标，说明稳压电源中各级电路都能正常工作，此时就可以进行各项指标的测试。

5. 稳压电源各项性能指标的测试

1）输出电压与最大输出电流的测试电路如图 9.29 所示。

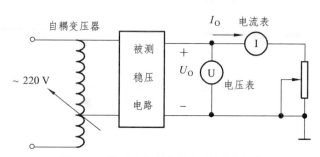

图 9.29　稳压电源性能指标的测试电路

一般情况下，稳压器正常工作时，其输出电流 I_o 要小于最大输出电流 I_{Omax}，取 $I_o = 0.5\,\text{A}$，可算出 $R_L = 18\,\Omega$，工作时 R_L 上消耗的功率为

$$P_L = U_o I_o = 9 \times 0.5 = 4.5\,\text{W}$$

故 R_L 取额定功率为 5 W，阻值为 18 Ω 的电位器。

测试时，先使 $R_L = 18\,\Omega$，交流输入电压为 220 V，用数字电压表测量的电压值就是 U_o。然后慢慢调小 R_L，直到 U_o 的值下降 5%，此时流经 R_L 的电流就是 I_{Omax}，记下 I_{Omax} 后，要马上调大 R_L 的值，以减小稳压器的功耗。

2）稳压系数的测量

按如图 9.29 所示连接电路，在 $U_1 = 220\,\text{V}$ 时，测出稳压电源的输出电压 U_o。然后调节自耦变压器使输入电压 $U_1 = 242\,\text{V}$，测出稳压电源对应的输出电压 U_{O1}；再调节自耦变压器使输入电压 $U_1 = 198\,\text{V}$，测出稳压电源的输出电压 U_{O2}。则稳压系数为

$$S_V = \frac{\Delta U_o}{U_o} \bigg/ \frac{\Delta U_1}{U_1} = \frac{220}{242 - 198} \cdot \frac{U_{O1} - U_{O2}}{U_o}$$

3）输出电阻的测量

按如图 9.29 所示连接电路，保持稳压电源的输入电压 $U_1 = 220\,\text{V}$，在不接负载 R_L 时测出开路电压 U_{O1}，此时 $I_{O1} = 0$，然后接上负载 R_L，测出输出电压 U_{O2} 和输出电流 I_{O2}，则输出电阻为

$$R_O = -\frac{U_{O1} - U_{O2}}{I_{O1} - I_{O2}} = \frac{U_{O1} - U_{O2}}{I_{O2}}$$

4）纹波电压的测试

用示波器观察 U_o 的峰峰值（此时 Y 通道输入信号采用交流耦合 AC），测量 $\Delta U_{op\text{-}p}$ 的值（约几毫伏）。

5）纹波因数的测量

用交流毫伏表测出稳压电源输出电压交流分量的有效值，用万用表（或数字万用表）的直流电压挡测量稳压电源输出电压的直流分量。则纹波因数为

$$\gamma = \frac{\text{输出电压交流分量的有效值}}{\text{输出电压的直流分量}}$$

6. 实验报告要求

（1）列出设计题目和技术指标要求。

（2）列出设计步骤和电路中各参数的计算结果。

（3）画出标有元件值的电路图。

（4）列出性能指标的测试过程。

（5）整理实验数据，并与理论值进行比较。

二、波形发生器设计

1. 任务和要求

设计一台函数信号发生器。技术指标要求：

（1）输出波形为：正弦波、方波、三角波。

（2）频率范围为：1～10 Hz，10～100 Hz，100 Hz～1 kHz，1～10 kHz 等 4 个波段。

（3）输出电压：波形的峰-峰值为 2 V。

2. 方案设计

波形发生器的原理框图如图 9.30 所示。此波形发生器能自动产生正弦波、三角波、方波。产生的方案有多种，如先产生正弦波，然后通过整形电路将正弦波变换成方波，再由积分电路变成三角波；也可以先产生三角波或方波，再将它们变成正弦波。图 9.30 是先由比较电路产生方波，再由积分电路产生三角波，然后由差分放大电路将三角波变成正弦波。

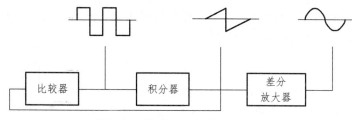

图 9.30　波形发生器的原理框图

本系统主要采用的是由集成运算放大器组成正弦波-方波-三角波波形发生器。其框图如图 9.31 所示。

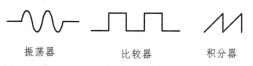

图 9.31　正弦波-方波-三角波波形发生器原理框图

3. 单元电路设计

1）RC 桥式正弦波振荡器

其中 RC 串并联电路构成正反馈支路，同时兼作选频网络，R_1，R_2，R_P 及二极管等元件构成负反馈和稳幅环节。

电路的振荡频率

$$f_0 = \frac{1}{2\pi RC} \tag{9.15}$$

起振的幅值条件

$$\frac{R_f}{R_1} \geqslant 2 \tag{9.16}$$

正弦波振荡器原理图如图 9.32 所示。

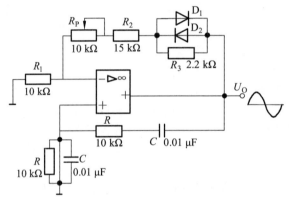

图 9.32　正弦波振荡器原理图

2）方波-三角波发生器

将正弦波送至运算放大器 A_1 的反相输入端，A_1 构成方波发生器。输出方波经由电阻 R_1、R_2 分压馈送至 A_1 的同相端，输出的方波经反相积分器 A_2 积分后可得到三角波。

三角波、方波发生器电路如图 9.33 所示。

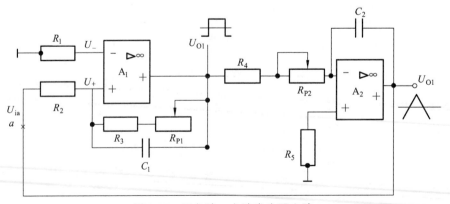

图 9.33　三角波、方波发生器电路

正弦波-方波发生器输出波形如图9.34所示。

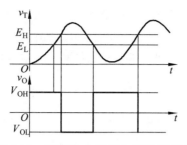

图 9.34　正弦波-方波发生器输出波形

其中

$$E_L = \frac{V_{OL} + E_R \dfrac{R_2}{R_1}}{1 + \dfrac{R_2}{R_1}} \qquad E_H = \frac{V_{OH} + E_R \dfrac{R_2}{R_1}}{1 + \dfrac{R_2}{R_1}} \qquad （9.17）$$

三角波、方波发生器输出波形如图9.35所示。

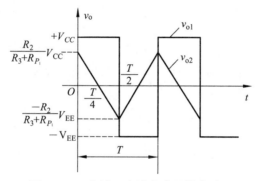

图 9.35　三角波、方波发生器输出波形

其中

$$v_{o2} = \frac{-1}{(R_4 + RP_2)C_2} \int v_{o1} d \qquad （9.18）$$

4. 电路制作与调试

对制作好的 PCB 板，或准备好的面包板，按照装配图或原理图进行器件装配，装配好之后进行电路的调试。调试规则为：

1）通电准备

打开电源之前，先按照系统原理图检查制作好的电路板的通断情况，并取下 PCB 上的集成块，然后接通电源，用万用表检查板上的各点的电源电压值，完成之后再关掉电源，插上集成块。

2）单元电路检测

（1）RC 桥式正弦波振荡器。

调节图 9.32 中 R_P，可以改变负反馈深度，以满足振荡的振幅条件并改善波形。利用两个反

向并联二极管 D_1 及 D_2 正向电阻的非线性特性来实现稳幅。D_1，D_2 采用硅管（温度稳定性好），且要求特性匹配，才能保证输出波形正、负半周对称。R_3 的接入是为了削弱二极管非线性的影响，以改善波形失真。

改变选频网络的参数 C 或 R，即可调节振荡频率。一般采用改变电容 C 做频率量程切换，而调节 R 只做量程内的频率细调。

（2）方波-三角波发生器的装调。

由于比较器 A_1 与积分器 A_2 组成正反馈闭环电路，同时输出方波与三角波，故这两个单元电路可以同时安装。需要注意的是，在安装电位器 R_{P1} 与 R_{P2} 之前，要先将其调整到设计值，否则电路可能会不起振。如果电路接线正确，则在接通电源后，A_1 的输出 v_{o1} 为方波，A_2 的输出 v_{o2} 为三角波，微调 R_{P1}，使三角波的输出幅度满足设计指标要求，调节 R_{P2}，则输出频率连续可变。

5. 报告要求

（1）项目的任务与要求。

（2）设计题目、任务与要求。

（3）系统概述。

针对设计任务及指标提出两种设计方案，方案比较：对选取的方案做可行性论证列出系统框图，介绍设计思路及工作原理。

（4）电路设计与分析。

介绍各单元电路的选型、工作原理、指标考虑及计算元件参数，提出型号。优化电路，并进行仿真，分析仿真结果，看是否需要对方案或设计电路进行改进，如何改进？

（5）电路、安装调试与测试。

介绍测量仪器的名称、型号，记录现象和波形，分析相关现象的产生原因和解决办法以及所取得的效果。

（6）设计结束后，学生提交个人心得体会，对设计型综合实验的内容、方法、手段、效果进行全面评价，并提出改进的意见和建议。

6. 思考题

（1）三角波的输出幅度是否可以超过方波的幅度？如果正负电源电压不等，输出波形如何？

（2）用差分放大器实现三角波到正弦波的变换，有何优缺点？

三、多路智力竞赛抢答器设计

1. 任务和要求

1）基本功能

（1）设计一个智力竞赛抢答器，可同时供 8 名选手或 8 个代表队参加比赛，他们的编号分别是 0、1、2、3、4、5、6、7，各用一个抢答按钮，按钮的编号与选手的编号相对应，分别是 S_0、S_1、S_2、S_3、S_4、S_5、S_6、S_7。

（2）给节目主持人设置一个控制开关，用来控制系统的清零（编号显示数码管灭灯）和抢答的开始。

（3）抢答器具有数据锁存和显示的功能。抢答开始后，若有选手按动抢答按钮，编号立即锁存，并在 LED 数码管上显示选手的编号，同时扬声器给出音响提示。此外，要封锁输入电路，禁止其他选手抢答。优先抢答的选手编号一起保持到主持人将系统清零为止。

2）扩展功能

（1）抢答器具有定时抢答的功能，且一次抢答的时间可以由主持人设定（如 20 s）。当节目主持人启动"开始"键后，要求定时器立即减计时，并用显示器显示，同时扬声器发出短暂的声响，声响持续时间 0.5 s 左右。

（2）参赛选手在设定的时间内抢答，抢答有效，定时器停止工作，显示器上显示选手的编号和抢答时刻的时间，并保持到主持人将系统清零为止。

（3）如果定时抢答的时间已到，却没有选手抢答时，本次抢答无效，系统短暂报警，并封锁输入电路，禁止选手超时后抢答。时间显示器显示 00。

2. 抢答器组成框图与工作原理

多路智力抢答器的原理框图如图 9.36 所示，它由主体电路和扩展电路两部分组成。主体电路完成基本的抢答功能，即开始抢答后，当选手按动抢答键时，能显示选手的编号，同时能封锁输入电路，禁止其他选手抢答。扩展电路完成定时抢答的功能。

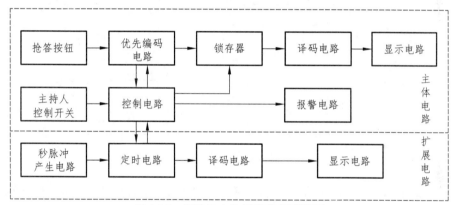

图 9.36　多路智力抢答器的原理框图

定时抢答器的工作过程是：接通电源时，节目主持人将开关置于"清除"位置，抢答器处于禁止工作状态，编号显示器灭灯，定时器倒计时。当定时时间到，却没有选手抢答时，系统报警，并封锁输入电路，禁止选手超时后抢答。当选手在定时时间内按动抢答键时，抢答器要完成以下四项工作：① 优先编码电路立即分辨出抢答者的编号，并由锁存器进行锁存，然后由译码显示电路显示编号；② 扬声器发出短暂声响，提醒节目主持人注意；③ 控制电路要对输入编码电路进行封锁，避免其他选手再次进行抢答；④ 控制电路要使定时器停止工作，时间显示器上显示剩余的抢答时间，并保持到主持人将系统清零为止。当选手将问题回答完毕，主持人操作控制开关，使系统恢复到禁止工作状态，以便进行下一轮抢答。

3. 单元电路设计

1）抢答电路设计

抢答部分的电路功能：一是将抢答选手的编号识别出并锁存显示到数码管上；二是使其他选手按键无效；三是有人抢答时输出时序控制信号，使计数电路停止工作并报警。其电路图如图 9.37 所示。

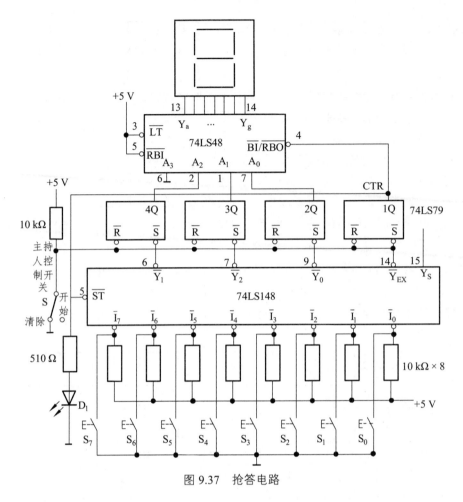

图 9.37　抢答电路

该部分主要由 74LS148 优先编码器、RS 锁存器 74LS279、译码器 74LS48 和按键、7 段数码管组成，如图 9.37 所示。抢答输入端为 74LS148 的 $\overline{I_7}$ 到 $\overline{I_0}$ 脚，当有选手按键时，74LS148 的相应的引脚为低电平，电路完成以下动作：

（1）74LS148 将编码输入到锁存器中，并通过锁存器由 74LS48 译码后显示到数码管。

（2）74LS148 译码输出端 $\overline{Y_{EX}}=0$，通过控制时序电路使 74LS148 的使能端 $\overline{ST}$ 为 1，74LS148 停在译码工作，使以后其他选手的按键无效。

（3）时序信号 $\overline{Y_{EX}}=0$，CTR＝1，通过控制时序电路使计时电路停止工作，报警电路报警。

抢答部分的电路与其他电路的接口主要有：

S：输入，与主持人总控相接，此处控制数码管的清零。

$\overline{ST}$：输入，74LS148 的使能控制端（由 74LS00 输入）。

$\overline{Y_{EX}}$：输出，报警时序控制（与 74LS121 相连）。

CTR：输出，报警时序控制（与 74LS00 相连）。

2）定时电路

此电路主要实现抢答倒计时，同时通过输出接口与时序控制电路相接，实现时序控制，当无人抢答且时间到时并报警。其电路图如图 9.38 所示。

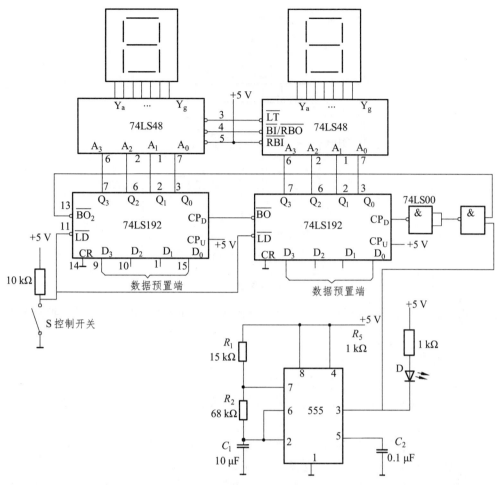

图 9.38　可预置时间的定时电路

该部分主要由 555 脉冲产生电路、74LS192 减法计数电路、74LS48 译码电路和 2 个 7 段数码管及相关电路组成。两块 74LS192 实现减法计数，通过译码电路 74LS48 显示到数码管上，其时钟信号由时钟产生电路提供。74LS192 的预置数控制端实现预置数，当主持人按下控制按键 S 时，实现预置。按键弹起后，计数器开始减法计数工作，并将时间显示在 LED 上，当有人抢答时，停止计数并显示此时的倒计时时间；如果没有人抢答，且倒计时时间到时，BO_2 输出低电平到时序控制电路，控制报警电路报警，同时以后选手抢答无效。

定时电路与其他电路接口：

CP（CLOCK）：输入，计数脉冲，时钟控制电路产生，由 74LS11 输出。

S：输入，主持人总控，此处控制计数器 74LS192 的预置数。

BO_2：输出，倒计时时间到时输出低电平 0，与时序电路 74LS121 相接，控制报警。

3）报警控制电路

报警控制电路如图 9.39 所示，此电路主要完成抢答开始、抢答电路的报警提示和控制时间结束的报警提示，由 555 定时器和三极管构成，其中 555 构成多谐振荡器，振荡频率为

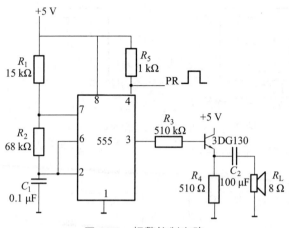

图 9.39　报警控制电路

$$f_0 = \frac{1}{(R_1 + 2R_2)C\ln 2} \approx \frac{1.43}{(R_1 + 2R_2)C} \quad (9.19)$$

其输出信号经三极管推动扬声器，PR 为控制信号，当 PR 为高电平时，多谐振荡器工作；反之，电路停振。

4）时钟产生和时序控制电路

时序控制电路是抢答器设计的关键，它要完成以下 3 项功能。

（1）主持人将控制拨到"开始"位置时，扬声器发声，抢答电路和定时电路进入正常抢答工作状态。

（2）当参赛选手按动抢答键时，扬声器发声，抢答电路和定时电路停止工作。

（3）当设定的抢答时间到，无人抢答时，扬声器发声，同时抢答电路定时电路停止工作。

此电路主要为计数电路提供计数脉冲，同时完成主持人控制以及以上各部分的逻辑控制协调，使电路正常工作，其电路图如图 9.40 所示。

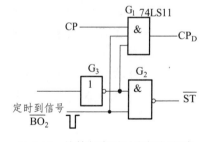

图 9.40　抢答与定时时序控制电路

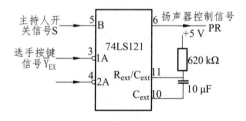

图 9.41　报警时序控制电路

抢答与定时时序控制电路与其他电路接口：

$\overline{BO_2}$：输入，由计数电路产生。

CTR：输入，由抢答电路产生。

$\overline{ST}$：输出，控制抢答电路。

CP_D：输出，提供给计数电路。

该部分主要由定时器 555、单稳态触发器 74LS121、与非门 74LS00、三段输入与门 74LS11

和相关电路组成。由 555 产生计数脉冲，通过 74LS00 和 74LS11 结合控制信号 $\overline{BO_2}$、CTR 控制输入到计数电路的脉冲有无。脉冲周期 $t = (R_1 + 2R_2)C\ln 2$，选择电容为 $10\ \mu F$，本设计中选取 $R_1 = 15\ k\Omega$，$R_2 = 68\ k\Omega$，$t = 1.047\ s$。主持人控制开关从"清除"拨到"开始"时，图 9.37 中 74LS279 的输出 CTR $= 0$，经 G_3 反相 $A = 1$，同时 555 输出端时钟信号 CP，输出到计数电路的脉冲为 $CP_D = \overline{CTR \cdot \overline{BO_2} \cdot CP}$，$CP_D = CP$，定时电路进行递减计时。在定时时间未到时，$\overline{BO_2} = 1$，门 G_2 的输出 $\overline{ST} = 0$，使 74LS148 处于正常工作状态，从而实现功能（1）的要求。当有人抢答时 CTR $= 1$，经 G_3 反相，$A = 0$，封锁 CP 信号，定时器处于保持工作状态，同时，$\overline{ST} = \overline{\overline{BO_2} \cdot \overline{CTR}}$，G2 的输出 $\overline{ST} = 1$，74LS148 处于禁止工作状态，从而实现功能（2）的要求。当定时时间到 74LS192 的 $\overline{BO_2} = 0$，$\overline{ST} = 1$，74LS148 处于禁止工作状态，禁止选手进行抢答。同时门 G1 处于关门状态，封锁 CP 信号，使定时电路保持 00 状态不变，从而实现功能（3）的要求。74LS121 用于控制报警电路及发声的时间，如图 9.41 所示。

报警时序控制电路与其他电路接口：

$\overline{Y_{EX}}$：输入，由抢答电路提供。

$\overline{BO_2}$：输入，由计数电路提供。

S：输入，来自主持人按键。

PR：来自 74LS121 的 $\overline{Q}$，与 555 的清零端（4 脚）相接，控制 555 的振荡与否。

报警时序控制电路主要由 555 时钟电路（用于控制报警声音频率）、蜂鸣器等相关的延时电路和控制电路组成。单稳态触发器 74LS121 通过信号 $\overline{Y_{EX}}$、BO_2、S 控制报警与否和报警时间，555 时钟电路产生脉冲时钟。当 74LS121 输出单稳态触发器的输出延时 $t_w = R_{ext}C_{ext}\ln 2$。取 $C_{ext} = 10\ \mu F$，$R_{ext} = 620\ k\Omega$，有 $t_w = R_{ext}C_{ext}\ln 2 = 4.3\ s$。报警持续时间为 t_w。

4. 整机电路设计

经过以上单元电路的设计，可以得到定时抢答电路的整机电路，如图 9.42 所示。

5. 电路制作与调试

根据需求选择电路的设计单元进行组合，完成系统的原理图设计与 PCB 设计，对制作好的 PCB 板，或准备好的面包板，按照装配图或原理图进行器件装配，装配好之后进行电路的调试。调试规则为：

1）通电准备

打开电源之前，先按照系统原理图检查制作好的电路板的通断情况，并取下 PCB 上的集成块，然后接通电源，用万用表检查板上的各点的电源电压值，完好之后再关掉电源，插上集成块。

2）单元电路检测

（1）抢答电路。

把主持人的控制开关设置为"清除"位置，用万用表检查 RS 触发器的 $\overline{R}$ 端为低电平，输出端（4Q～1Q）全部为低电平。于是 74LS48 的 BI $= 0$，显示器灭灯；74LS148 的选通输入端 $\overline{ST} = 0$，74LS148 处于工作状态，此时锁存电路不工作。然后把主持人的控制开关拨到"开始"位置，优先编码电路和锁存电路同时处于工作状态，即抢答器处于等待工作状态，8 路抢答端口即输入端 $\overline{I_7} \cdots \overline{I_0}$ 给上低电平的输入信号，如当有选手将键按下时（如按下 S_5），上电时，74LS121 的状态为 1，PR $= 1$，555 振荡，蜂鸣器按时钟频率鸣叫，表示电路

227

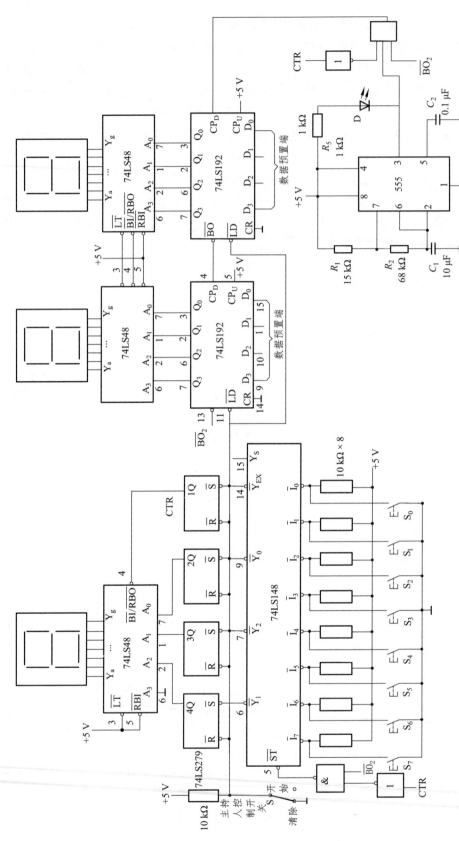

图 9.42 定时抢答电路的整机电路图

正常工作；当主持人按下键时，不能报警提醒选手，由于 74LS121 不能实现此次功能，这是本设计的缺陷；在规定的时间有人抢答时，$\overline{Y_{EX}}$ 由 1 跳变到 0，74LS121 有状态 2，即 $\overline{Q}$ 输出暂态低电平，蜂鸣器连续发声报警，持续时间为 $t_w = 4.3$ s；如果在规定时间内无人抢答，BO_2 由 1 跳变到 0，74LS121 有状态 2，$\overline{Q}$ 输出暂态低电平，蜂鸣器连续发声报警。

74LS148 的输出 $\overline{Y_2}\overline{Y_1}\overline{Y_0} = 010$，$\overline{Y_{EX}} = 0$，经 RS 锁存器后，CTR = 1，BI = 1，74LS279 处于工作状态，4Q3Q2Q = 101，$\overline{Y_{EX}} = 0$，经 RS 锁存器后，输出"5"。此外，CTR = 1，使 74LS148 仍处于禁止工作状态，其他按键的输入信号不会被接收。

（2）定时电路。

用示波器检查 555 的输出波形是否为 1 Hz 的方波信号，如不是对 555 的外围电路进行调整达到要求为止。给 74LS192 的数据输入端设定一次抢答的时间，如 35 s（00110101）的八位数据。观察显示器的显示时间是否进行减一的计数。有问题按原理进行修改。

（3）时序控制及报警电路。

① 主持人将控制开关拨到"开始"位置时，扬声器发声，抢答电路和定时电路进入正常抢答工作状态。

② 当参赛选手按动抢答键时，扬声器发声，抢答电路和定时电路停止工作。

③ 当设定的抢答时间到，无人抢答时，扬声器发声，同时抢答电路和定时电路停止工作。

（4）整机调试。

① 开始时，主持人将控制开关接地，抢答电路部分锁存器 74LS279 的状态输出全为 0，74LS48 的灭灯输入与锁存器 74LS279 的 Q_1 相接，故抢答电路无显示（清除）；与此同时，在计时电路部分，减法计数器 74LS192 的预置数端为 0，将事先的预置数送入减法计数器中。当主持人按键弹起时，计数器开始计数工作，抢答开始。

② 在没有人按键且抢答时间没到时，优先编码器 $\overline{Y_{EX}}$ 输出为 1，计数器 $\overline{BO_2}$ 输出为 1，$\overline{ST} = \overline{\overline{BO_2} \cdot \overline{CTR}} = 0$，$CP_D = \overline{CTR} \cdot \overline{BO_2} \cdot CP$ 优先编码器和计数器都正常工作。

③ 当在规定时间有人按下抢答按键时，$\overline{Y_{EX}}$ 输出为"0"，CTR = 1，$\overline{ST} = 1$，优先编码器停止工作，此后选手的抢答无效，电路将按键者的编号显示在 LED 上。

同时，CTR = 1，计数部分的计数脉冲 $CP_D = \overline{CTR} \cdot \overline{BO_2} \cdot CP = 0$，计数器停止工作，此时的倒计时时间记录并显示在 LED 上；$\overline{Y_{EX}}$ 由 1 跳变到 0，74LS121 有状态 2，即 $\overline{Q}$ 输出暂态低电平，蜂鸣器连续发声报警，持续时间为 $t_w = 4.3$ s。

④ 如果在规定时间内无人抢答，$\overline{BO_2}$ 由 1 跳变到 0，74LS121 有状态 2，$\overline{Q}$ 输出暂态低电平，蜂鸣器连续发声报警持续时间为 $t_w = 4.3$ s；$\overline{ST} = 1$，抢答电路停止工作，此后的抢答按键无效。

6. 总结报告要求

项目的任务与要求

（1）设计题目、任务与要求。

（2）系统概述。

针对设计任务及指标提出两种设计方案。方案比较：对选取的方案做可行性论证；列出系统框图，介绍设计思路及工作原理。

（3）电路设计与分析。

介绍各单元电路的选型、工作原理、指标考虑及计算元件参数、提出型号、电路优化、仿真结果及是否需要改进、改进的方法。

（4）电路、安装调试与测试。

介绍测量仪器的名称、型号及测量数据的图表和结果分析；介绍测试方法；介绍安装调试中的技术问题，记录现象、波形，分析原因和提出解决方法及改进后的效果。

（5）设计结束后，学生提交个人心得体会，对设计型综合实验的内容、方法、手段、效果进行全面评价，并提出改进的意见和建议。

7. 思考题

（1）在抢答电路中，如何将序号为 0 的组号，在七段显示器上改为显示 8？

（2）定时抢答电路中，有哪些电路会产生脉冲干扰？如何消除？

四、数字钟电路设计

1. 设计任务和要求

（1）准确计量，以数字形式显示时、分秒时间。

（2）小时的时要求为"12 翻 1"，分和秒的计时要求以 60 进位。

（3）可校正时间。

2. 方案设计

1）系统框图

数字钟电路的组成框图如图 9.43 所示。该系统的工作原理是：由振荡器产生的稳定的高频脉冲信号，作为数字钟的时间基准，再经分频器输出标准秒脉冲。秒计数器计满 60 后向分计数器进位，分计数器计满 60 后向小时计数器进位。小时计数器按照"12 翻 1"规律计数，计数器的输出经译码器送显示器。计时出现误差时可以用校时电路进行校时、校分、校秒。

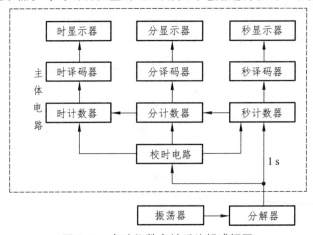

图 9.43　多功能数字钟系统组成框图

3. 单元电路设计

电子电路是由功能部件或单元电路组成。在设计这些电路或选择部件时，尽量选用同类型的器件，如所有功能部件都采用 TTL 集成电路或都采用 CMOS 集成电路。整个系统所用的器件种类应尽可能少。下面介绍各功能部件与单元电路的设计。

1）振荡器的设计

振荡器是数字钟的核心。振荡器的稳定度及频率的精确度决定了数字钟计时的准确程度，通常选用石英晶体构成振荡器电路。一般来说，振荡器的频率越高，计时精度越高。

如图 9.44 所示为电子手表集成电路（如 5C702）中的晶体振荡器电路，常取晶振的频率为 32 768 Hz，因其内部有 15 级 2 分频集成电路，所以输出端正好可得到 1 Hz 的标准脉冲。

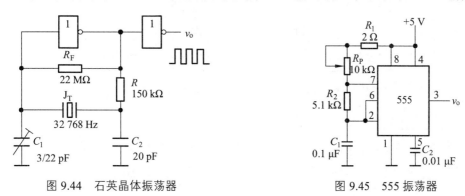

图 9.44　石英晶体振荡器　　　　　图 9.45　555 振荡器

如果精度要求不高，也可以采用由集成逻辑门与 RC 组成的时钟源振荡器或由集成电路定时器 555 与 RC 组成的多谐振荡器，如图 9.45 所示。这里设振荡频率 $f_0 = 103$ Hz。

2）分频器的设计

分频器的功能主要有两个：

（1）产生标准秒脉冲信号。

（2）提供功能扩展电路所需要的信号，如仿电台报时用的 1 kHz 的高音频信号和 500 Hz 的低音频信号等。

如图 9.46 所示电路，选用 3 片中规模集成电路计数器 74LS90 可以完成上述功能。因每片为 1/10 分频，3 片级联则可获得所需要的频率信号，即第 1 片的 Q_0 端输出频率为 500 Hz，第 2 片的 Q_3 端输出为 10 Hz，第 3 片的 Q_3 端输出为 1 Hz。

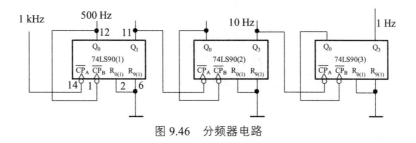

图 9.46　分频器电路

3）时、分、秒计数器的设计

分和秒计数器都是模 $M = 60$ 的计数器，其计数规律为 00—01—……—58—59—00…，选 74LS92 作十位计数器，74LS90 作个位计数器，再将它们级联组成模数 $M = 60$ 的计数器，如图 9.47 所示。小时计数器是一个"12 翻 1"的特殊进制计数器，即当数字钟运行到 12 时 59 分 59

秒时，秒的个位计数器再输入一个秒脉冲时，数字钟应自动显示为 01 时 00 分 00 秒，实现日常生活中习惯用的计时规律。选用 74LS191 和 74LS74，电路如图 9.48 所示。

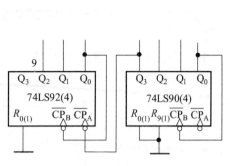

图 9.47　8421BCD 码 60 进制计数器

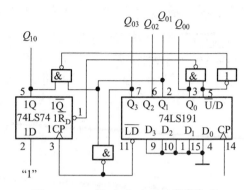

图 9.48　12 翻 "1" 小时计数器电路

4）校时电路的设计

当数字钟接通电源或者计时出现误差时，需要校正时间（或称校时），校时是数字钟应具备的基本功能。一般电子手表都具有时、分、秒等校时功能。为使电路简单，这里只进行分和小时的校时。

对校时电路的要求是：在小时校正时不影响分和秒的正常计数；在分校正时不影响秒和小时的正常计数。校时方式有"快校时"和"慢校时"两种，"快校时"是通过开关控制，使计数器对 1 Hz 的校时脉冲计数；"慢校时"是用手动产生单脉冲作校时脉冲。校时电路采用 74LS00 中的与非门构成组合逻辑电路。注意"慢校时"开关可能会产生抖动，这可用连接电容 C 或采用去抖动开关来去除抖动，如图 9.49 所示。

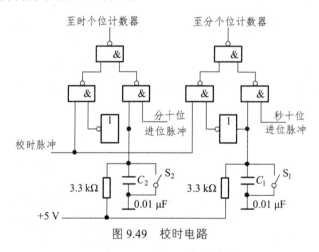

图 9.49　校时电路

3．电路制作与调试

由数字钟系统组成框图按照信号的流向分级安装、逐级级联，这里的每一级是指组成数字钟的各功能电路。除了振荡和译码显示部分外，其他各功能都可以用 GAL16 V8 来实现。级联时如果出现时序配合不同步，或尖峰脉冲干扰，引起逻辑混乱，可以增加多级逻辑门来延时。如果显示字符变化很快，模糊不清，可能是由于电源电流的跳变引起的，可在集成电路器件的

电源端 V_{CC} 加退耦滤波电容。通常用几十微法的大电容与 0.01 mF 的小电容相并联。经过联调并纠正设计方案中的错误和不足之处后，再测试电路的逻辑功能是否满足设计要求。最后画出满足设计要求的总体逻辑电路图，如图 9.50 所示。

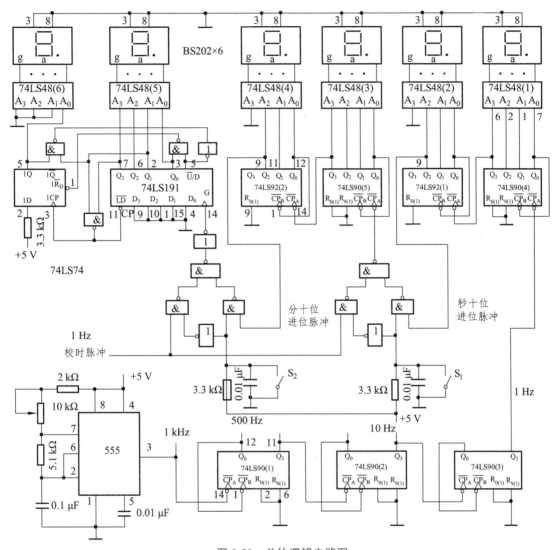

图 9.50 总体逻辑电路图

如果因实验器材有限，则其中秒计数器的个位和时计数器的十位可以采用发光二极管指示，因而可以省去 2 片译码器和 2 片数码显示器。

5. 报告要求

（1）拟定数字钟电路的组成框图，要求电路的基本功能与扩展功能同时实现，使用的器件少，成本低。

（2）设计并安装各单元电路，要求布线整齐、美观，便于级联与调试。

（3）测试数字钟系统的逻辑功能，同时满足基本功能。

（4）画出数字钟系统的整机逻辑电路图。（5）写出设计性实验报告。

233

6. 思考题

你所设计的数字钟电路：

（1）标准秒脉冲信号是怎样产生的？振荡器的稳定度为多少？

（2）校时电路在校时开关合上或断开时，是否出现过干扰脉冲？若出现应如何清除。

（3）在电路调试中，是否出现过"竞争冒险"现象？如何采取措施消除的？

五、数字频率计设计

1. 任务和要求

（1）了解数字频率计测量频率与测量周期的基本原理。

（2）熟练掌握数字频率计的设计与调试方法及减小测量误差的方法。

（3）用中小规模集成电路设计一台简易的数字频率计，频率显示为四位，显示量程为四挡，用数码管显示。

1 Hz ~ 9.999 kHz，闸门时间为 1 s；

10 Hz ~ 99.99 kHz，闸门时间为 0.1 s；

100 Hz ~ 999.9 kHz，闸门时间为 10 ms；

1 kHz ~ 9999 kHz，闸门时间为 1 ms。

2. 方案设计

1）原理框图

其原理框图如图 9.51 所示。

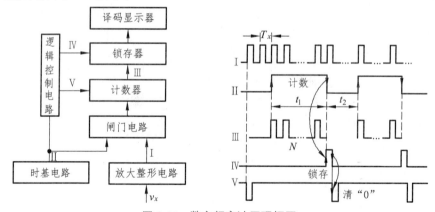

图 9.51　数字频率计原理框图

2）原理简述

所谓频率，就是指周期性信号在单位时间（1 s）内变化的次数。若在一定时间间隔 T 内测得这个周期性信号的重复变化次数为 N，则其频率可表示为

$$f = \frac{N}{T} \tag{9.20}$$

图 9.51（a）是数字频率计的组成框图。被测信号 V_x 经放大整形电路变成计数器所要求的脉冲信号Ⅰ，其频率与被测信号的频率 f_x 相同。时基电路提供标准时间基准信号Ⅱ，其高电平持续

时间 $t_1 = 1$ s，当 1 s 信号来到时，闸门开通，被测脉冲信号通过闸门，计数器开始计数，直到 1 s 信号结束时闸门关闭，停止计数。若在闸门时间 1 s 内计数器计得的脉冲个数为 N，则被测信号频率 $f_x = N$ Hz。逻辑控制电路的作用有两个：一是产生锁存脉冲Ⅳ，使显示器上的数字稳定；二是产生"0"脉冲Ⅴ，使计数器每次测量从零开始计数。各信号之间的时序关系如图 9.51（b）所示。

3. 电路设计

1）系统原理参考电路

数字频率计的电路如图 9.52 所示。

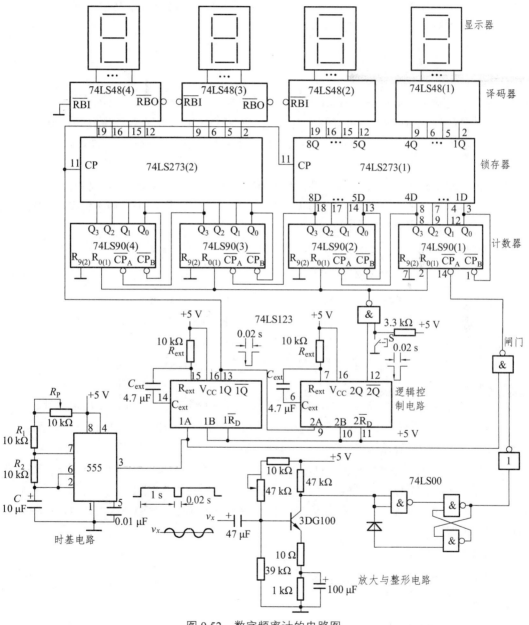

图 9.52　数字频率计的电路图

2）单元电路设计

（1）放大整形电路。

放大整形电路由晶体管 3DG100 与 74LS00 等组成，其中 3DG100 组成放大器将输入频率为 f_x 的周期信号如正弦波、三角波等进行放大。与非门 74LS00 构成施密特触发器，它对放大器的输出信号进行整形，使之成为矩形脉冲。

（2）时基电路。

时基电路的作用是产生一个标准时间信号（高电平持续时间为 1 s），由定时 555 构成的多谐振荡器产生（当标准时间的精度要求较高时，应通过晶体振荡器分频获得）。

若振荡器的频率为

$$f_0 = \frac{1}{t_1 + t_2} = 0.8 \text{ Hz} \tag{9.21}$$

则振荡器的输出波形如图 9.51（b）中的波形 II 所示，其中 $t_1 = 1$ s，$t_2 = 0.25$ s。由公式 $t_1 = 0.7(R_1 + R_2)C$ 和 $t_2 = 0.7R_2C$，可计算出电阻 R_1、R_2 及电容 C 的值。若取电容 $C = 10$ μF，则 $R_2 = t_2/0.7C = 35.7$ kΩ，取标称值 36 kΩ，$R_1 = (t_1/0.7C) - R_2 = 107$ kΩ，取 $R_1 = 47$ kΩ，$R_2 = 100$ kΩ。

（3）逻辑控制电路。

根据图 9.51（b）所示波形，在时基信号 II 结束时产生的负跳变用来产生锁存信号 IV，锁存信号 IV 的负跳变又用来产生清"0"信号 V。脉冲信号 IV 和 V 可由两个单稳态触发器 74LS123 产生，它们的脉冲宽度由电路的时间常数决定。

设锁存信号 IV 和清"0"信号 V 的脉冲宽度 t_w 相同，如果要求 $t_w = 0.02$ s，则有

$$t_W = 0.45 R_{ext} C_{ext} = 0.02 \text{ s} \tag{9.22}$$

若取 $R_{ext} = 10$ kΩ，则 $C_{ext} = t_W / 0.45 R_{ext} = 4.4$ μF，取标称值 4.7 μF。

由 74LS123 的功能表可得，当 $1\overline{R}_D = 1B = 1$，触发脉冲从 1A 端输入时，在触发脉冲的负跳变作用下，输出端 1Q 可获得一正脉冲，$1\overline{Q}$ 端可获得一负脉冲，其波形关系正好满足原理框图 9.51（b）所示波形 IV 和 V 的要求。手动复位开关 S 按下时，计数器清"0"。

（4）锁存器。

锁存器的作用是将计数器在 1 s 结束时所计得的数进行锁存，使显示器上能稳定地显示此时计数器的值。如原理框图 9.51（b）所示，1 s 计数时间结束时，逻辑控制电路发出锁存信号 IV，将此时计数器的值送译码显示器。

选用两个 8 位锁存器 74LS273 可以完成上述功能。当时钟脉冲 CP 的正跳变来到时，锁存器的输出等于输入，即 Q = D。从而将计数器的输出值送到锁存器的输出端。正脉冲结束后，无论 D 为何值，输出端 Q 的状态仍保持原来的状态不变. 所以在计数期间内，计数器的输出不会送到译码显示器。

4. 电路制作与调试

对制作好的 PCB 板，或准备好的面包板，按照装配图或原理图进行器件装配，装配好之后进行电路的调试。

1）通电准备

打开电源之前，先按照系统原理图检查制作好的电路板的通断情况，并取下 PCB 上的集成块，

然后接通电源，用万用表检查板上的各点的电源电压值，完好之后再关掉电源，插上集成块。

2）单元电路检测

（1）接通电源后，用双踪示波器（输入耦合方式置 DC 挡）观察时基电路的输出波形，应如波形图 9.51（b）所示的波形 Ⅱ，其中 $t_1 = 1\ \text{s}$，$t_2 = 0.25\ \text{s}$，否则重新调节时基电路中 R_1 和 R_2 的值，使其满足要求。然后改变示波器的扫描速率旋钮，观察 74LSl23 的第 13 脚和第 10 脚的波形，应有如波形图 9.51（b）所示的锁存脉冲Ⅳ和清零脉冲 Ⅴ 的波形。

（2）将 4 片计数器 74LS90 第 2 脚全部接低电平，锁存器 74LS273 第 11 脚都接时钟脉冲，在个位计数器的第 14 脚加入计数脉冲，检查 4 位锁存、译码、显示器的工作是否正常。

3）系统连调

在放大电路输入端加入 $f = 1\ \text{kHz}$，$V_{p-p} = 1\ \text{V}$ 的正弦信号，用示波器观察放大电路和整形电路的输出波形，应为与被测信号同频率的脉冲波，显示器上的读数应为 1 000 Hz。

5．报告要求

（1）项目的任务与要求。

设计题目，明确任务与要求。

（2）系统概述。

针对设计任务及指标提出两种设计方案；方案比较：对选取的方案做可行性论证；列出系统框图，介绍设计思路及工作原理。

（3）电路设计与分析。

介绍各单元电路的选型、工作原理、指标考虑及计算元件参数、提出型号、电路优化、仿真结果及是否需要改进、改进的方法。

（4）电路、安装调试与测试。

介绍测量仪器的名称、型号及测量数据的图表成果分析，介绍测试方法；介绍安装调试中的技术问题，记录现象、波形，分析原因和提出解决方法及改进后的效果。

（5）设计结束后，学生提交个人心得体会，对设计型综合实验的内容、方法、手段、效果进行全面评价，并提出改进的意见和建议。

6．思考题

（1）数字频率计中，逻辑控制电路有何作用？

（2）用时基电路 555 或运放设计一个施密特整形电路，满足频率测量的要求。

第四节　课程设计题目

一、模拟集成运算稳压器组成万用电表的设计

1．任务和要求

（1）直流电压测量范围：（5～15 V）±5%。

（2）直流电流测量范围：（0～10 mA）±5%。

（3）交流电压测量范围及频率范围：有效值（0~5 V）±5%，50 Hz~1 kHz。

（4）交流电流测量范围：有效值（0~10 mA）±5%。

（5）欧姆表测量范围：0~1 kΩ。

（6）要求自选设计 V_{CC} 和 $-V_{EE}$ 直流稳压电源（不含整流与滤波电路）；

（7）要求采用模拟集成电路。

（8）采用 50 μA 或 100 μA 直流表，要求测试出其内阻 R_M 数值。

2. 总体设计方案

需要指出的是电子电路的设计方案是多种多样的，在电路中可以利用中规模数字集成电路来设计，也可以利用存储器来设计，还可以用大规模可编程数字集成电路或单片机设计。在此介绍利用中规模集成电路设计的一个参考方案。设计中不一定照搬提示中所介绍的方法。

用运放组成电流表电路，能够减小普通电路表电路的等效内阻；组成电压表电路，能够提高变通电压表电路的等效输入电阻。在交流电量测量时，可以大大减小由于二极管伏安特性如非线性和管压降所造成的测量误差。

1）直流电压表

如图 9.53 所示为同相输入直流电压表电路，图中 $R_f = R + R_M$。

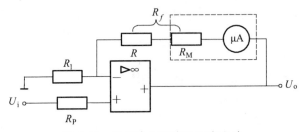

图 9.53　同相输入直流电压表电路

在理想条件下，I 与被测电压有如下关系

$$I = U_i/R_1$$

表头中通过的电流 I 与 R_f 无关，只要改变 R_1 的值就可以实现量程切换。

电压表输入电阻 R_i 为 $R_i \approx R_P + A_{VO}F_VR_{id}$，式中 A_{VO} 为运放开环放大倍数；R_{id} 为差模输入电阻；$F_V = R_1/(R_1 + R_f)$；$R_P = R_1 // R_f$。显然，采用集成运放大大提高了电压表 R_i。应当指出，如图 9.53 所示电路仅适应于测量与运放共地的直流电压，当被测电压较高时，运放输入端应设置衰减器，同时应考虑直流平衡问题。

2）直流电流表

如图 9.54 所示为直流电流表电路。在理想条件下，$-I_1R_1 = (I_1-I)R_2$，其中 $I = (1 + R_1/R_2)I_1$。可见改变 R_1/R_2 的比值即可调节通过表头的电流，以提高灵敏度。

图 9.54 中 a、b 两点间等效电阻为 R_f，有

$$I_1R_f = I_1R_1 + IR_M$$

将 $I = (1 + R_1/R_2)I_1$ 代入上式得

$$I_1 R_f = I_1 R_1 + (1 + R_1 / R_2)\ I_1 R_M$$

所以

$$R_f = R_1 + (1 + R_1 / R_2)\ R_M$$

应用密勒定理将 R_f 折算到 a 点对地的电阻（即直流电流表内阻记为 R_i）则

$$R_i = R_f / (1 + A_{VO})$$

可见使用运放后，电流表电路的内阻比普通电流表电路的内阻减小了 $1 + A_{VO}$ 倍。

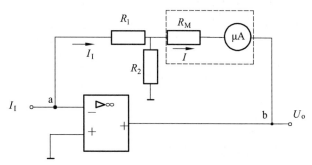

图 9.54　直流电流表电路

应当指出，图 9.54 电路仅适用于测量与运放共地电路中的电流。若被测电流回路无接地点，则应当把运放的 V_{CC}、V_{EE} 对地悬浮起来。如被测电流较大时，应给表头设置分流电阻。

3）交流电压表

如图 9.55 所示为交流电压表电路。该电路为同相输入放大器电路，故有很高的输入电阻，把二极管桥路和表头接在运放反馈回路中，以减小二极管非线性的影响。在理想条件下，$I = U_i / R_1$，I 全部流过桥路，其值仅与 U_i / R_1 有关，与桥路和表头参数无关。I 与 U_i 的全波整流平均值成正比，当输入正弦波信号时，表头可按有效值刻度。

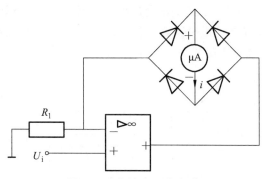

图 9.55　交流电压表电路

被测电压的上限频率 f_H 取决于运放的带宽 BW 和转换速率 S_R。交流电压表输入电阻 $R_i \approx A_{VO} F_V R_{id}$。

4）交流电流表

如图 9.56 所示为交流电流表电路。在理想情况下，$I = 1 + (R_1 / R_2) I_i$，显然表头读数仅由被测交流电流全波整流平均值 I_i 和 R_1 / R_2 比值决定，与二极管和表头参数无关。同样，可应用密勒定理将反馈支路电阻折算到输入端，可证明交流电流表内阻为 $R_i = R_1 / (1 + A_{VO})$。

应当注意，上述电路为不平衡输入时，若测量浮地回路电流，需将运放电源悬浮。

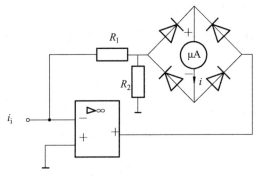

图 9.56　交流电流表电路

5）欧姆表电路

如图 9.57 所示为欧姆表电路。

被测电阻 R_X 跨接在运放反馈回路中。运放同相端加基准电路 U_{REF}。在理想条件下

$$U_N = U_P = U_{REF}, \quad I_1 = I_X$$

故有

$$R_X = (U_O - U_{REF})R_1 / R_{REF}$$

流经表头的电流为

$$I = (U_O - U_{REF})/(R_2 + R_3), \quad \text{即} \quad I = R_{REF}R_X /[R_1(R_2 + R_3)]$$

可见，电流 I 与被测电阻 R_X 成正比。而且表头具有线性刻度，改变 R_1 即可改变欧姆表量程。这个欧姆表能自动调零，因为当 $R_X = 0$ 时，电路为电压跟随器 $U_O = U_{REF}$，I 必为零。

稳压管 D_z 起保护作用。当 $R_X = \infty$，即测量端开路时，U_O 趋于电源电压，若无 D_z，则表头过载，有了 D_z，可将图中 a 点钳位，表头不会过载。当 R_X 为正常量程内的阻值时，因 a 点电位不能使 D_z 反向击穿，故 D_z 不影响电表读数。调节 R_{P2} 使超量程时的表头电流略高于满刻度值，但又不损坏表头。R_{P1} 用于满量程调节。

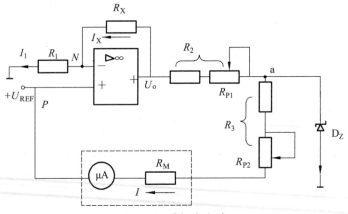

图 9.57　欧姆表电路

在调试过程中，当被测量为零时（或输入端短路），指示用微安表也可能指示出较高值或满偏，甚至超量程。这种现象多半情况是由于运放直流平衡严重失调所致，这时在输入端需外接调零电路。

二、多路防盗报警器

1. 任务和要求

设计一种防盗报警器，适用于仓库、住宅等防盗报警。功能要求：

（1）防盗路数可根据需要任意设定。

（2）在同一地点（监控室）可监视多处的安全情况，一旦出现偷盗，用指示灯显示相应的地点，并通过扬声器发现报警声。

（3）设置不间断电源，当电网停电时，备用直流电源自动转换供电。

（4）本报警器可用于医院住院病人有线"呼叫"。

2. 总体方案设计

（1）防盗报警的关键部分是报警控制电路，由控制电路控制声、光报警信号的产生。控制电路可采用运算放大器、双稳态触发器或者逻辑门等部件进行控制。较简单的办法是采用晶体管控制。无偷盗时，使晶体管处于截止状态，则被控制的声、光信号电路不工作；一旦有偷盗情况，立即使晶体管，被控制的声、光产生电路产生声、光报警信号，呼叫值班人员采取相应措施。

（2）电网正常供电时，通过电源变压器降压后整流、滤波及稳压得到报警所需直流电压，为防止电网停电，在控制的输入端设置有备用电源，保证报警器在停电时能正常工作。

报警器的原理框图如图 9.58 所示。

① 控制电路由晶体管 T、电阻 R 和稳压二极管 D_z 组成，如图 9.59 所示。

电源电压 U_i 通过 R、D_z 给 T 提供基极直流偏置，同时在 D_z 两端并接设防线使 T 基极对地短路，这时 T 处于截止状态，输出端 U_o 无信号输出。一旦防线破坏 D_z 击穿稳压，T 导通，U_o 输出信号使报警电路工作，发出声、光报警信号。

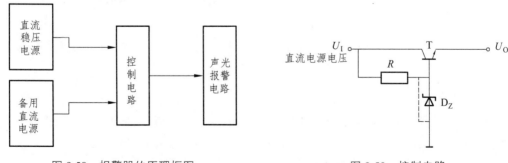

图 9.58 报警器的原理框图　　　　　图 9.59 控制电路

② 电网电压通过电源变压器降压后，经过二极管整流，电容器滤波，集成稳压器稳压后供给控制电路，同时将备用直流电源通过二极管并入控制电路的输入端。电网电压正常供电时，二极管截止，一旦电网停电，二极管导通，备用电源自动供电。

③ 指示灯可采用发光二极管 LED 显示，控制电路输出信号 U_o 使其发光。显示可按不同设防地点进行编号。采用 NE555 时基电路和阻容元件组成音调振荡器，控制器输出信号 U_o 控制其工作，NE555 输出信号驱动扬声器发声报警。

三、篮球竞赛 30s 定时器设计

1. 任务和要求

（1）设计一个定时器，定时时间为 30 s，按递减方式计时，每隔 1 s，定时器减 1，能以数字形式显示时间。

（2）设置两个外部控制开关，控制定时器的直接启动/复位计时、暂停/连续计时。

（3）当定时器递减计时到零（即定时时间到）时，定时器保持零不变，同时发出报警信号。

2. 总体设计方案

如图 9.60 所示为定时器总体方案参考框图。用计数器对 1 Hz 时钟信号进行读数，其计数值为定时时间。根据设计要求可知，计数器初值为 30 s，按递减方式计数，减至 0 时，输出报警信号，并能控制计数器暂停/连续计数，所以需要设计一个可预置初值的带使能控制的递减计数器。其中计数器和控制电路是系统的主要部分。计数器完成 30 s 计时功能，控制电路完成计数器的直接清零、启动计数、暂停/连续计数、定时时间到报警等功能。报警电路在实验中可用发光二极管代替。

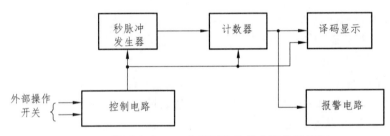

图 9.60　篮球竞赛 30 s 定时器的总体方案参考框图

四、路灯控制器

安装在公共场所或道路两旁的路灯希望通过日照光亮的变化而自动开启或关断，以满足行人的需求，又能节电。

1. 任务和要求

（1）设计一个路灯自动照明的控制电路。当日照光亮到一定程度时使灯自动熄灭，而日照光暗到一定程度时又能自动点亮，开启和关断的日照光照度根据用户进行调节。

（2）设计计时电路，用数码管显示路灯当前一次的连续开启时间。

（3）设计计数显示电路，统计路灯的开启次数。

2. 总体设计方案

路灯控制原理框图如图 9.61 所示。

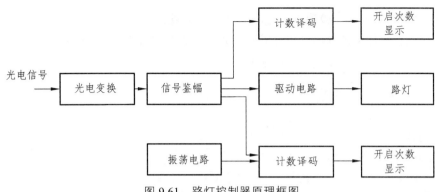

图 9.61　路灯控制器原理框图

（1）要用日照灯的亮度来控制灯的开启和关断，首先必须检测出日照光的亮度。可采用光敏三极管、光敏二极管或光敏电阻等光敏元件作传感器得到信号，再通过信号鉴幅，取得上限和下限阈值，用以实现对路灯的开启和关断控制。

（2）若将路灯开启的启动脉冲信号作计时起点，控制一个计数器对标准时基信号进行读数，则可计算出路灯开启时间，使计数器中总是保留着最后一次的开启时间。

（3）路灯的驱动电路可用继电器或晶闸管电路。

五、出租车自动计费器

出租车自动计费是根据客户用车的实际情况而自动显示用车费用的数字仪表。仪表根据用车起价、行车里程计费及等候时间计费三项求得客户用车的总费用，通过数码自动显示，还可以连接打印机自动打印数据。

1. 任务和要求

（1）设计一个自动计费器，具有行车里程计费、等候时间及起价三部分。用 4 位数码管显示总的金额，最大值为 99.99 元。

（2）行车里程单价、等候时间单价、起价均通过 BCD 码拨盘输入。

（3）在车辆启动和停止时发出音响信号，以提醒顾客注意。

2. 总体设计方案

（1）行车里程计费。行车里程的计费电路将汽车行驶的里程数转换成与之成正比的脉冲个数，然后由计数译码电路变成收费金额。里程传感器可用干簧继电器实现，安装于汽车轮相连接的涡轮变速器上。磁铁使干簧继电器在汽车每前进十米闭合一次，即输出一个脉冲信号，实验用一个脉冲源模拟。若每前进 1 km，则输出 100 个脉冲，将其设为 P_3，然后选用 BCD 码比例乘法器（如 J690）将里程脉冲数乘以一个表示每千米单价的比例系数，比例系数可通过 BCD 码拨盘预置，例如单价是 1.5 元/km，则预置的两位 BCD 码为 $B_2 = 1$、$B_1 = 5$，则计费电路将里程计费变换为脉冲个数。

$P_1 = P_3 (B_2 + 0.1B_1)$，由于 P_3 为 100，经比例乘法器运算后使 P_1 为 150 个脉冲，即脉冲当量为 0.01 元/脉冲。

（2）等候里程电路。与里程计费一样，需要把等候时间变换成脉冲个数，且每个脉冲所表示的金额（即当量）应和里程计费等值（0.01 元/脉冲）。因而，需要有一个脉冲发生器产生与等候时间成正比的脉冲信号，例如 100 个脉冲/10 min 并将设为 P_4，然后通过有单价预置的比例乘法器进行乘法运算，即得到等候时间记费 P_2。如果设等候单价是 0.45 元/min，则

$$P_2 = P_4 (0.1B_4 + 0.01B_3)$$

其中，$B_4 = 4$，$B_3 = 5$。

（3）起价计费。按照同样的当量将起价输入到电路中，其方法可以通过计数器的预置端直接进行数据预置，也可以按当量将起价换成脉冲个数，向计数器输入脉冲。例如起价是 8 元，则 $P_0 = 8$，对应的脉冲数为 8/0.01 = 800。

最后 $P = P_0 + P_1 + P_2$，经过计数译码及显示电路显示结果。

如图 9.62 所示框图中表示的起价数据直接预置到计数器中作为初始状态。行车里程计费和等候时间计费这两项的脉冲信号不是同时发生的，因而可利用一个或门进行求和运算，即或运算后的信号即为两个脉冲之和，然后用计数器对比进行计数，即求得总的用车费用。

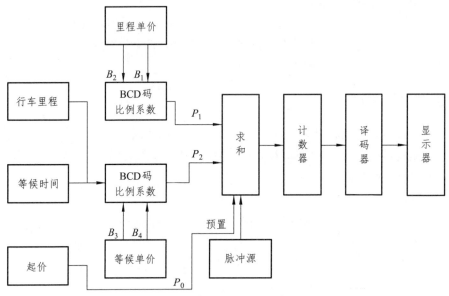

图 9.62　出租计费器原理框图

六、洗衣机控制器

普通洗衣机的主要控制电路是一个定时器，它按照一定的洗涤程序控制电机作正向和反向转动。定时器可以采用机械式，也可以采用电子式，这里要求用中小规模集成芯片设计制作一个电子定时器，来控制洗衣机的电机做如下运转（见图 9.63）：

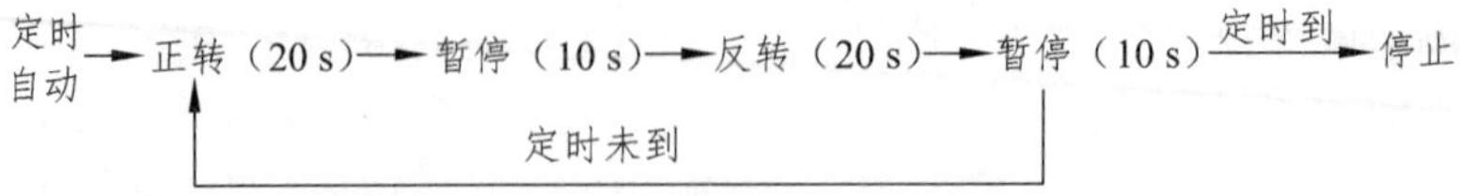

定时自动 → 正转（20 s）→ 暂停（10 s）→ 反转（20 s）→ 暂停（10 s）→定时到→ 停止
　　　　　　　　　　　　　　　　　定时未到

图 9.63　电子定时器控制洗衣机运转

1. 任务和要求

（1）设电动机由继电器 K_1 和 K_2 控制，洗衣机电动机驱动电路如图 9.64 所示。洗涤时间

在 0～20 min 内由用户任意设定。

（2）用两位数码管显示洗涤的预置时间（分钟数），按倒计时方式对洗涤过程作出计时显示，直到定时结束而停机。

（3）当定时时间到达终点时，使电动机停转，同时发出音响信号提醒用户注意。

（4）洗涤过程在送入预置时间后即开始运转。

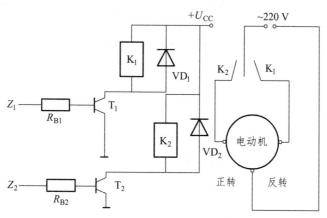

图 9.64   洗衣机电动驱动电路

2. 总体设计方案

（1）本定时器实际上包含两级定时的概念，一是总洗涤过程的定时，二是在总洗涤过程中又包含电动机的正转、反转和暂停三种定时，并且这三种定时是反复循环直至所设定的总定时时间到为止。依据上述要求，可画出总定时时间 T 和电动机驱动信号 Z_1、Z_2 的工作波型，如图 9.65 所示。

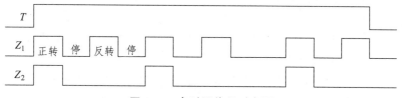

图 9.65   定时器信号时序图

当总定时时间在 0～20 min 以内设定一个数值后，在此时间内 T 为高电平 1，然后用倒计时的方法每分钟减 1 直至定时结束 T 变为零。在此期间，若 $Z_1 = Z_2 = 1$，实现正转；若 $Z_1 = Z_2 = 0$，实现暂停；若 $Z_1 = 1$，$Z_2 = 0$，实现反转。

（2）实现定时的方法很多，比如采用单稳态电路实现定时，又如将定时初值预置到计数器中，使计数器运行在减计数状态，当减到全零时，则定时时间到。如图 9.66 所示的洗衣机定时器电路原理框图就是采用后种方法实现的。由秒脉冲产生器产生的时钟信号经 60 分频后，得到分频脉冲信号。洗涤定时时间的初值先通过拨盘或数码开关设置到洗涤时间计数器中，每当分脉冲到时，计数器减 1，直到送到定时时间为止。运行中间，剩余时间经译码后在数码管上进行显示。

由于 Z_1 和 Z_2 的定时长度可分解为 10 s 的倍数，由秒脉冲到分脉冲变换的六十进制计数器的状态中可以找到 Z_1、Z_2 定时的信号，经译码后得到 Z_1、Z_2 波形所示的信号。这两个信号以及定时信号 T 经控制门输出后，得到推动电动机的工作信号。

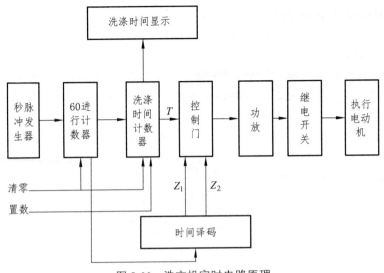

图 9.66　洗衣机定时电路原理

七、彩灯控制器

利用控制电路可使彩灯（例如霓虹灯）按一定规律不断变化，不仅可以获得良好的观赏效果，而且可以省电（与始终全亮相比），本题以控制 LED 数码管显示不同数字作为课程设计内容。

1. 任务和要求

（1）以 LED 数码管作为控制器的显示元件，它能自动的依次显示出数字 0、1、2、3、4、5、6、7、8、9（自然数列）；1、3、5、7、9（奇数列）；0、2、4、6、8（偶数列）和 0、1、2、3、4、5、6、7（音乐数列）；然后又依次显示出自然数列、奇数列、偶数列和音乐数列，如此周而复始、不断循环。

（2）打开电源时控制器可自动清零，从接通电源时刻起，数码管最先显示出自然数列的 0，再显示出 1，然后控制上述规律变化。

（3）每个数字的一次显示时间（从数码管显示出它之间起到它消失之时止）基本相等，这个时间在 0.5～2 s 范围内连续可调。

2. 总体设计方案

主要通过 555 产生秒脉冲，用计数器和译码器计数，彩灯循环控制电路的核心部分是产生一系列有规律的数列，利用译码器的输出来控制四种计数方式，使四种计数方式依次通过一个数码显示。运用计数器的不同功能与不同的连接可以实现不同的序列输出，依次输出自然序列、奇数序列、偶数序列和音乐序列这四种序列并不断循环输出。

主要由 4 个基本单元组成，包括秒脉冲，计数器、逻辑控制电路和译码显示。当系统正常工作时，信号发生器产生可调的脉冲信号，送到计数器的时钟控制端，由计数器提供输出自然序列、奇数序列、偶数序列和音乐序列这四种序列的循环，最后通过译码驱动数码管显示出来。其原理框图如图 9.67 所示。

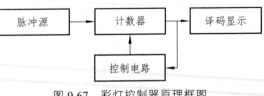

图 9.67　彩灯控制器原理框图

八、汽车尾灯控制电路设计

1. 任务和要求

设计一个汽车尾灯控制电路，实现对汽车尾灯显示状态的控制。汽车尾部左、右两侧各有 3 个指示灯（假定用发光二极管模拟），根据汽车运行情况，指示灯有四种不同的状态：

（1）汽车正常行驶时，左右两侧的指示灯全部熄灭状态。

（2）汽车右转行驶时，右侧 3 个指示灯按右循环顺序点亮，左侧的指示灯熄灭。

（3）汽车左转行驶时，左侧 3 个指示灯按左循环顺序点亮，右侧的指示灯熄灭。

（4）汽车临时刹车时，所有指示灯同时处于闪烁状态。

2. 总体设计方案

由于汽车尾灯有四种不同的状态，故可以用 2 个开关变量进行控制。假定用开关 S_1 和 S_0 进行控制，由此可以列出尾灯显示状态与汽车运行状态的关系表，如表 9.4 所示。

表 9.4 尾灯显示状态和汽车运行状态的关系表

开关变量 S_1 S_0	运行状态	左侧的 3 个尾灯 $D_{L1} D_{L2} D_{L3}$	右侧的 3 个尾灯 $D_{R1} D_{R2} D_{R3}$
0 0	正常行驶	灯灭	灯灭
0 1	右转弯	灯灭	按 $D_{R1} D_{R2} D_{R3}$ 顺序循环点亮
1 0	左转弯	按 $D_{L1} D_{L2} D_{L3}$ 顺序循环点亮	灯灭
1 1	临时刹车	所有的尾灯随时钟 CP 同时闪烁	

在汽车左、右转变行驶时，可以用一个三进制计数的输出去控制译码电路的顺序输出低电平，按照要求顺序循环点亮三个指示灯。假定三进制读数的状态用 Q_1、Q_0 表示，可得出在每种运行状态下，各指示灯与各给定条件（S_1、S_0、CP、Q_1、Q_0）的关系，即汽车尾灯控制逻辑功能表如表 9.5 所示（表中指示灯的状态用"1"表示熄灭，用"0"表示点亮）。

表 9.5 汽车尾灯控制逻辑功能表

汽车运行状态	开关变量 S_1 S_0	计数器状态 Q_1 Q_0	汽车尾部的六个指示灯 $D_{L1} D_{L2} D_{L3}$		
			$D_{L1} D_{L2} D_{L3}$	$D_{R1} D_{R2} D_{R3}$	
正常行驶	0 0	× ×	1 1 1	1 1 1	
右转弯	0 1	0 0	1 1 1	0 1 1	
		0 1	1 1 1	1 0 1	
		1 0	1 1 1	1 1 0	
左转弯	1 0	0 0	1 1 0	1 1 1	
		0 1	1 0 1	1 1 1	
		1 0	0 1 1	1 1 1	
临时刹车	1 1	× ×	CP CP CP	CP CP CP	

根据以上分析以及表9.5所示的尾灯的逻辑功能,可以得出汽车尾灯控制电路的总体组成框图,如图9.68所示。

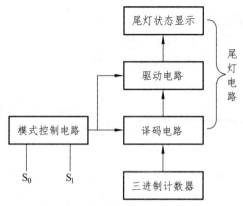

图 9.68 汽车尾灯控制总体框图

九、交通灯控制器设计

1. 任务和要求

如图9.69所示,设计一个十字路口的交通信号灯控制器,控制A、B两条交叉道路上的车辆通告,具体要求如下:

(1)每条道路设一组信号灯,每组信号灯由红、黄、绿3盏灯组成,绿灯表示允许通行,红灯表示禁止通行,黄灯表示该车道上已过停车线的车辆可以继续通行,未过停车线的车辆停止通行。

(2)每条道路上每次通行的时间为25 s。

(3)每次变换通行车道之前,要求黄灯先亮5 s,然后再变换通行车道。

(4)黄灯亮时,要求每秒闪烁一次。

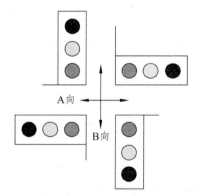

图 9.69 十字路口交通信号灯控制

2. 总体设计方案

交通灯的设计方案有多种,在数字电路中可以利用中规模数字集成电路来设计,也可以利用存储器来设计,还可以用大规模可编程数字集成电路或单片机设计。

如图 9.70 所示原理框图是利用中规模集成电路设计交通灯控制器的一个参考方案。

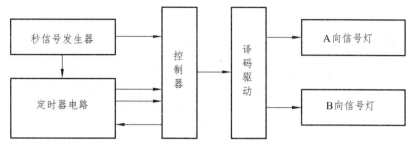

图 9.70　交通灯控制器原理框图

在该方案中，系统主要由控制器、定时器、秒信号发生器、译码器信号灯组成。其中控制器是核心部分，由它控制定时器和译码器的工作，秒信号发生器产生定时器和控制器所需的标准时钟，译码器输出对两路信号灯的控制信号。

T_L、T_Y 为定时器的输出信号，S_T 为控制器输出的脉冲信号。

控制器输出的 S_T 脉冲信号为状态转换信号，控制器发出 S_T 状态转换信号后，定时器令 $T_Y = 0$ 和 $T_L = 0$，并开始下一个工作状态的定时计数；当定时器计时到 5 s，T_Y 输出为 1，当计时到 25 s，则 T_L 输出 1；控制器则根据所处工作状态及得到的 $T_Y T_L$ 信号决定向译码驱动器以及定时器发出控制指令。

一般情况下，十字路口交通灯的工作状态控制按以下顺序执行。

（1）A 车道绿灯亮，B 车道红灯亮，此时 A 车道允许车辆通行，B 车道禁止车辆通行。当 A 车道绿灯亮够规定的时间后，控制器发出状态转换信号，系统转入下一个状态。

（2）A 车道黄灯亮，B 车道红灯亮，此时 A 车道允许超过停车线的车辆继续通行，而未超过停车线的车辆禁止通行，B 车道禁止车辆通行。当 A 车道黄灯亮够规定的时间后，控制器发生状态转换信号，系统输入下一个状态。

（3）A 车道红灯亮，B 车道绿灯亮，此时 A 车道禁止车辆通行，B 车道允许车辆通行，当 B 车道绿灯亮够规定的时间后，控制器发出状态转换信号，系统转入下一个状态。

（4）A 车道红灯亮，B 车道黄灯亮，此时 A 车道禁止车辆通行，B 车道允许超过停车线的车辆继续通行，而未超过停车线的车辆禁止通行。当 B 车道黄灯亮够规定的时间后，控制器发生状态转换信号，系统输入下一个状态，即又重复开始 A 车道绿灯亮，B 车道红灯亮的状态。

由以上分析可知，交通信号灯有 4 个状态，可分别用 S_0、S_1、S_2、S_3 来表示，并且分别分配状态编码为 00，01，10，11，由此得到控制器的状态如表 9.6 所示。

表 9.6　控制器的状态表

控制器状态	信号灯状态	车道运行状态
S_0（00）	A 绿灯，B 红灯	A 车道通行，B 车道禁止通行
S_1（01）	A 黄灯，B 红灯	A 车道过线车通行，未过线车禁止通行，B 车道禁止通行
S_3（11）	A 红灯，B 绿灯	A 车道禁止通行，B 车道通行
S_2（10）	A 红灯，B 黄灯	A 车道禁止通行，B 车道过线车通行，未过线车禁止通行

根据以上分析，其控制器的状态转换图如图 9.71 所示。图中 T_L 和 T_Y 为定时器电路送给控制器的信号，S_T 为控制器的输出信号。

十、售货机计算控制电路

目前自动售货机在市场上的使用已日益广泛，它具有不同价格不同商品的出售功能。计算控制电路是售货机的核心部分。

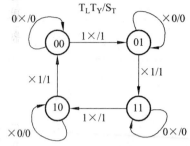

图 9.71 交通灯控制器状态转换图

1．设计与任务

1）设计指标

（1）金额以 1 元为单元，商品价格小于 100 元。

（2）能显示累计金额、商品价格和找钱金额。

（3）能指示送出商品信号和找钱信号。

2）设计提要

（1）设计具有 1 元、5 元、10 元按键的合计金额的计数电路，并能产生以 1 元为单位的计数脉冲。

（2）设计小于 100 元的累计金额的计数寄存译码显示电路。

（3）设计具有预先设定商品价格与接收金额进行比较的控制电路，并能产生送出商品的控制信号。

（4）设计商品价格、找钱的计数寄存译码、显示电路。

（5）设计找钱电路，并能产生找钱脉冲。

（6）画出安装逻辑电路图并列出元件表。

2．工作原理

售货机计算控制电路的原理框图如图 9.72 所示。它的工作过程如下：

（1）金额累计电路将接收的金额进行累计，并产生与之相应的计数脉冲。例如分别按下 1 元、5 元、10 元的按键，就会分别得到一个正脉冲，以此控制计数电路，使产生相应累计金额的计数脉冲。

（2）比较电路将总金额与预先设计的商品价格进行比较，当数值相等或大于商品价格时，就产生送出商品信号。此外，当总金额比商品价格多时，则计算其差额，作为应找回的钱，将信号传到下一个找钱电路。

（3）找钱电路将比较电路所算出的找钱金额，变成找钱脉冲。例如，以 1 元为位，代表 1 个脉冲，如果要找回 5 元时，则产生 5 个找钱脉冲。

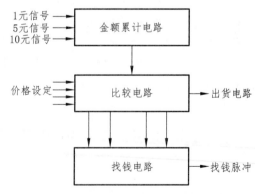

图 9.72 售货机计算控制的原理框图

这样计算控制电路就完成了累计金额、找钱和发出送货信号的工作。

十一、拔河游戏机

1. 设计任务和要求

用中、小规模集成电路设计一个拔河游戏比赛电路，其基本要求如下：

（1）拔河游戏用9个（或15个）发光二极管排列一排，作为指示电路。开机后只有中间一个二极管点亮，以此作为拔河中心线。游戏双方各持一个按键，迅速不断地按动，以产生脉冲信号，促使发光二极管产生的亮点向乙方移动。甲方每按一次按键，亮点就会向甲方移动一个位置（同时，亮点离开乙方更远）。亮点移动到某一方的终点，该方本局比赛获胜，此时双方的按键均不起作用，输出状态保持，直到复位后点亮才回到中间位置。

（2）比赛采用多局，当某一方达到规定的获胜局数时，比赛结束。每一方的获胜局数应当用获胜次数计数器进行记录，并用LED显示，要求最多可记录和显示9次获胜次数。

2. 总体设计方案

可逆计数器对游戏双方的按键次数进行计数，它不是记录双方总的按键次数，而记录双方按键次数的差。译码器对计数器输出进行译码后点亮发光二极管，在某方获胜时，译码器送出获胜信号，使获胜次数计数器加1，同时使可逆计数器停止计数，处于保持状态。要对可逆计数器复位，才能重新开始下一局比赛。在整个比赛结束时，要对获胜次数计数器复位。

拔河游戏机的系统原理框图如图9.73所示。

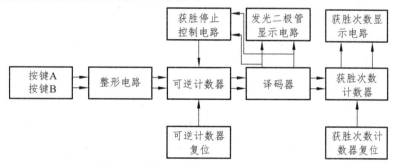

图 9.73　拔河游戏机系统组成原理框图

十二、电子密码锁

本题要求用电子器件设计制作一个密码锁的控制电路，使之在输入正确的代码时，输出开锁信号以推动机构动作，利用所学的电子电路知识来实现它的要求。

1. 设计任务和要求

用电子器件制作一个密码锁的控制电路，使之在输入正确的代码时，输出开锁信号以推动执行机构动作，并用红灯亮、绿灯灭表示关锁，而绿灯亮、红灯灭表示开锁。

（1）在锁的控制电路中储存一个可以修改的4位代码，当开锁按钮开关（可设置成6位至8位，其中实际有效为4位，其余为虚设）的输入代码等于存储的代码时，进入开锁状态而使锁打开。

（2）从第一个按钮触动之后的5 s内若未将锁打开，则电路自动复位并进入自锁状态，使之无法再打开，并由扬声器发出持续20 s报警信号。

（3）电子锁也能作门铃使用，但响声应与报警声区别。

2. 工作原理

电子密码锁的原理框图如图 9.74 所示。

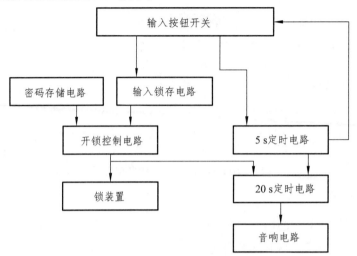

图 9.74　电子密码锁的原理框图

（1）其主要任务是产生一个开锁信号，而开锁信号的形成条件是输入代码和已设置的密码相同。实现这种功能的电路构思有多种，例如：用两片 8 位数据锁存器，一片存入开锁的代码，另一片存入密码，通过比较的方法判断，若两者相等，则形成开锁信号。另外也可以将 4 位输入开关信号送入四个触发器的时钟输入端，由开关按顺序给出时钟脉冲时，使置入最低位的输出开锁信号等。

（2）在产生开锁信号后，要求输出声、光信号，其中音响的产生可以由开锁信号去触发一个音响电路，其中的光信号可以用开锁信号点亮 LED 指示灯。

（3）用按钮开关的第一个动作信号触发一个作 5 s 定时的定时器，若在 5 s 内无开锁信号产生，则让扬声器产生一种特殊声响，以示报警，并输出一个信号推动 LED 为断闪烁。

参考文献

[1] 徐祥征，傅钦翠. 电工电子测试技术基础[M]. 成都：西南交通大学出版社，2006.

[2] 黄培根，任清褒. Multisim10 计算机虚拟仿真实验室[M]. 北京：电子工业出版社，2008.

[3] 邹其洪. 电工电子实验与计算机仿真[M]. 北京：电子工业出版社，2008.

[4] 毕满清. 电子技术实验与课程设计（第 3 版）[M]. 北京：机械工业出版社，2012.

[5] 葛年明. 电子技术实验及课程设计[M]. 南京：东南大学出版社，2013

[6] 刘畅生，于臻，宋亮. 通用数字集成电路简明速查手册[M]. 北京：人民邮电出版社，2011.

[7] 韩英歧. 电子元器件应用技术手册：元件分册[M]. 北京：中国质检出版社、中国标准出版社，2012.

附录 部分常用集成电路外部管脚图及功能

附表

名称	管脚排列图	功能说明
四2输入与非门	**74LS00** 上排：V_{CC}(14) 4A(13) 4B(12) 4Y(11) 3B(10) 3A(9) 3Y(8) 下排：1A(1) 1B(2) 1Y(3) 2A(4) 2B(5) 2Y(6) GND(7)	四个2输入的与非门，A、B分别为输入端，Y为输出端。$Y = \overline{A \cdot B}$
四2输入或非门	**74LS02** 上排：V_{CC}(14) 4Y(13) 4B(12) 4A(11) 3Y(10) 3B(9) 3A(8) 下排：1Y(1) 1A(2) 1B(3) 2Y(4) 2A(5) 2B(6) GND(7)	四个2输入或非门，A、B分别为输入端，Y为输出端。$Y = \overline{A + B}$
六反向器	**74LS04** 上排：V_{CC}(14) 6A(13) 6Y(12) 5A(11) 5Y(10) 4A(9) 4Y(8) 下排：1A(1) 1Y(2) 2A(3) 2Y(4) 3A(5) 3Y(6) GND(7)	六个非门，A为输入端，Y为输出端。$Y = \overline{A}$
四2输入与门	**74LS08** 上排：V_{CC}(14) 4A(13) 4B(12) 4Y(11) 3B(10) 3A(9) 3Y(8) 下排：1A(1) 1B(2) 1Y(3) 2A(4) 2B(5) 2Y(6) GND(7)	四个2输入与门，A、B分别为输入端，Y为输出端。$Y = A \cdot B$

名称	管脚排列图	功能说明
三 3 输入 与非门	V_{CC} 1C 1Y 3C 3B 3A 3Y 14 13 12 11 10 9 8 74LS10 1 2 3 4 5 6 7 1A 1B 2A 2B 2C 2Y GND	三个 3 输入与非门，A、B、C 分别为输入端，Y 为输出端。 $$Y = \overline{A \cdot B \cdot C}$$
三 3 输入 与门	V_{CC} 1C 1Y 3C 3B 3A 3Y 14 13 12 11 10 9 8 74LS11 1 2 3 4 5 6 7 1A 1B 2A 2B 2C 2Y GND	三个 3 输入与门，A、B、C 分别为输入端，Y 为输出端。 $$Y = A \cdot B \cdot C$$
双 4 输入 与非门	V_{CC} 2D 2C NC 2B 2A 2Y 14 13 12 11 10 9 8 74LS20 1 2 3 4 5 6 7 1A 1B NA 1C 1D 1Y GND	两个 4 输入与非门。A、B、C、D 分别为输入端，Y 为输出端，NC 为空管脚。 $$Y = \overline{A \cdot B \cdot C \cdot D}$$
三 3 输入 或非门	V_{CC} 1C 1Y 3C 3B 3A 3Y 14 13 12 11 10 9 8 74LS27 1 2 3 4 5 6 7 1A 1B 2A 2B 2C 2Y GND	三个 3 输入或非门。A、B、C 分别为输入端，Y 为输出端。 $$Y = \overline{A + B + C}$$
8 输入与 非门	V_{CC} NC H G NC NC Y 14 13 12 11 10 9 8 74LS30 1 2 3 4 5 6 7 A B C D E F GND	8 输入与非门。A、B、C、D、E、F、G、H 分别为输入端，Y 为输出端，NC 为空管脚。 $$Y = \overline{A \cdot B \cdot C \cdot D \cdot E \cdot F \cdot G \cdot H}$$

名称	管脚排列图	功能说明
四 2 输入或门	Vcc 4B 4A 4Y 3B 3A 3Y 14 13 12 11 10 9 8 74LS32 1 2 3 4 5 6 7 1A 1B 1Y 2A 2B 2Y GND	四个 2 输入或门。A、B 分别为输入端，Y 为输出端。 $$Y = A + B$$
四 2 输入或非门	Vcc 4Y 4B 4A 3Y 3B 3A 14 13 12 11 10 9 8 74LS33 1 2 3 4 5 6 7 1Y 1A 1B 2Y 2A 2B GND	四个 2 输入或门。A、B 分别为输入端，Y 为输出端。 $$Y = \overline{A + B}$$
六跟随器（缓冲器）	Vcc 6A 6Y 5A 5Y 4A 4Y 14 13 12 11 10 9 8 74LS34 1 2 3 4 5 6 7 1A 1Y 2A 2Y 3A 3Y GND	六个跟随器。$Y = A$
4 线-10 线译码器	Vcc A_0 A_1 A_2 A_3 $\overline{Y_9}$ $\overline{Y_8}$ $\overline{Y_7}$ 16 15 14 13 12 11 10 9 74LS42 1 2 3 4 5 6 7 8 $\overline{Y_0}$ $\overline{Y_1}$ $\overline{Y_2}$ $\overline{Y_3}$ $\overline{Y_4}$ $\overline{Y_5}$ $\overline{Y_6}$ GND	4 线-10 线译码，A_0、A_1、A_2、A_3 为 BCD 输入，$\overline{Y_0} \sim \overline{Y_9}$ 输出为反码

名称	管脚排列图	功能说明
4线-7段译码器，高电平驱动器	V_{CC} f g a b c d e 16 15 14 13 12 11 10 9 **74LS47** 1 2 3 4 5 6 7 8 B C $\overline{LT}$ BI/RBO $\overline{RBI}$ D A GND	4线-7段译码器，直接驱动共阳数码管，与之对应74LS247功能、管脚相同，相互可替换。不同是字形显示不同，74LS47显示ᑐᑫ，74LS247显示69。A、B、C、D是BCD输入，$\overline{LT}$、$\overline{BI}$、$\overline{RBI}$分别是试灯、灭灯和灭"0"，输入控制端均为低电平有效
4线-7段译码器，低电平驱动器	V_{CC} f g a b c d e 16 15 14 13 12 11 10 9 **74LS48** 1 2 3 4 5 6 7 8 B C $\overline{LT}$ $\overline{BI/RBO}$ $\overline{RBI}$ D A GND	4线-7段译码器，直接驱动共阴数码管。与之对应74LS248功能、管脚相同。不同的是74LS48显示ᑐᑫ
双J-K触发器	1J 1$\overline{Q}$ 1Q GND 2K 2Q 2$\overline{Q}$ 14 13 12 11 10 9 8 **74LS73** 1 2 3 4 5 6 7 1CP 1$\overline{R}_D$ 1K V_{CC} 2CP 2$\overline{R}_D$ 2J	两个J-K触发器。$\overline{R}_D$为清除端，低电平清除，CP时钟控制端，下降沿触发
双上升沿D触发器	V_{CC} 2$\overline{R}_D$ 2D 2CP 2$\overline{S}_D$ 2Q 2$\overline{Q}$ 14 13 12 11 10 9 8 **74LS74** 1 2 3 4 5 6 7 1$\overline{R}_D$ 1D 1CP 1$\overline{S}_D$ 1Q 1$\overline{Q}$ GND	两个D触发器，$\overline{S}_D$为预置端，$\overline{R}_D$为清除端，均低电平有效。CP为时钟控制端，上升沿触发

名称	管脚排列图	功能说明
4 位双稳态 D 锁存器	1Q 2Q 2Q̄ 1C,2C GND 3Q̄ 3Q 4Q 16 15 14 13 12 11 10 9 74LS75 1 2 3 4 5 6 7 8 1Q̄ 1D 2D 3C,4C V$_{CC}$ 3D 4D 4Q̄	4 位双稳态 D 锁存器，当 C 输入为高电平时，输出与 D 的输入相同，当 C 为低电平，保持原状态
双 J-K 触发器	1K 1Q 1Q̄ GND 2K 2Q 2Q̄ 2J 16 15 14 13 12 11 10 9 74LS76 1 2 3 4 5 6 7 8 1CP 1S̄$_D$ 1R̄$_D$ 1J V$_{CC}$ 2CP 2S̄$_D$ 2R̄$_D$	两个 J-K 触发器，S̄$_D$ 为预置端，R̄$_D$ 为清除端，均低电平有效。CP 时钟控制端，其为下降沿触发
4 位数值比较器	V$_{CC}$ P$_3$ Q$_2$ P$_2$ P$_1$ Q$_1$ P$_0$ Q$_0$ 16 15 14 13 12 11 10 9 74LS85 1 2 3 4 5 6 7 8 Q$_3$ P<Q$_I$ P=Q$_I$ P>Q$_I$ P>Q$_O$ P=Q$_O$ P<Q$_O$ GND	对两个 4 位二进制数的比较，P$_3$~P$_0$ 和 Q$_3$~Q$_0$，注意：低位数值比较器的连接端应接固定信号，即（P<Q$_I$）=（P>Q$_I$）=0，（P = Q$_I$）= 1，其输出端（P>Q$_O$、P = Q$_O$、P<Q$_O$）与高位连接端大于、小于、等于应一一对应连接
四 2 输入异或门	V$_{CC}$ 4B 4A 4Y 3B 3A 3Y 14 13 12 11 10 9 8 74LS86 1 2 3 4 5 6 7 1A 1B 1Y 2A 2B 2Y GND	四个 2 输入的异或门。A、B 分别为输入端、Y 为输出端。 $$Y = A \oplus B = \bar{A}B + A\bar{B}$$

名称	管脚排列图	功能说明
异步二-五-十进制加法计数器	CP1 NC Q_0 Q_3 GND Q_1 Q_2 14 13 12 11 10 9 8 74LS90 1 2 3 4 5 6 7 CP2 R01 R02 NC V_{CC} R91 R92	异步二-五-十进制加法计数器。R01、R02（清零端）同为高电平清零；R91、R92（置9端）同为高电平置9。计数时清零端、置9端分别至少一端接低电平。CP1 加脉冲，CP2 = 1 时 Q_0 输出，二进制计数；CP2 接脉冲，CP1 = 1 时，$Q_3Q_2Q_1$ 输出，五进制计数；CP1 接脉冲，CP2 与 Q_0 连接，$Q_3Q_2Q_1Q_0$ 输出，8421BCD 码，十进制计数；CP2 接脉冲，CP1 与 Q_3 连接，$Q_0 Q_3Q_2Q_1$ 输出，5421BCD 码，十进制计数。均为下降沿触发
双下降沿 J-K 触发器	V_{CC} $1\overline{R}_D$ $2\overline{R}_D$ 2CP 2K 2J $2\overline{S}_D$ 2Q 16 15 14 13 12 11 10 9 74LS112 1 2 3 4 5 6 7 8 1CP 1K 1J $1\overline{S}_D$ 1Q $1\overline{Q}$ $2\overline{Q}$ GND	两个 J-K 触发器，$\overline{S}_D$ 为预置端和 $\overline{R}_D$ 为清除端，均低电平有效。CP 时钟控制端，其为下降沿触发
双下降沿 J-K 触发器	V_{CC} 2CP 2K 2J $2\overline{S}_D$ 2Q $2\overline{Q}$ 14 13 12 11 10 9 8 74LS113 1 2 3 4 5 6 7 1CP 1K 1J $1\overline{S}_D$ 1Q $1\overline{Q}$ GND	两个 J-K 触发器，$\overline{S}_D$ 为预置端，低电平有效。CP 时钟控制端，其为下降沿触发
单稳态触发器	V_{CC} NC NC RC_{ext} C_{ext} R_{int} NC 14 13 12 11 10 9 8 74LS121 1 2 3 4 5 6 7 $\overline{Q}$ NC 1A 2A B Q GND	单稳态触发器。1A、2A 和 B 为 3 个输入，Q、$\overline{Q}$ 为一对互补输出，NC 为空脚。外接 RC 时，2A = B = V_{CC}，下降沿信号接入 1A；或 1A = 2A = 0，上升沿信号接入 B，则 Q 端输出脉冲宽度 T_W = 0.69RC

名称	管脚排列图	功能说明
双可重触发单稳态触发器	1R_ext/C_ext 1C_ext 1Q 2$\overline{Q}$ 2$\overline{R}_D$ 2B 2A [16][15][14][13][12][11][10][9] V_{CC} **74LS123** GND [1][2][3][4][5][6][7][8] 1A 1B 1$\overline{R}_D$ 1$\overline{Q}$ 2Q 2C_ext 2R_ext/C_ext	两个可以重触发的单稳态触发器。$\overline{R}_D$为清除端，低电平有效。A和B为输入端，Q、$\overline{Q}$为一对互补输出端。利用重复触发可加宽脉冲宽度，利用清除可减小脉冲宽度，因而可灵活控制脉冲宽度
3线-8线译码器/多路分配器	V_{CC} $\overline{Y}_0$ $\overline{Y}_1$ $\overline{Y}_2$ $\overline{Y}_3$ $\overline{Y}_4$ $\overline{Y}_5$ $\overline{Y}_6$ [16][15][14][13][12][11][10][9] **74LS138** [1][2][3][4][5][6][7][8] A B C $\overline{G}_{2A}$ $\overline{G}_{2B}$ G_1 $\overline{Y}_7$ GND	3线-8线译码器，多路分配器。选通端G_1（高电平有效）、$\overline{G}_{2A}$、$\overline{G}_{2B}$（均均低电平有效），A、B、C为译码地址输入端。$\overline{Y}_0 \sim \overline{Y}_7$输出端，输出为低电平有效
双2线-4线译码器/多路分配器	V_{CC} 2$\overline{G}$ 2A 2B 2$\overline{Y}_0$ 2$\overline{Y}_1$ 2$\overline{Y}_2$ 2$\overline{Y}_3$ [16][15][14][13][12][11][10][9] **74LS139** [1][2][3][4][5][6][7][8] 1$\overline{G}$ 1A 1B 1$\overline{Y}_0$ 1$\overline{Y}_1$ 1$\overline{Y}_2$ 1$\overline{Y}_3$ GND	两个2线-4线译码器/多路分配器。当选通端（$\overline{G}$）为低电平时，可将地址端（A、B）的二进制编码在一个对应的输出端（$\overline{Y}_0 \sim \overline{Y}_3$）以低电平输出
8线-3线优先编码器	V_{CC} EO $\overline{GS}$ $\overline{I}_3$ $\overline{I}_2$ $\overline{I}_1$ $\overline{I}_0$ $\overline{A}$ [16][15][14][13][12][11][10][9] **74LS148** [1][2][3][4][5][6][7][8] $\overline{I}_4$ $\overline{I}_5$ $\overline{I}_6$ $\overline{I}_7$ $\overline{E}$ $\overline{C}$ $\overline{B}$ GND	8线-3线优先编码器。选通输入$\overline{E}$、扩展输出$\overline{GS}$低电平有效，EO是选通输出端，$\overline{I}_0 \sim \overline{I}_7$编码优先级别依次递增，均低电平有效；$\overline{ABC}$输出为反码

名称	管脚排列图	功能说明
8选1数据选择器	V_{CC} D$_4$ D$_5$ D$_6$ D$_7$ A B C (16 15 14 13 12 11 10 9) 74LS151 (1 2 3 4 5 6 7 8) D$_3$ D$_2$ D$_1$ D$_0$ Y $\overline{Y}$ $\overline{G}$ GND	8选1数据选择器，$\overline{G}$ 为选通端，低电平有效，A、B、C 地址输入端，输出原、反码
双4选1数据选择器	V_{CC} 2$\overline{G}$ A 2D$_3$ 2D$_2$ 2D$_1$ 2D$_0$ 2Y (16 15 14 13 12 11 10 9) 74LS153 (1 2 3 4 5 6 7 8) 1$\overline{G}$ B 1D$_3$ 1D$_2$ 1D$_1$ 1D$_0$ 1Y GND	两个 4 选 1 数据选择器的地址公用 (B,A)，两个4选1的选通控制端独立，其输出是原码
十进制同步计数器	V_{CC} RCO Q$_A$ Q$_B$ Q$_C$ Q$_D$ ET $\overline{LD}$ (16 15 14 13 12 11 10 9) 74LS160 (1 2 3 4 5 6 7 8) $\overline{R}_D$ CP A B C D EP GND	十进制同步计数器。清零端 $\overline{R}_D$ 异步清零，置数端 $\overline{LD}$ 同步置数，均为低电平有效；RCO 进位输出端，A、B、C、D 数据输入端，$Q_A \sim Q_D$ 数据输出端，ET、EP 使能端高电平有效；CP 脉冲上升沿触发
4位二进制同步计数器	V_{CC} RCO Q$_A$ Q$_B$ Q$_C$ Q$_D$ ET $\overline{LD}$ (16 15 14 13 12 11 10 9) 74LS161 (1 2 3 4 5 6 7 8) $\overline{R}_D$ CP A B C D EP GND	4 位二进制同步计数器。清零端 $\overline{R}_D$ 异步清零，置数端 $\overline{LD}$ 同步置数，均为低电平有效；ET、EP 使能端高电平有效；CP 脉冲上升沿触发

名称	管脚排列图	功能说明
十进制同步计数器	V_{CC} RCO Q_A Q_B Q_C Q_D ET $\overline{LD}$ 16 15 14 13 12 11 10 9 74LS162 1 2 3 4 5 6 7 8 $\overline{R_D}$ CP A B C D EP GND	十进制同步计数器。清零端 $\overline{R}_D$ 同步清零，置数端 $\overline{LD}$ 同步置数，均为低电平有效；ET、EP 使能端高电平有效；CP 脉冲上升沿触发
4位二进制同步计数器	V_{CC} RCO Q_A Q_B Q_C Q_D ET $\overline{LD}$ 16 15 14 13 12 11 10 9 74LS163 1 2 3 4 5 6 7 8 $\overline{R_D}$ CP A B C D EP GND	4位二进制同步计数器。清零端 $\overline{R}_D$ 同步清零，置数端 $\overline{LD}$ 同步置数，均为低电平有效；ET、EP 使能端高电平有效；CP 脉冲上升沿触发
十进制加/减同步计数器	V_{CC} $\overline{RCO}$ Q_A Q_B Q_C Q_D $\overline{ENT}$ $\overline{LD}$ 16 15 14 13 12 11 10 9 74LS168 1 2 3 4 5 6 7 8 $U/\overline{D}$ CP A B C D $\overline{ENP}$ GND	十进制加/减同步计数器(十进制可逆计数器)。置数端 $\overline{LD}$ 同步置数，使能端 $\overline{ENT}$、$\overline{ENP}$，均为低电平有效，$U/\overline{D}=1$ 时，CP 上升沿触发实现加计数；$U/\overline{D}=0$ 时，CP 上升沿触发实现减计数
4位二进制加/减同步计数器	V_{CC} $\overline{RCO}$ Q_A Q_B Q_C Q_D $\overline{ENT}$ $\overline{LD}$ 16 15 14 13 12 11 10 9 74LS169 1 2 3 4 5 6 7 8 $U/\overline{D}$ CP A B C D $\overline{ENP}$ GND	4位二进制加/减同步计数器。置数端 $\overline{LD}$ 同步置数，使能端 $\overline{ENT}$、$\overline{ENP}$，均为低电平有效，$U/\overline{D}=1$ 时，CP 上升沿触发实现加计数；$U/\overline{D}=0$ 时，CP 上升沿触发实现减计数

名称	管脚排列图	功能说明
十进制加/减同步计数器（双时钟，有清除）	V_{CC} A R_D $\overline{BO}$ $\overline{CO}$ $\overline{LD}$ C D（16 15 14 13 12 11 10 9）74LS192（1 2 3 4 5 6 7 8）B Q_B Q_A CP_D CP_U Q_C Q_D GND	十进制加/减同步计数器。清零端 R_D 高电平异步清零，置数端 $\overline{LD}$ 低电平异步置数；脉冲联接到 CP_D，$CP_U=1$ 时，减计数；脉冲联接到 CP_U，$CP_D=1$ 时将实现加计数，均为上升沿触发计数
4位二进制加/减同步计数器（双时钟，有清除）	V_{CC} A R_D $\overline{BO}$ $\overline{CO}$ $\overline{LD}$ C D（16 15 14 13 12 11 10 9）74LS193（1 2 3 4 5 6 7 8）B Q_B Q_A CP_D CP_U Q_C Q_D GND	4位二进制加/减同步计数器。清零端 R_D 高电平异步清零，置数端 $\overline{LD}$ 低电平异步置数；脉冲联接到 CP_D，$CP_U=1$ 时，减计数；脉冲联接到 CP_U，$CP_D=1$ 时将实现加计数，均为上升沿触发计数
4位双向通用移位寄存器（并行存取）	V_{CC} Q_A Q_B Q_C Q_D CP M_1 M_0（16 15 14 13 12 11 10 9）74LS194（1 2 3 4 5 6 7 8）$\overline{R}_D$ D_{SR} A B C D D_{SL} GND	4位双向通用移位寄存器。清零端 $\overline{R}_D$ 低电平有效，M_1M_0 控制输入端，它们的状态可以完成四种控制功能，左移和右移两项分别从左移端 D_{SL} 和右移端 D_{SR} 送入寄存器。CP 时钟上升沿触发
八 D 型触发器	V_{CC} 8Q 8D 7D 7Q 6Q 6D 5D 5Q CP（20 19 18 17 16 15 14 13 12 11）74LS273（1 2 3 4 5 6 7 8 9 10）$\overline{R}_D$ 1Q 1D 2D 2Q 3Q 3D 4D 4Q GND	八个 D 型触发器，CP、$\overline{R}_D$ 为八 D 触发公共的时钟和清零端。其上升沿触发

名称	管脚排列图	功能说明
四 R-S 锁存器	V_{CC} $4\overline{S}$ $4\overline{R}$ 4Q $3\overline{S}2$ $3\overline{S}1$ $3\overline{R}$ 3Q [16][15][14][13][12][11][10][9] **74LS279** [1][2][3][4][5][6][7][8] $1\overline{R}$ $1\overline{S}1$ $1\overline{S}2$ 1Q $2\overline{R}$ $2\overline{S}$ 2Q GND	四个 R-S 锁存器，$\overline{R}$、$\overline{S}$ 为锁存器的输入端，均为低电平有效。输出端 Q
4 位二进制全加器	V_{CC} B_3 A_3 F_3 A_4 B_4 F_4 CO [16][15][14][13][12][11][10][9] **74LS283** [1][2][3][4][5][6][7][8] F_2 B_2 A_2 F_1 A_1 B_1 CI GND	4 位二进制全加器，$A_1 \sim A_4$ 为加数，$B_1 \sim B_4$ 为被加数，和数为 $F_1 \sim F_4$，CI 为来自低位进位，CO 为本位的进位输出端
八 D 锁存器	V_{CC} 8Q 8D 7D 7Q 6Q 6D 5D 5Q C [20][19][18][17][16][15][14][13][12][11] **74LS373** [1][2][3][4][5][6][7][8][9][10] $\overline{OC}$ 1Q 1D 2D 2Q 3Q 3D 4D 4Q GND	八个 D 锁存器。$\overline{OC}$ 输出使能端低电平有效，当其为高电平时，其他输入为任何状态都输出高阻态；C 锁存端，高电平有效，低电平锁存。这两个端均为公共端
双二-五-十进制计数器	V_{CC} $2CP_A$ $2R_D$ $2Q_A$ $2CP_B$ $2Q_B$ $2Q_C$ $2Q_D$ [16][15][14][13][12][11][10][9] **74LS390** [1][2][3][4][5][6][7][8] $1CP_A$ $1R_D$ $1Q_A$ $1CP_B$ $1Q_B$ $1Q_C$ $1Q_D$ GND	两个二-五-十进制计数器，清零端 R_D 高电平清零，CP_A 加脉冲，Q_A 输出，二进制计数；CP_B 接脉冲，$Q_DQ_CQ_B$ 输出，五进制计数；CP_A 接脉冲，CP_B 与 Q_A 连接，$Q_DQ_CQ_BQ_A$ 输出，8421BCD 码，十进制计数；CP_B 接脉冲，CP_A 与 Q_D 连接，$Q_AQ_DQ_CQ_B$ 输出，5421BCD 码，十进制计数

名称	管脚排列图	功能说明
数码管	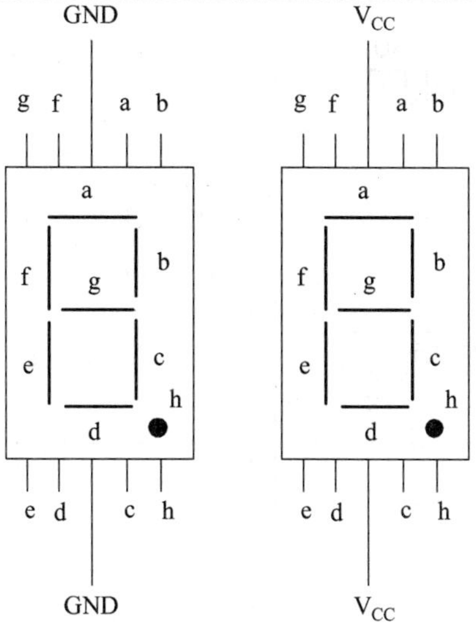 图1　　　　　图2	图1为共阴极数码管，图2为共阳极数码管
四2输入或非门	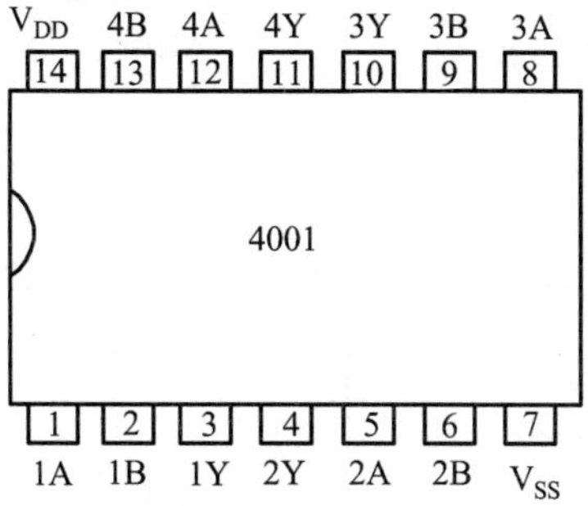	四个2输入或非门。A、B分别为输入端，Y为输出端。$Y = \overline{A+B}$
双4输入或非门	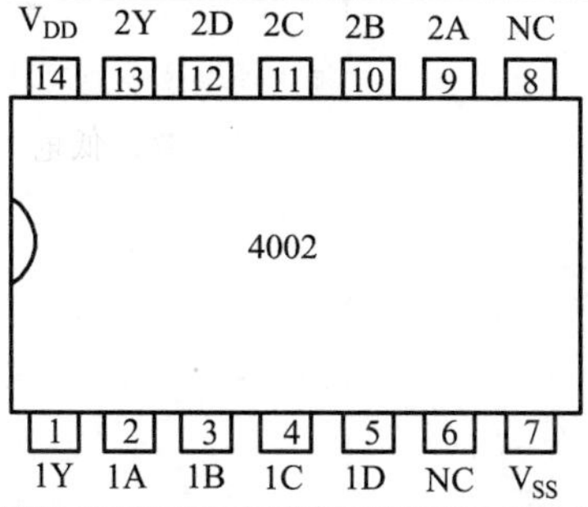	两个4输入或非门，A、B、C、D分别为输入端，Y为输出端。 $$Y = \overline{A+B+C+D}$$
四2输入与非门	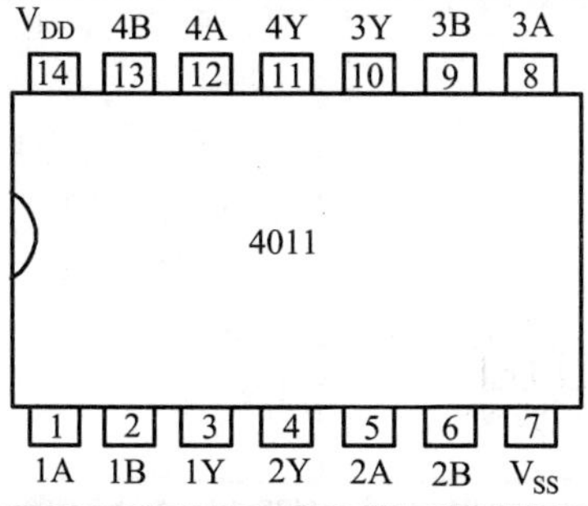	四个2输入的与非门，A、B分别为输入端，Y为输出端。$Y = \overline{A \cdot B}$

265

名称	管脚排列图	功能说明
双 4 输入与非门	V_{DD} 2Y 2D 2C 2B 2A NC 14 13 12 11 10 9 8 **4012** 1 2 3 4 5 6 7 1Y 1A 1B 1C 1D NC V_{SS}	两个 4 输入与非门。A、B、C、D 分别为输入端，Y 为输出端，NC 为空管脚。 $Y = \overline{A \cdot B \cdot C \cdot D}$
三 3 输入与非门	V_{DD} 3C 3B 3A 3Y 1Y 1C 14 13 12 11 10 9 8 **4023** 1 2 3 4 5 6 7 1A 1B 2A 2B 2C 2Y V_{SS}	三个 3 输入与非门，A、B、C 分别为输入端，Y 为输出端。 $Y = \overline{A \cdot B \cdot C}$
三 3 输入或非门	V_{DD} 3C 3B 3A 3Y 1Y 1C 14 13 12 11 10 9 8 **4025** 1 2 3 4 5 6 7 1A 1B 2A 2B 2C 2Y V_{SS}	三个 3 输入或非门，A、B、C 分别为输入端，Y 为输出端。 $Y = \overline{A + B + C}$
4 位二进制/十进制加/减计数器	V_{DD} CP Q₂ D₂ D₁ Q₁ U/$\overline{D}$ B/$\overline{D}$ 16 15 14 13 12 11 10 9 **4029** 1 2 3 4 5 6 7 8 LD Q₃ D₃ D₀ $\overline{CI}$ Q₀ $\overline{CO}$ V_{SS}	4 位二进制/十进制加/减计数器。输入控制端 B/$\overline{D}$ 为高电平时二进制计数，为低电平时十进制计数；U/$\overline{D}$ 为高电平时加法计数，低电平时减法计数，LD 高电平预置；$\overline{CI}$ 高电平时，禁止时钟在上升沿计数，为低电平时，允许时钟上升沿计数；$\overline{CO}$ 进位输出端。CP 为公共时钟输入端

名称	管脚排列图	功能说明
模拟多路转换器/分配器	V_{DD} B₂ B₁ B₀ B₃ S₀ S₁ S₂ [16][15][14][13][12][11][10][9] **4051** [1][2][3][4][5][6][7][8] B₄ B₆ A B₇ B₅ $\overline{G}$ V_{EE} V_{SS}	模拟多路转换器/分配器，也称 8 选 1 模拟开关。$\overline{G}$ 控制输入端，S_0、S_1、S_2 地址输入端，选中地址打开通道
14 位同步二进制计数器和振荡器	V_{DD} Q_{10} Q_8 Q_9 CR CP_1 $\overline{CP_0}$ CP_0 [16][15][14][13][12][11][10][9] **4060** [1][2][3][4][5][6][7][8] Q_{12} Q_{13} Q_{14} Q_6 Q_5 Q_7 Q_4 V_{SS}	14 位同步二进制计数器和振荡器。当 CR = 1 时输出全为 "0"，输出端 $Q_4 \sim Q_{10}$ 和 $Q_{12} \sim Q_{14}$。时钟输入端 CP_1，时钟输出 CP_0、$\overline{CP_0}$。通过外接电阻、电容或晶体可组成 RC 振荡器、晶体振荡器和施密特触发器
8 输入与非/与门	V_{DD} $\overline{Y}$ H G F E NC [14][13][12][11][10][9][8] **4068** [1][2][3][4][5][6][7] Y A B C D NC V_{SS}	8 输入与非门。A、B、C、D、E、F、G、H 分别为输入端，Y、$\overline{Y}$ 为输出端，NC 为空管脚。 $Y = A \cdot B \cdot C \cdot D \cdot E \cdot F \cdot G \cdot H$ $\overline{Y} = \overline{A \cdot B \cdot C \cdot D \cdot E \cdot F \cdot G \cdot H}$
六反向器	V_{DD} 6A 6Y 5A 5Y 4A 4Y [14][13][12][11][10][9][8] **4069** [1][2][3][4][5][6][7] 1A 1Y 2A 2Y 3A 3Y V_{SS}	六个非门，A 为输入端，Y 为输出端。 $Y = \overline{A}$

名称	管脚排列图	功能说明
四异或门	V_DD 4B 4A 4Y 3Y 3B 3A 14 13 12 11 10 9 8 4070 1 2 3 4 5 6 7 1A 1B 1Y 2Y 2A 2B V_SS	四个异或门。A、B分别为输入端,Y为输出端。 $Y = A \oplus B = \overline{A}B + A\overline{B}$
四 2 输入或门	V_DD 4B 4A 4Y 3Y 3B 3A 14 13 12 11 10 9 8 4071 1 2 3 4 5 6 7 1A 1B 1Y 2Y 2A 2B V_SS	四个 2 输入或门。A、B分别为输入端,Y为输出端。 $Y = A + B$
双 4 输入或门	V_DD 2Y 2D 2C 2B 2A NC 14 13 12 11 10 9 8 4072 1 2 3 4 5 6 7 1Y 1A 1B 1C 1D NC V_SS	两个 4 输入或门。A、B、C、D分别为输入端,Y为输出端,NC为空管脚。 $Y = A + B + C + D$
三 3 输入与门	V_DD 3A 3B 3C 3Y 1Y 1C 14 13 12 11 10 9 8 4073 1 2 3 4 5 6 7 1A 1B 3A 3B 3C 2Y V_SS	三个 3 输入与门,A、B、C分别为输入端,Y为输出端。 $Y = A \cdot B \cdot C$

名称	管脚排列图	功能说明
三 3 输入或门	V_DD 3A 3B 3C 3Y 1Y 1C 14 13 12 11 10 9 8 4075 1 2 3 4 5 6 7 1A 1B 2A 2B 2C 2Y V_SS	三个 3 输入或门，A、B、C 分别为输入端，Y 为输出端。 $Y = A+B+C$
四 2 输入与门	V_DD 4B 4A 4Y 3Y 3B 3A 14 13 12 11 10 9 8 4081 1 2 3 4 5 6 7 1A 1B 1Y 2Y 2A 2B V_SS	四个 2 输入与门，A、B 分别为输入端，Y 为输出端。$Y = A \cdot B$
双 4 输入与门	V_DD 2Y 2D 2C 2B 2A NC 14 13 12 11 10 9 8 4082 1 2 3 4 5 6 7 1Y 1A 1B 1C 1D NC V_SS	两个 4 输入与非门。A、B、C、D 分别为输入端，Y 为输出端，NC 为空管脚。 $Y = A \cdot B \cdot C \cdot D$
六施密特触发器	V_DD 6A 6Y 5A 5Y 4A 4Y 14 13 12 11 10 9 8 40106 1 2 3 4 5 6 7 1A 1Y 2A 2Y 3A 3Y V_SS	由六个独立的反向器（具有施密特触发器功能）组成。由它的输入-输出转换特性在输入脉冲上升和下降沿的阈值电平不同，可用来对输入波形进行整形

名称	管脚排列图	功能说明
四低-高电平位移器	V_{DD} 4EN 4A 4Y NC 3Y 3A 3EN 16 15 14 13 12 11 10 9 **40109** 1 2 3 4 5 6 7 8 V_{CC} 1EN 1A 1Y 2Y 2A 2EN V_{SS}	四个独立的低到高电平转换器。功能主要是将幅值较小的数字输入信号转换成幅值较大的输出信号,当 A 为数据输入端,Y 为数据输出端 EN 控制端,当 EN＝0 输出为高阻态
十进制加/减计数器/译码/锁存/驱动器	V_{DD} b c d e BO CO CP_U 16 15 14 13 12 11 10 9 **40110** 1 2 3 4 5 6 7 8 a g f $\overline{CT}$ CR LE CP_D V_{SS}	十进制加/减计数器/译码/锁存/驱动器。清零端 CR＝1,计数器异步清零,$\overline{CT}$ 为触发使能端,$\overline{CT}$＝0 时,计数器工作,$\overline{CT}$＝1 时计数器处于禁止计数;LE 锁存控制端,LE＝1,数据保持不变,但它的内部计数器仍正常工作。CP_U 加法计数时钟,CP_D 为减法计数时钟,均为上升沿触发计数。a～f 输出与数码管连接,CO 进位输出端,BO 借位输出端
可预置 BCD 加计数器	V_{DD} RCO Q_A Q_B Q_C Q_D ET $\overline{LD}$ 16 15 14 13 12 11 10 9 **40160** 1 2 3 4 5 6 7 8 $\overline{R_D}$ CP A B C D EP V_{SS}	可预置 BCD 加计数器,清零端 $\overline{R_D}$ 异步清零,置数端 $\overline{LD}$ 同步置数,均为低电平有效;RCO 进位输出端,D、C、B、A 数据输入端,Q_D～Q_A 数据输出端,ET、EP 使能端高电平有效;CP 脉冲上升沿触发
可预置 4 位二进制加计数器	V_{DD} RCO Q_A Q_B Q_C Q_D ET $\overline{LD}$ 16 15 14 13 12 11 10 9 **40161** 1 2 3 4 5 6 7 8 $\overline{R_D}$ CP A B C D EP V_{SS}	可预置 4 位二进制加计数器,清零端 $\overline{R_D}$ 同步清零,置数端 $\overline{LD}$ 同步置数,均为低电平有效;RCO 进位输出端,D、C、B、A 数据输入端,Q_D～Q_A 数据输出端,ET、EP 使能端高电平有效;CP 脉冲上升沿触发

名称	管脚排列图	功能说明
可预置 BCD 加/ 减计数器	V_{DD} A R_D $\overline{BO}$ $\overline{CO}$ $\overline{LD}$ C D 〔16〕〔15〕〔14〕〔13〕〔12〕〔11〕〔10〕〔9〕 40192 〔1〕〔2〕〔3〕〔4〕〔5〕〔6〕〔7〕〔8〕 B Q_B Q_A CP_D CP_U Q_C Q_D V_{SS}	十进制加/减同步计数器。清零端 RD 高电平异步清零，置数端 $\overline{LD}$ 低电平异步置数；脉冲联接到 CP_D，$CP_U = 1$ 时，减计数；脉冲联接到 CP_U，$CP_D = 1$ 时将实现加计数，均为上升沿触发计数
BCD-七 段译码 器，高电 平驱动器	V_{DD} f g a b c d e 〔16〕〔15〕〔14〕〔13〕〔12〕〔11〕〔10〕〔9〕 4511 〔1〕〔2〕〔3〕〔4〕〔5〕〔6〕〔7〕〔8〕 B C $\overline{LT}$ $\overline{BI}$/RBO $\overline{RBI}$ D A V_{SS}	BCD-七段译码器，高电平驱动器高电平驱动，直接驱动共阴数码管，D、C、B、A 是 BCD 输入，$\overline{LT}$、$\overline{BI}$、$\overline{RBI}$ 分别是试灯、灭灯和灭"0"输入控制端均为低电平有效，在正常工作时均接高电平
双 BCD 同步加计 数器	V_{DD} $2R_D$ $2Q_D$ $2Q_C$ $2Q_B$ $2Q_A$ 2EN 2CP 〔16〕〔15〕〔14〕〔13〕〔12〕〔11〕〔10〕〔9〕 4518 〔1〕〔2〕〔3〕〔4〕〔5〕〔6〕〔7〕〔8〕 1CP 1EN $1Q_A$ $1Q_B$ $1Q_C$ $1Q_D$ $1R_D$ V_{SS}	两个独立的 BCD 同步加计数器，清零端 R_D 高电平清零；EN 输入控制端，高电平有效，时钟 CP 上升沿计数
双 4 位二 进制同步 加计数器	V_{DD} $2R_D$ $2Q_D$ $2Q_C$ $2Q_B$ $2Q_A$ 2EN 2CP 〔16〕〔15〕〔14〕〔13〕〔12〕〔11〕〔10〕〔9〕 4520 〔1〕〔2〕〔3〕〔4〕〔5〕〔6〕〔7〕〔8〕 1CP 1EN $1Q_A$ $1Q_B$ $1Q_C$ $1Q_D$ $1R_D$ V_{SS}	两个独立的 4 位二进制同步加计数器，清零端 R_D 高电平清零；EN 输入控制端，高电平有效，时钟 CP 上升沿计数

名称	管脚排列图	功能说明
8线-3线优先编码器	V_DD $\overline{EO}$ GS I_3 I_2 I_1 I_0 A 16 15 14 13 12 11 10 9 4532 1 2 3 4 5 6 7 8 I_4 I_5 I_6 I_7 EI C B V_SS	8线-3线优先编码器。选通输入 EI、扩展输出端 GS 高电平有效，$\overline{EO}$ 是选通输出端，$I_0 \sim I_7$ 编码优先级别依次递增，高电平有效。输出 C，B，A 为原码
双4数据选择器/多路传输器	V_DD 2ST A $2D_3$ $2D_2$ $2D_1$ $2D_0$ 2Y 16 15 14 13 12 11 10 9 4539 1 2 3 4 5 6 7 8 1ST B $1D_3$ $1D_2$ $1D_1$ $1D_0$ 1Y V_SS	两个 4 选 1 数据选择器的地址公用（B，A），两个 4 选 1 的选通控制端独立，其输出是原码
双二进制四选一译码器	V_DD $\overline{2E}$ A B $2Q_0$ $2Q_1$ $2Q_2$ $2Q_3$ 16 15 14 13 12 11 10 9 4555 1 2 3 4 5 6 7 8 $\overline{1E}$ A B $1Q_0$ $1Q_1$ $1Q_2$ $1Q_3$ V_SS	两个 4 选 1 译码器，每个译码器有 2 个选择输入端 B、A，控制输入端 $\overline{E}$ 低电平有效。输出为反码
μA741 通用单运放	NC +V_CC OUT OA_2 8 7 6 5 μA741 1 2 3 4 OA_1 IN_ IN+ -V_CC	2 脚反相输入端，3 脚同相输入端，6 脚输出端，7、4 脚分别为正、负电源端（±15 V），1、5 脚为调零端，8 脚为空管脚（下面管脚图出现对应的相同的字符含义相同，不一一说明）； 单片高增益，内有频率补偿，共模电压范围宽，电源电压范围宽； 类似型号：CA741，LM741，MC741，AD741，NTM741，PM741，RM741，SG741，CF741，HA17741

名称	管脚排列图	功能说明
OP-07 精密运放	OA₂ +V_CC OUT NC / 8 7 6 5 / OP-07 / 1 2 3 4 / OA₁ IN_ IN+ -V_CC	极低的失调和漂移，广泛运用于稳定积分、精密加法、比较、微弱信号精确放大等场合，是一种通用性极强的运算放大器。 类似型号：OP-05，F07，AD517，μA741，μA714，MP5507，HA-2900，HA2905
LM324 单电源四运放	4OUT 4IN_ 4IN+ GND 3IN+ 3IN_ 3OUT / 14 13 12 11 10 9 8 / LM324 / 1 2 3 4 5 6 7 / 1OUT 1IN_ 1IN+ V_CC 2IN_ 2IN+ 2OUT	四级运放装在一起，IN+、IN-分别为同相、反相输入端，OUT 为输出端；特点：为同八静态功耗低，能单电源工作。 类似型号：LM124，LM224，CA124，CA224，CF124，CF224，CF324，SG124，SG224，SG324 等
LM358 单电源双运放	+V_CC 2OUT 2IN_ 2IN+ / 8 7 6 5 / LM358 / 1 2 3 4 / 1OUT 1IN_ 1IN+ -V_CC/GND	内部包含两个独立的、高增益、内部频率补偿的双运放，适应于电源电压范围很宽的单电源使用，也适用于双电源工作模式。它的使用范围包括传感放大器、音频放大器、工业控制和其他所有可能单电源供电的使用运算放大器。1、7 脚是输出端；2、6 脚反相输入端；3、5 脚同相输入端；8 脚正电源端，4 脚负电源（双电源工作时）或地端（单电源工作时）
LM339 四路差动比较器	3OUT 4OUT GND 4IN+ 4IN_ 3IN+ 3IN_ / 14 13 12 11 10 9 8 / LM339 / 1 2 3 4 5 6 7 / 2OUT 1OUT V_CC 1IN_ 1IN+ 2IN_ 2IN+	LM339 电压比较器，内部含有四个独立的比较器，利用 LM339 可以方便组成各种比较器电路和振荡器电路

名称	管脚排列图	功能说明
LM311 电压比较器	+V_{CC} OUT B/S BAL 8 7 6 5 LM311 1 2 3 4 GND IN+ IN- -V_{CC}	LM311 是一款高灵活性电压比较器，能在很宽的电源电压范围内正常工作。从标准的 ±15 V 运放电源到集成逻辑电路用的 +5 V 单电源，输出要与 RTL、DTL、TTL 和 CMOS 电路相匹配，输出能力 50 mA 可驱动继电器和灯。电路还具有失调平衡和选通能力，常用于各种电子设备中。5 脚为平衡端；6 脚为平衡/选通端
NE555 定时器	V_{CC} DIS TH U_T 8 7 6 5 555 1 2 3 4 GND $\overline{TR}$ OUT $\overline{CR}$	555 定时器，DIS 放电端，$\overline{CR}$ 清零端，低电平清零，TH 高触发端，$\overline{TR}$ 低触发端。U_T 电压控制端
NE556 双定时器	V_{CC} 2DIS 2TH 2U_T 2$\overline{CR}$ 2OUT 2$\overline{TR}$ 14 13 12 11 10 9 8 NE556 1 2 3 4 5 6 7 1DIS 1TH 1U_T 1$\overline{CR}$ 1OUT 1$\overline{TR}$ GND	NE556 内部包含两个定时器。，DIS 放电端，$\overline{CR}$ 清零端，低电平清零，TH 高触发端，$\overline{TR}$ 低触发端。U_T 电压控制端